玩转机器人系列丛书

玩转机器人

DIY 智能小车机器人（移动视频版）

刘　波　夏初蕾　韩　涛　崔　婧　编　著

電子工業出版社
Publishing House of Electronics Industry
北京 · BEIJING

内 容 简 介

本书主要介绍使用 UG 软件、Proteus 软件、Altium Designer 软件进行智能小车机器人设计的方法。本书内容涉及 UG 软件的模型绘制、模型装配和运动仿真，Proteus 软件的电路设计和电路仿真，Altium Designer 软件的元件库绘制、原理图绘制和 PCB 绘制。本书从机械结构、电路设计、PCB 设计三部分对智能小车机器人进行详细讲解，完整介绍了动力模块零部件绘制、车体模块零部件绘制、零部件装配与运动仿真、基础电路仿真、基于 51 单片机的智能小车机器人仿真、基于 Arduino 单片机的智能小车机器人仿真、元件库绘制和 PCB 设计。通过学习本书，读者可以在熟悉 UG 软件、Proteus 软件、Altium Designer 软件操作的同时体会智能小车机器人的设计思路，为自己设计智能小车机器人打下基础。

本书适合对智能小车机器人设计感兴趣或参加电子设计比赛的人员阅读，也可作为高等学校相关专业的教材和职业培训机构的教学用书。

图书在版编目（CIP）数据

玩转机器人 : DIY 智能小车机器人 : 移动视频版 / 刘波等编著. -- 北京 : 电子工业出版社, 2024. 9.
(玩转机器人系列丛书). -- ISBN 978-7-121-48665-4

Ⅰ. TP242.6

中国国家版本馆 CIP 数据核字第 2024DT4537 号

责任编辑：刘家彤
印　　刷：三河市兴达印务有限公司
装　　订：三河市兴达印务有限公司
出版发行：电子工业出版社
　　　　　北京市海淀区万寿路 173 信箱　　　邮编：100036
开　　本：787×1092　1/16　印张：15.75　字数：309 千字
版　　次：2024 年 9 月第 1 版
印　　次：2024 年 9 月第 1 次印刷
定　　价：78.00 元

凡所购买电子工业出版社图书有缺损问题，请向购买书店调换。若书店售缺，请与本社发行部联系，联系及邮购电话：（010）88254888，88258888。

质量投诉请发邮件至 zlts@phei.com.cn，盗版侵权举报请发邮件至 dbqq@phei.com.cn。

本书咨询联系方式：liujt@phei.com.cn，（010）88254504。

21 世纪以来，国内外对机器人技术的发展越来越重视。机器人技术被认为是对未来新兴产业发展具有重要意义的高新技术之一。与机器人相关的技术势必成为技术工程师和科研工作者关注的焦点。

UG 软件作为当今优秀的三维建模软件，具有零部件建模、零部件装配、运动仿真和高级渲染等功能。本书第 1～3 章主要介绍使用 UG 软件对智能小车机器人三维模型进行绘制的方法。Proteus 软件作为当今优秀的 EDA 软件，具有电路仿真和 PCB 绘制等功能。本书第 4～6 章主要介绍使用 Proteus 软件进行智能小车机器人电路设计和仿真的方法。Altium Designer 软件作为当今优秀的 EDA 软件，具有电路仿真和 PCB 绘制等功能。本书第 7、8 章主要介绍使用 Altium Designer 软件对智能小车机器人 PCB 进行绘制的方法。

本书共 8 章，第 1～3 章介绍了智能小车机器人的零部件绘制、零部件装配和整体仿真，使读者了解如何使用 UG 软件对智能小车机器人进行机械结构设计。第 4～6 章介绍了智能小车机器人的基础电路仿真、基于 51 单片机的智能小车机器人仿真和基于 Arduino 单片机的智能小车机器人仿真，使读者了解如何使用 Proteus 软件对智能小车机器人进行电路设计。第 7、8 章介绍了智能小车机器人的元件库绘制和 PCB 设计，使读者了解如何使用 Altium Designer 软件对智能小车机器人进行 PCB 设计。本书使用的元器件符号均为 Altium Designer 软件和 Proteus 软件中自带的符号，因此与当前最新符号相比略有不同，元器件尺寸信息来自相关手册，只截取了部分做展示使用，读者使用时请向元器件供应商索取。另外，对于不易用图文描述的操作，本书配有二维码，使用手机终端扫描二维码即可观看相关视频。

“玩转机器人系列丛书”将会引领读者 DIY 一个完整的机器人系统。如果把机器人系统比作人体系统，那么三维模型就是骨骼，PCB 就是肌肉，电路原理图就是神经，程序就是思想。《玩转机器人设计：基于 UG NX 的设计实例》《玩转机器人：基于 SolidWorks 的设计实例（移动视频版）》《玩转机器人：基于 Altium Designer 的 PCB 设计实例（移动视频版）》《玩转机器人：基于 Proteus 的电路原理仿真（移动视频版）》已经出版，分别讲解了如何 DIY 机器人的“骨骼”、“肌肉”、“神经”和“思想”。本书以智能小车机器人为例，统一讲解如何 DIY 机器人的“骨骼”、“肌肉”、“神经”和“思想”，使读者可以进行系统化学习，也是对“玩转机器人系列丛书”的有力补充。读者在阅读本书时有难懂、难操作之处，可参考“玩转机器人系列丛书”中的专项讲解。

本书适合对机器人设计感兴趣或参加电子设计比赛的人员阅读，也可作为高等学校相关专业的教材和职业培训机构的教学用书。建议读者根据本书所述步骤，逐步学习。若广大教师有意将本书作为教材使用，如需本书工程文件，在提供加盖教务部门公章的正式证明后，可向编著者索要。

本书顺利完稿离不开广大朋友的支持与帮助。首先，感谢刘家彤编辑在本书编著过程中提供的宝贵帮助。其次，感谢各位好友及专家对本书提出的宝贵建议。

由于编著者水平有限，加之时间仓促，书中难免有错误和不足之处，敬请读者批评指正！如若发现问题及错误，请与编著者联系（刘波：1422407797@qq.com）。为了更好地向读者提供服务以及方便广大电子爱好者进行交流，读者可以加入技术交流 QQ 群（玩转机器人&电子设计：211503389），也可以关注本书编著者抖音账号（feizhumingzuojia），编著者将不定期进行直播答疑及电路仿真知识分享。

编著者

2024 年 5 月

目录

第 1 章

动力模块零部件绘制

1.1 直流电动机部件

1.1.1 模型绘制

启动 NX 8.5 软件，界面如图 1-1-1 所示。执行 文件(F) → 新建(N)... Ctrl+N 命令，弹出“新建”对话框，将名称设置为“DCmotor.prt”，将文件夹设置为“G:\book\DIYSmartCar\Project\1\”，如图 1-1-2 所示，单击 确定 按钮，即可进入模型绘制界面，如图 1-1-3 所示。

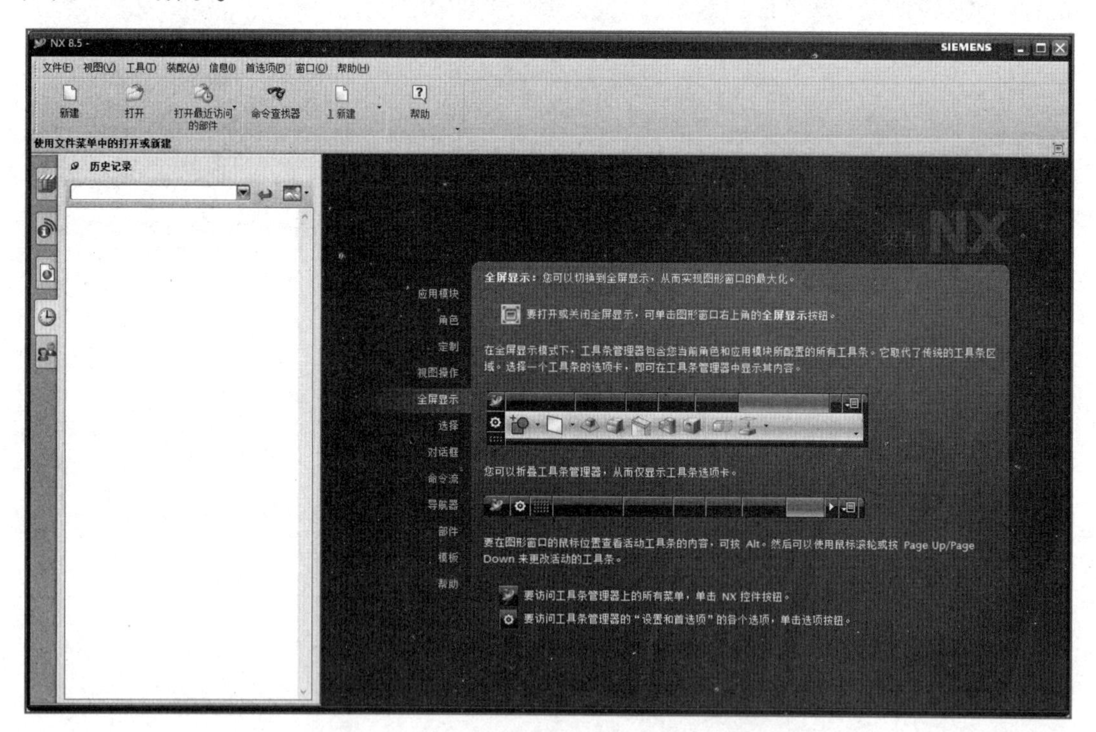

图 1-1-1　NX 8.5 界面

执行 插入(S) → 草图(H)... 命令，弹出“创建草图”对话框，平面选择“X-Y”平面，如图 1-1-4 所示，单击 <确定> 按钮，即可进入草图绘制界面。

执行 插入(S) → 草图曲线(S) → 圆(C)... 命令，将圆形直径设置为“35.8mm”，绘制完毕后的草图如图 1-1-5 所示。执行 文件(F) → 完成草图(K) 命令，即可完成草图绘制。

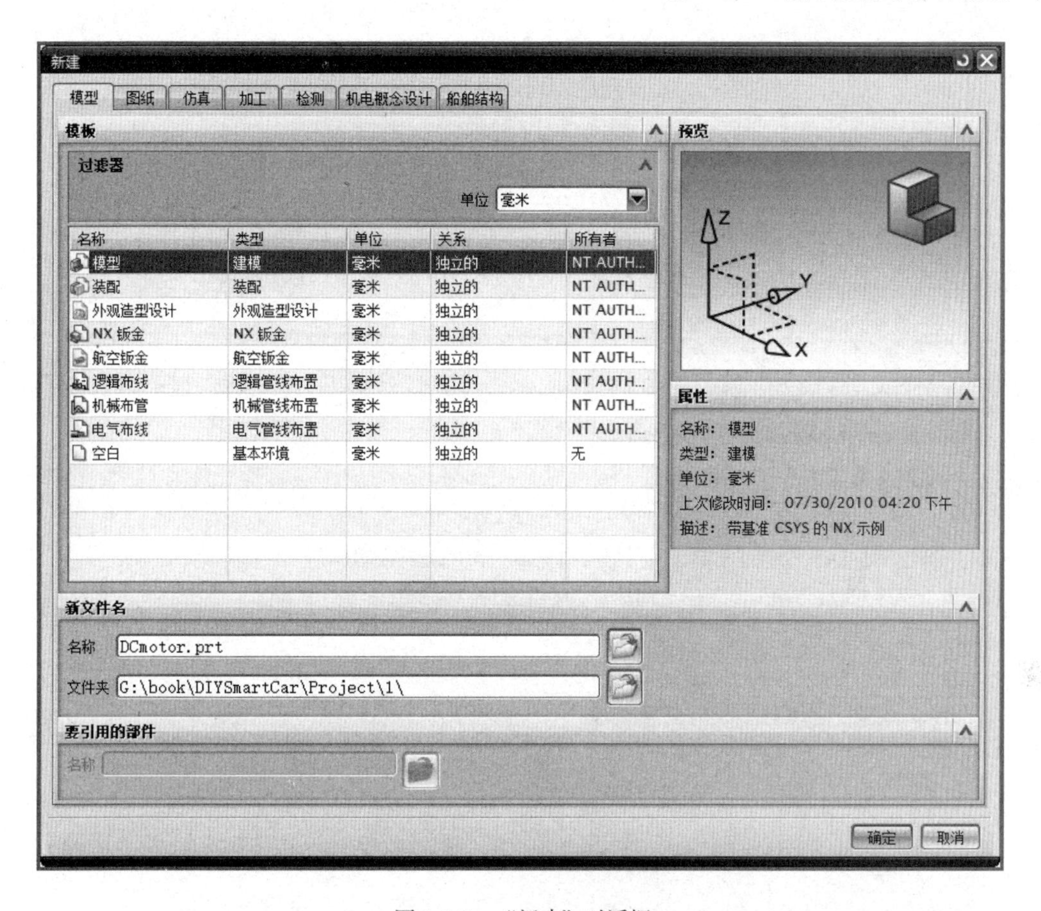

图 1-1-2　“新建”对话框

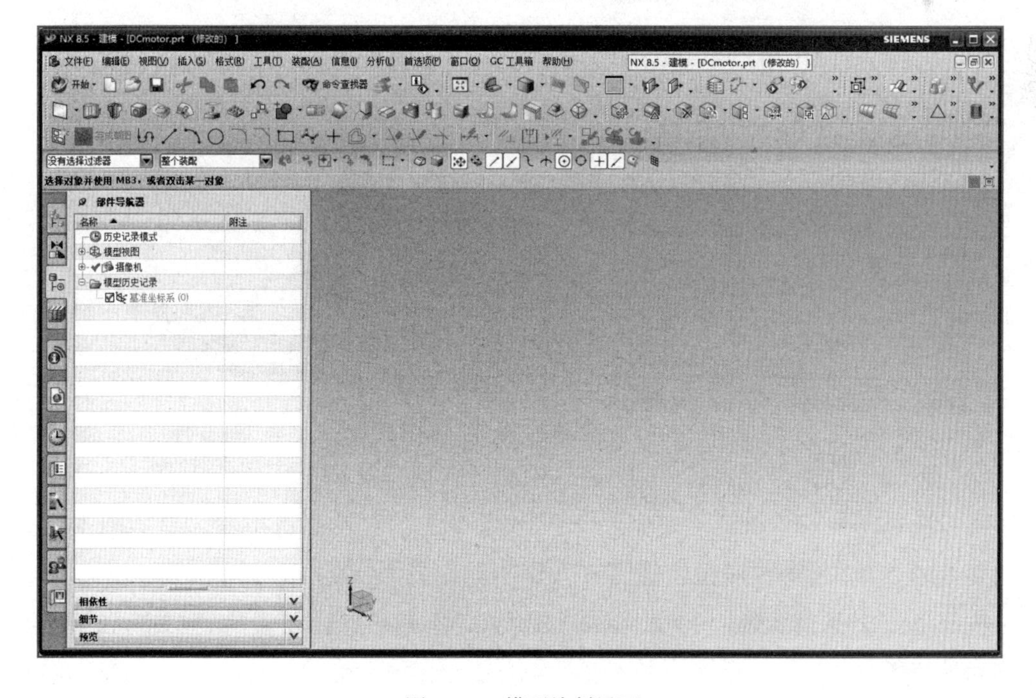

图 1-1-3　模型绘制界面

图 1-1-4　“创建草图”对话框

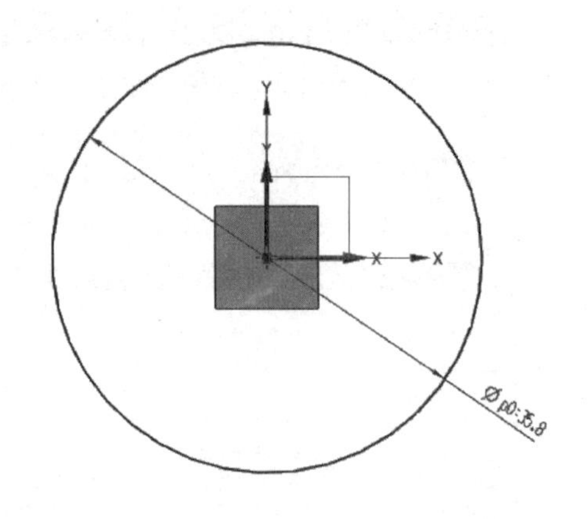

图 1-1-5　绘制出的圆形草图

选中如图 1-1-5 所示的草图，执行插入(S)→设计特征(E)→拉伸(E)...命令，弹出“拉伸”对话框，将拉伸结束距离设置为“57mm”，如图 1-1-6 所示，单击< 确定 >按钮，即可完成拉伸。拉伸效果如图 1-1-7 所示。

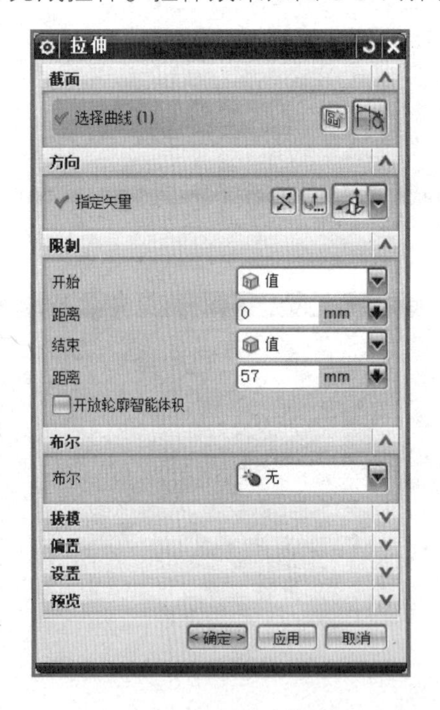

图 1-1-6　“拉伸”对话框

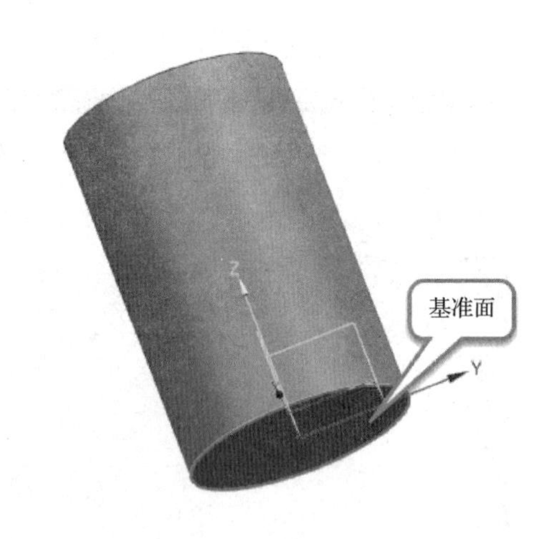

图 1-1-7　拉伸效果

执行插入(S)→草图(H)...命令，弹出“创建草图”对话框，平面选择如图 1-1-7 所示的基准面，单击< 确定 >按钮，即可进入草图绘制界面。

执行插入(S)→草图曲线(S)→○ 圆(C)...命令，将圆形直径设置为“37.0mm”，绘制完毕后的草图如图 1-1-8 所示。执行文件(F)→完成草图(K)命令，即可完成草图绘制。

选中如图 1-1-8 所示的草图，执行插入(S)→设计特征(E)→拉伸(E)...命令，弹出“拉伸”对话框，将拉伸结束距离设置为“19mm”，如图 1-1-9 所示，单击<确定>按钮，即可完成拉伸。拉伸效果如图 1-1-10 所示。

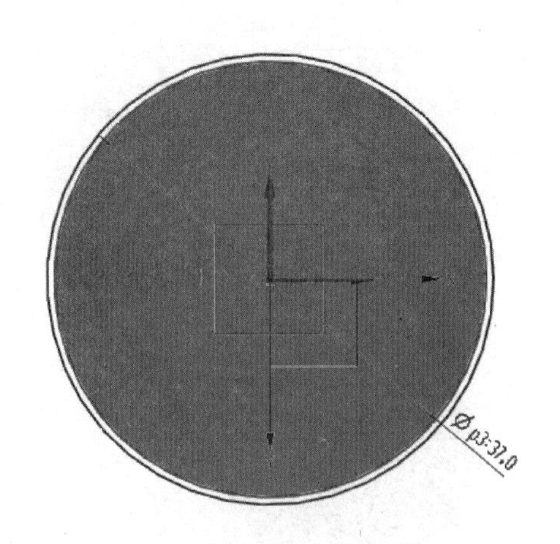

图 1-1-8　绘制出的草图

图 1-1-9　拉伸参数

执行插入(S)→草图(H)...命令，弹出“创建草图”对话框，平面选择如图 1-1-10 所示的基准面，单击<确定>按钮，即可进入草图绘制界面。

执行插入(S)→草图曲线(S)→圆(C)...命令，将圆形直径设置为“12.0mm”，绘制完毕后的草图如图 1-1-11 所示。执行文件(F)→完成草图(K)命令，即可完成草图绘制。

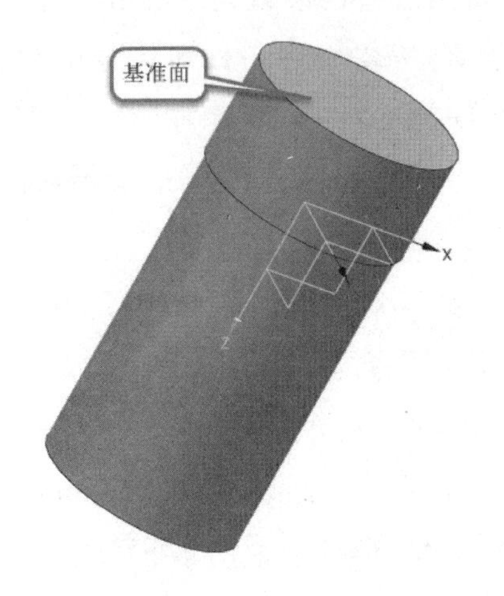

图 1-1-10　拉伸效果

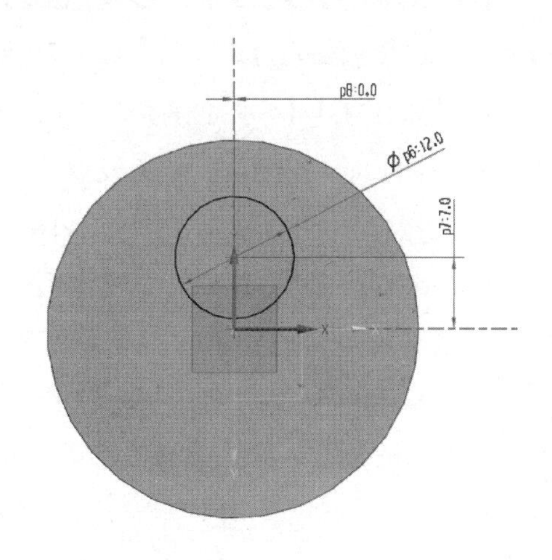

图 1-1-11　绘制出的草图

选中如图 1-1-11 所示的草图，执行插入(S)→设计特征(E)→拉伸(E)...命令，弹出“拉伸”对话框，将拉伸结束距离设置为“6mm”，如图 1-1-12 所示，单击<确定>按钮，即可完成拉伸。拉伸效果如图 1-1-13 所示。

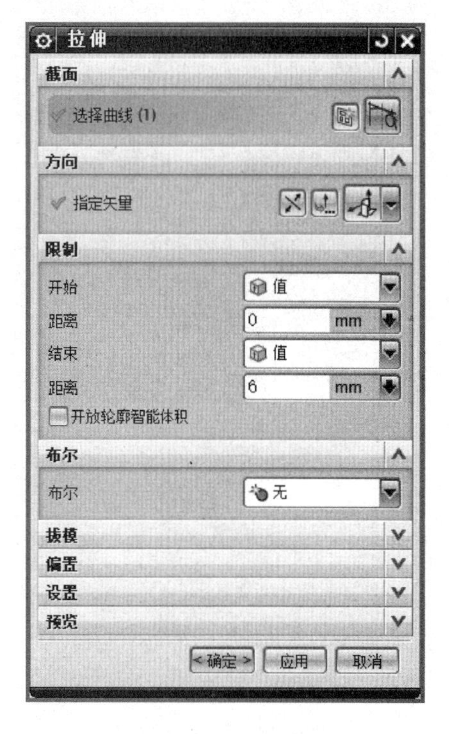

图 1-1-12　拉伸参数

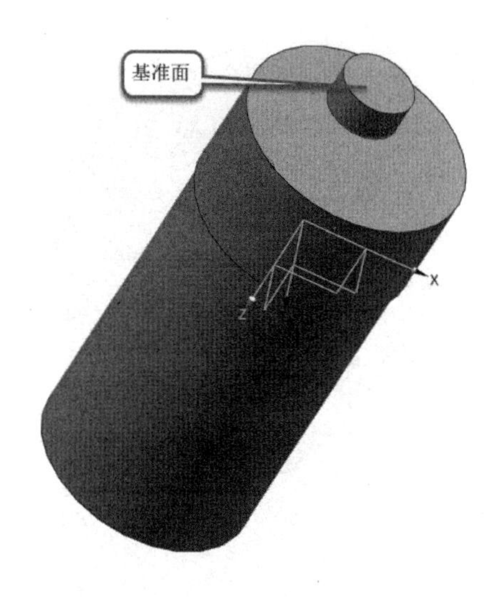

图 1-1-13　拉伸效果

执行插入(S)→草图(H)...命令，弹出“创建草图”对话框，平面选择如图 1-1-13 所示的基准面，单击<确定>按钮，即可进入草图绘制界面。

执行插入(S)→草图曲线(S)→圆(C)... 命令，将圆形直径设置为“6.0mm”，绘制完毕后的草图如图 1-1-14 所示。执行文件(F)→完成草图(K)命令，即可完成草图绘制。

选中如图 1-1-14 所示的草图，执行插入(S)→设计特征(E)→拉伸(E)...命令，弹出“拉伸”对话框，将拉伸结束距离设置为“15mm”，如图 1-1-15 所示，单击<确定>按钮，即可完成拉伸。拉伸效果如图 1-1-16 所示。

执行插入(S)→草图(H)...命令，弹出“创建草图”对话框，平面选择如图 1-1-16 所示的基准面，单击<确定>按钮，即可进入草图绘制界面。

执行插入(S)→草图曲线(S)→圆(C)... 命令，将圆形直径设置为“6.0mm”，执行插入(S)→草图曲线(S)→直线(L)...命令，将直线与圆心间的距离设置为“2.0mm”，绘制完毕后的草图如图 1-1-17 所示。执行文件(F)→完成草图(K)命令，即可完成草图绘制。

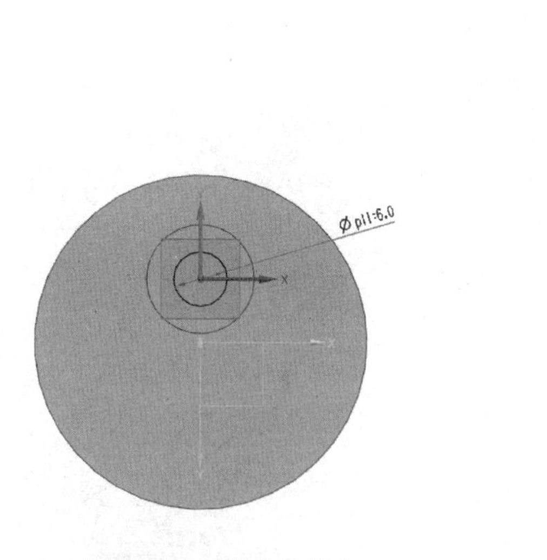

图 1-1-14　绘制出的草图

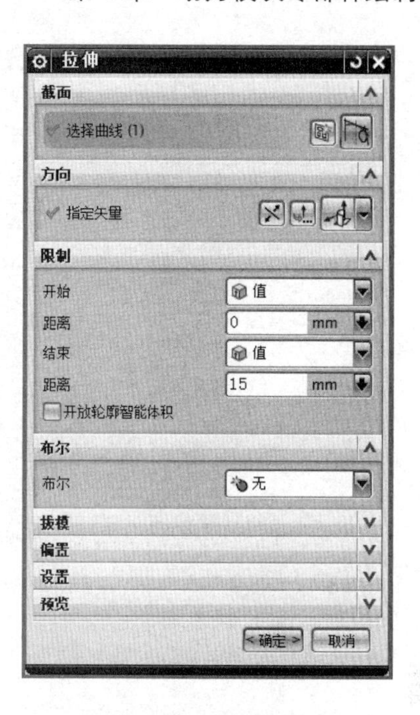

图 1-1-15　拉伸参数

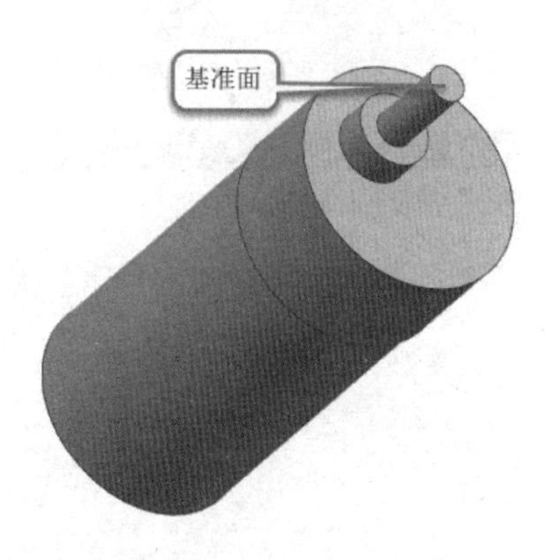

图 1-1-16　拉伸效果

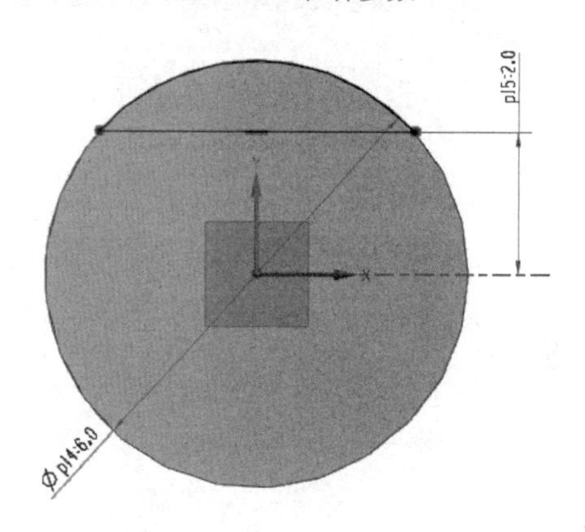

图 1-1-17　绘制出的草图

选中如图 1-1-17 所示的草图，执行插入(S)→设计特征(E)→拉伸(E)...命令，弹出“拉伸”对话框，将拉伸结束距离设置为“12mm”，将布尔设置为“求差”，如图 1-1-18 所示，选择体选择如图 1-1-16 所示的模型，单击< 确定 >按钮，即可完成拉伸。拉伸效果如图 1-1-19 所示。

执行插入(S)→设计特征(E)→孔(H)...命令，选择如图 1-1-19 所示的基准面，以及如图 1-1-20 所示的基准点。

执行任务(K)→完成草图(K)命令，即可完成草图绘制。弹出“孔”对话框，将直径设置为“3mm”，将深度设置为“5mm”，将顶锥角设置为“118deg”，如图 1-1-21 所示，单击< 确定 >按钮，即可完成孔绘制，如图 1-1-22 所示。

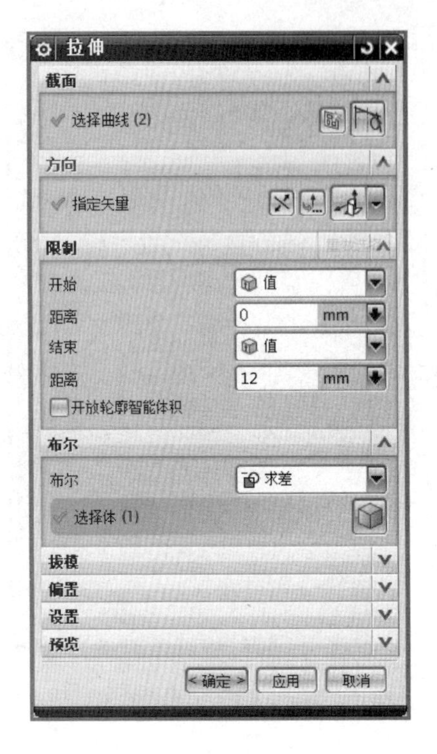

图 1-1-18　拉伸参数

图 1-1-19　拉伸效果

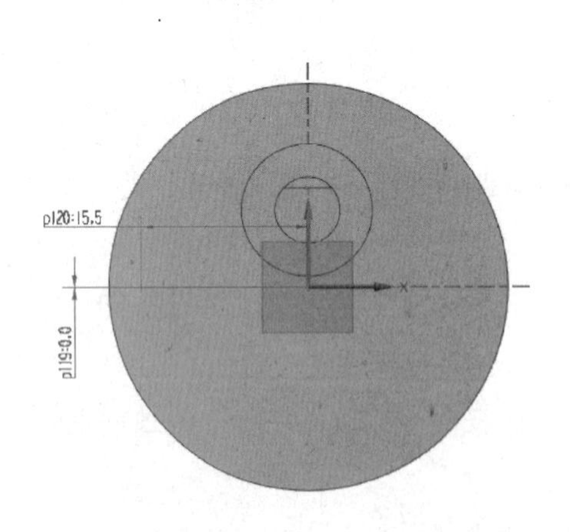

图 1-1-20　孔的基准点位置

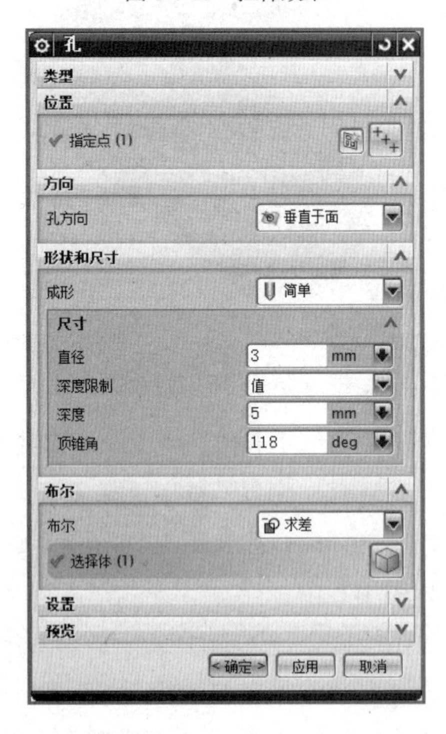

图 1-1-21　孔参数

执行插入(S)→关联复制(A)→阵列特征(A)...命令，弹出“阵列特征”对话框，将布局设置为“圆形”，将数量设置为“6”，将节距角设置为“60deg”，如图 1-1-23 所示。单击确定按钮，即可完成孔阵列绘制，如图 1-1-24 所示。

执行插入(S)→草图(H)...命令，弹出“创建草图”对话框，平面选择如图 1-1-25 所示的基准面，单击<确定>按钮，即可进入草图绘制界面。

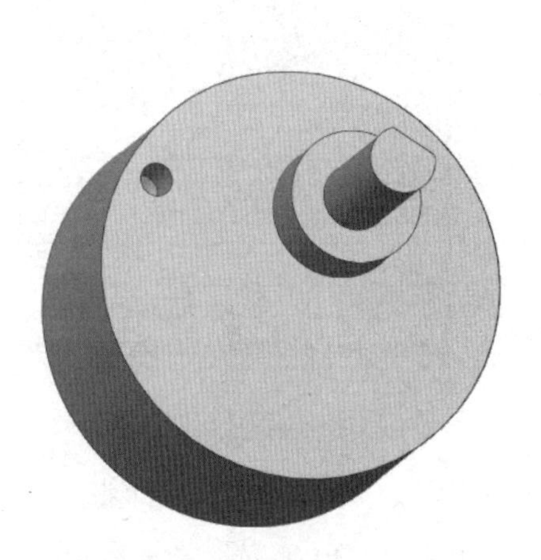

图 1-1-22　孔绘制完成

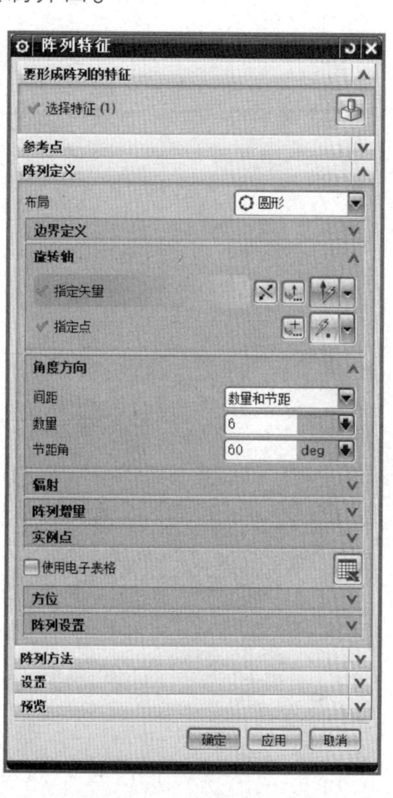

图 1-1-23　阵列特征参数

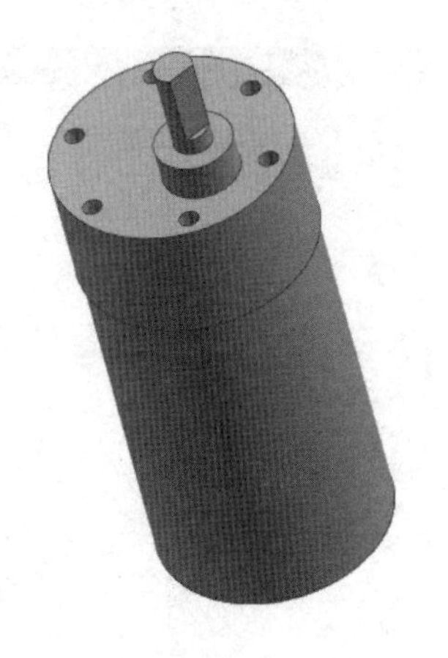

图 1-1-24　孔阵列绘制完成

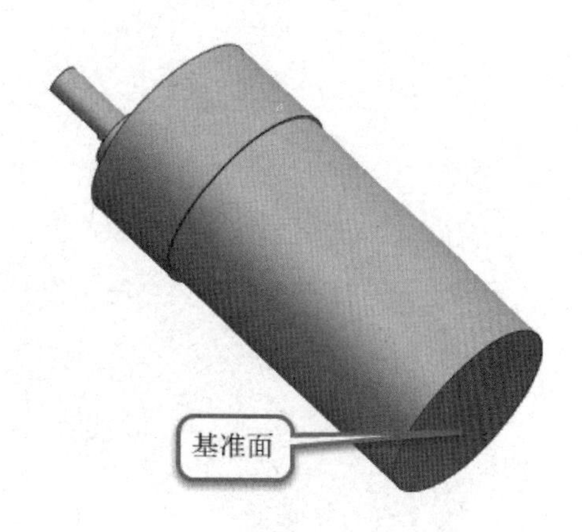

图 1-1-25　基准面

执行插入(S)→草图曲线(S)→○ 圆(C)...命令，将圆形直径设置为“10.0mm”，绘制完毕后如图 1-1-26 所示。执行 文件(F) → 完成草图(K) 命令，即可完成草图绘制。

选中如图 1-1-26 所示的草图，执行 插入(S) → 设计特征(E) → 拉伸(E)... 命令，弹出“拉伸”对话框，将拉伸结束距离设置为“4mm”，如图 1-1-27 所示，单击 <确定> 按钮，即可完成拉伸。拉伸效果如图 1-1-28 所示。

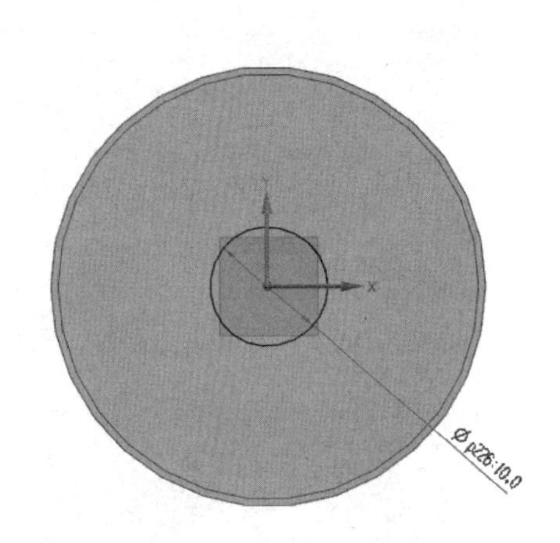

图 1-1-26　绘制出的草图

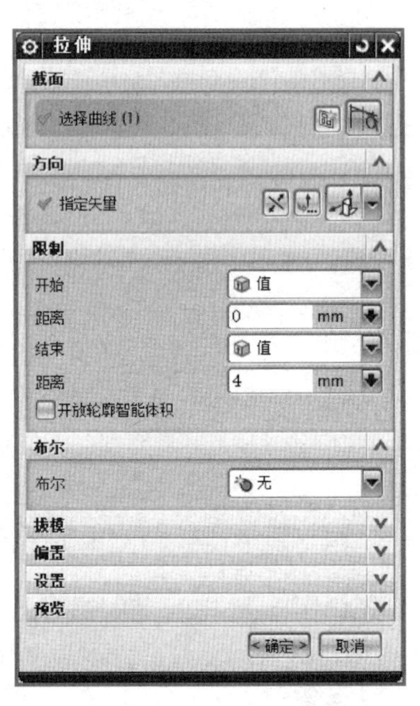

图 1-1-27　拉伸参数

执行 插入(S) → 细节特征(L) → 边倒圆(E)... 命令，弹出“边倒圆”对话框，选中如图 1-1-28 所示的边，将半径 1 设置为“2mm”，如图 1-1-29 所示，单击 <确定> 按钮，即可完成边倒圆。边倒圆效果如图 1-1-30 所示。

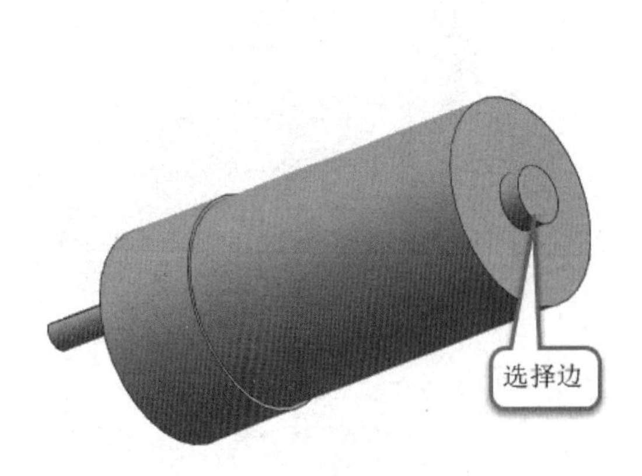

图 1-1-28　拉伸效果

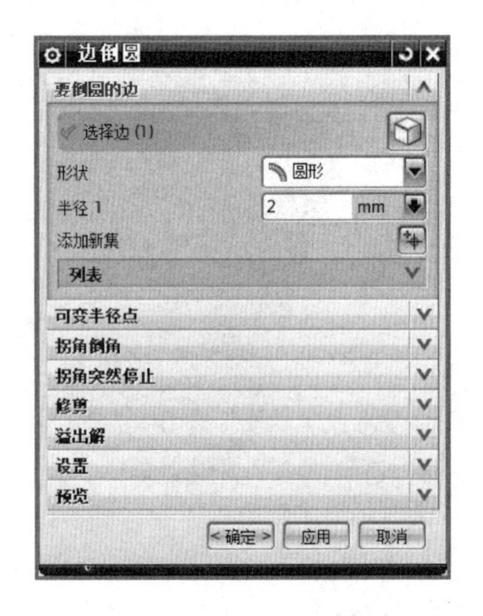

图 1-1-29　边倒圆参数

执行插入(S)→草图(H)...命令，弹出“创建草图”对话框，平面选择如图 1-1-25 所示的基准面，单击<确定>按钮，即可进入草图绘制界面。

执行插入(S)→草图曲线(S)→矩形(R)...命令，将矩形长设置为“4.0mm”，将矩形宽设置为“1.0mm”，在对称位置绘制同样的矩形，绘制完毕后的草图如图 1-1-31 所示。执行文件(F)→完成草图(K)命令，即可完成草图绘制。

图 1-1-30　边倒圆效果

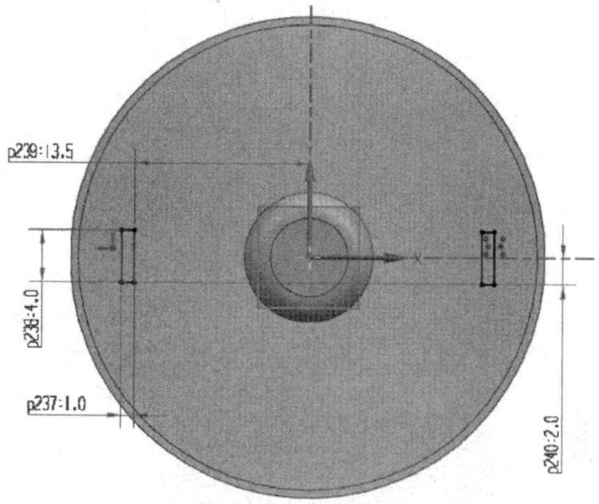

图 1-1-31　绘制出的草图

选中如图 1-1-31 所示的草图，执行插入(S)→设计特征(E)→拉伸(E)...命令，弹出“拉伸”对话框，将拉伸结束距离设置为“6mm”，如图 1-1-32 所示，单击<确定>按钮，即可完成拉伸。拉伸效果如图 1-1-33 所示。

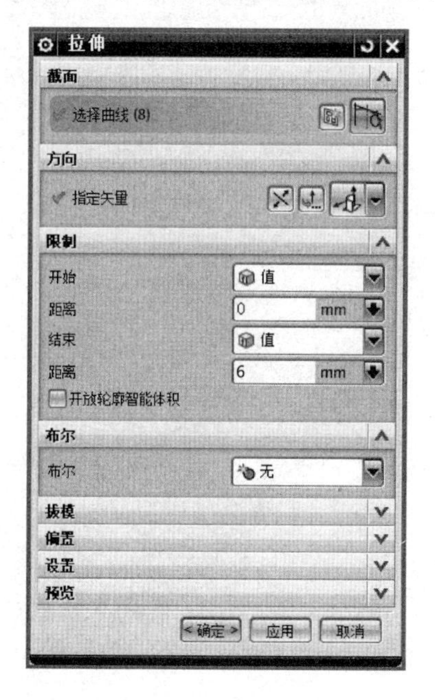

图 1-1-32　拉伸参数

图 1-1-33　拉伸效果

执行插入(S)→草图(H)...命令，弹出“创建草图”对话框，平面选择如图 1-1-33 所示的基准面，单击<确定>按钮，即可进入草图绘制界面。

执行插入(S)→草图曲线(S)→圆(C)...命令，将圆形直径设置为“2.0mm”，绘制完毕后的草图如图 1-1-34 所示。执行文件(F)→完成草图(K)命令，即可完成草图绘制。

选中如图 1-1-34 所示的草图，执行插入(S)→设计特征(E)→拉伸(E)...命令，弹出“拉伸”对话框，将拉伸结束距离设置为“50mm”，将布尔设置为“求差”，选择体选择如图 1-1-33 所示的模型，如图 1-1-35 所示，单击<确定>按钮，即可完成拉伸。拉伸效果如图 1-1-36 所示。

至此，直流电动机模型绘制完毕，如图 1-1-37 所示。

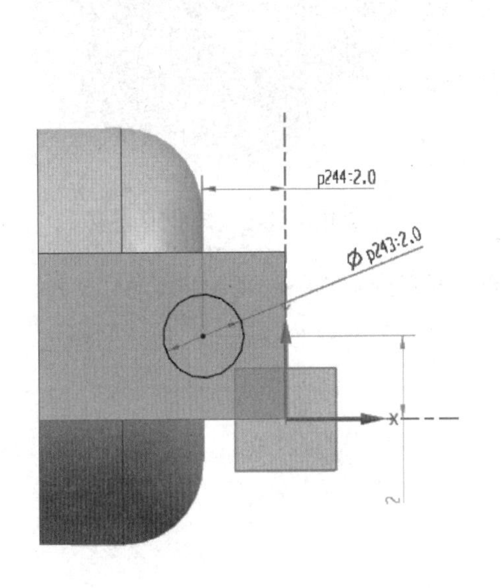

图 1-1-34　绘制出的草图

图 1-1-35　拉伸参数

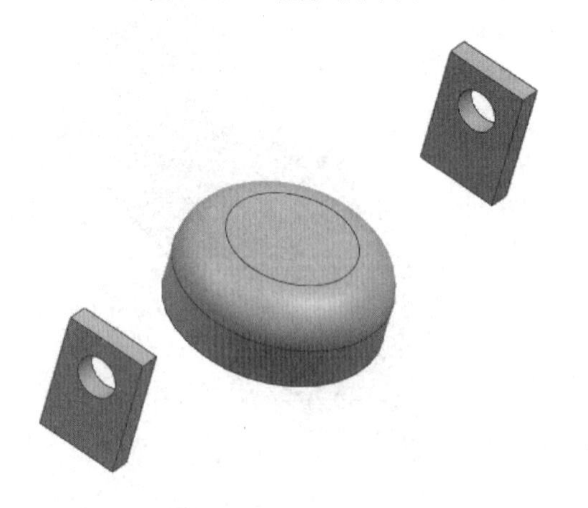

图 1-1-36　拉伸效果

图 1-1-37　直流电动机模型

1.1.2　模型渲染

执行 视图(V)→可视化(V)→ 真实艺术外观任务(K)... 命令，进入真实艺术外观渲染界面，如图 1-1-38 所示。

图 1-1-38　真实艺术外观渲染界面

选中“拉伸（8）”实体，将其材质设置为“不锈钢”。选中“拉伸（6）”实体和“拉伸（4）”实体，将其材质设置为“拉丝铜-英寸”。选中“拉伸（2）”实体，将其材质设置为“铝”。选中“拉伸（12）”实体，将其材质设置为“拉丝铜-毫米”。选中“拉伸（17）”实体，将其材质设置为“青铜”。设置完毕后，执行 任务(K)→ 完成真实艺术外观(F)　Ctrl+Q 命令，即可完成渲染。直流电动机三维模型渲染如图 1-1-39 和图 1-1-40 所示。

小提示

◎扫描右侧二维码可观看渲染后的直流电动机模型。

◎读者可根据自己的喜好进行渲染，不必和本例一模一样。

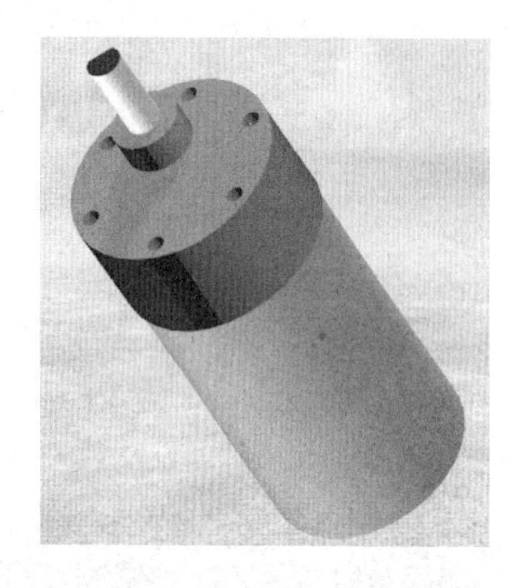

图 1-1-39　直流电动机三维模型渲染 1

图 1-1-40　直流电动机三维模型渲染 2

1.2 轮毂部件

1.2.1 模型绘制

启动 NX 8.5 软件，执行文件(F)→新建(N)... Ctrl+N 命令，弹出“新建”对话框，将名称设置为“Hub.prt”，将文件夹设置为“G:\book\DIYSmartCar\Project\1\”，单击确定按钮，即可进入模型绘制界面。

执行插入(S)→草图(H)...命令，弹出“创建草图”对话框，平面选择“X-Y”平面，单击<确定>按钮，即可进入草图绘制界面。

执行插入(S)→草图曲线(S)→圆(C)... 命令，将圆形直径设置为“54.0mm”；执行插入(S)→草图曲线(S)→圆(C)... 命令，将圆形直径设置为“48.0mm”，绘制完毕后的草图如图 1-2-1 所示。执行文件(F)→完成草图(K)命令，即可完成草图绘制。

选中如图 1-2-1 所示的草图，执行插入(S)→设计特征(E)→拉伸(E)...命令，弹出“拉伸”对话框，将拉伸结束距离设置为“28mm”，如图 1-2-2 所示，单击<确定>按钮，即可完成拉伸。拉伸效果如图 1-2-3 所示。

执行插入(S)→草图(H)...命令，弹出“创建草图”对话框，平面选择如图 1-2-3 所示的基准面，单击<确定>按钮，即可进入草图绘制界面。绘制如图 1-2-4 所示的草图。执行文件(F)→完成草图(K)命令，即可完成草图绘制。

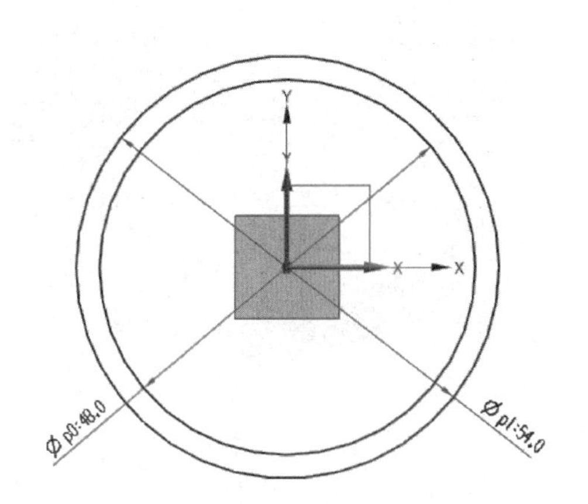

图 1-2-1　绘制出的草图

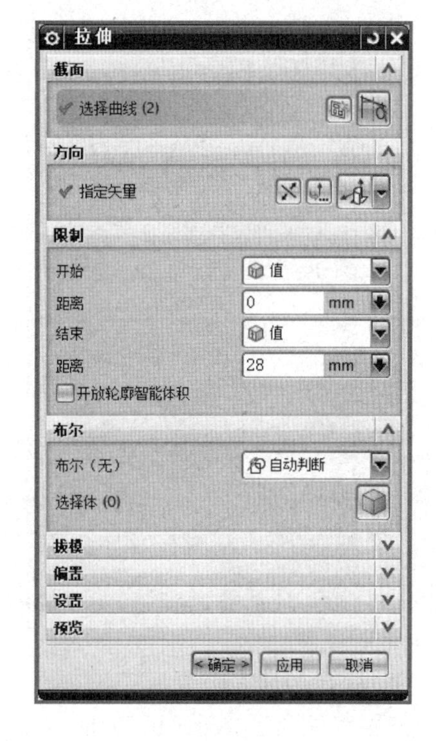

图 1-2-2　拉伸参数

图 1-2-3　拉伸效果

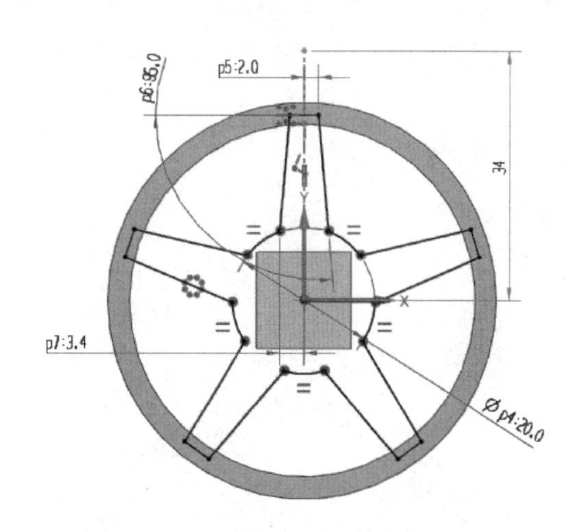

图 1-2-4　绘制出的草图

选中如图 1-2-4 所示的草图，执行插入(S)→设计特征(E)→拉伸(E)...命令，弹出“拉伸”对话框，将拉伸开始距离设置为“6mm”，将拉伸结束距离设置为“15mm”，如图 1-2-5 所示，单击< 确定 >按钮，即可完成拉伸。拉伸效果如图 1-2-6 所示。

执行插入(S)→草图(H)...命令，弹出“创建草图”对话框，平面选择如图 1-2-6 所示的基准面，单击< 确定 >按钮，即可进入草图绘制界面。绘制如图 1-2-7 所示的草图。执行文件(F)→完成草图(K)命令，即可完成草图绘制。

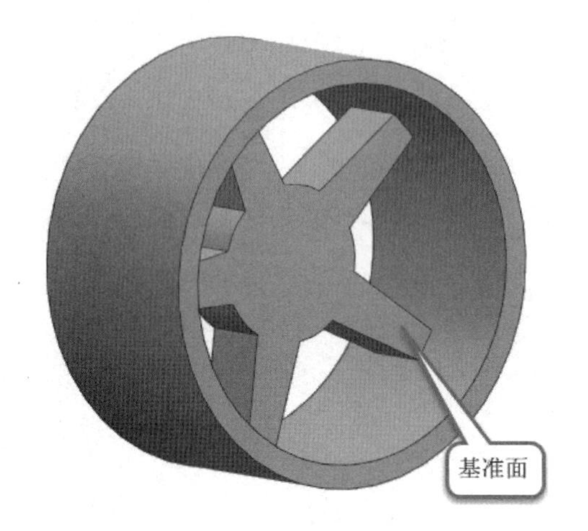

图 1-2-5　拉伸参数

图 1-2-6　拉伸效果

选中如图 1-2-7 所示的草图，执行插入(S) → 设计特征(E) → 拉伸(E)... 命令，弹出“拉伸”对话框，将拉伸结束距离设置为“6mm”，如图 1-2-8 所示，单击<确定>按钮，即可完成拉伸。拉伸效果如图 1-2-9 所示。

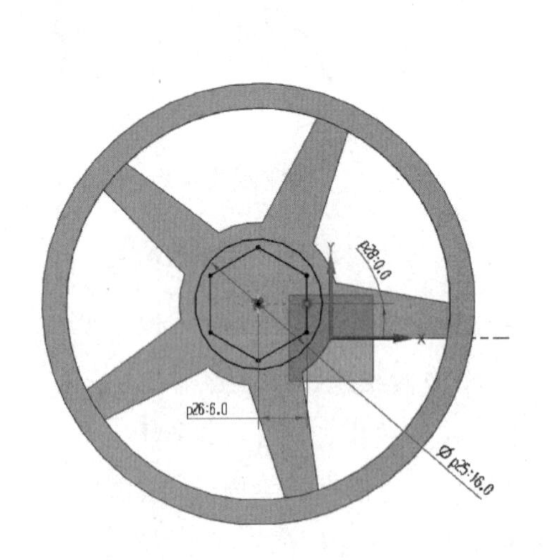

图 1-2-7　绘制出的草图

图 1-2-8　拉伸参数

执行插入(S)→草图(H)...命令，弹出“创建草图”对话框，平面选择如图 1-2-9 所示的基准面，单击<确定>按钮，即可进入草图绘制界面。

执行插入(S)→草图曲线(S)→圆(C)...命令，将圆形直径设置为“4.0mm”，绘制完毕后的草图如图 1-2-10 所示。执行文件(F)→完成草图(K)命令，即可完成草图绘制。

图 1-2-9　拉伸效果

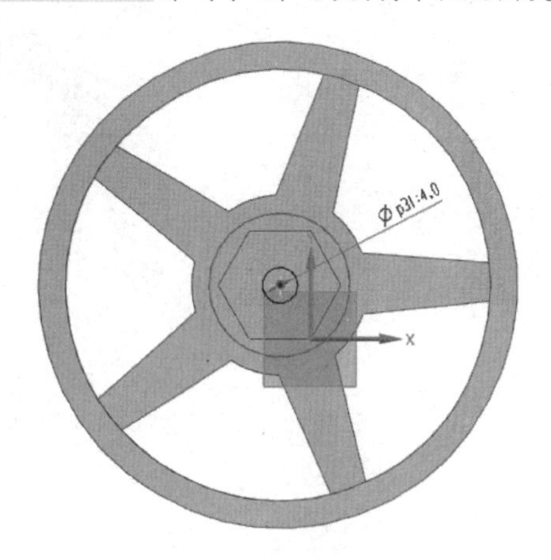

图 1-2-10　绘制出的草图

选中如图 1-2-10 所示的草图，执行插入(S)→设计特征(E)→拉伸(E)...命令，弹出“拉伸”对话框，将拉伸结束距离设置为“15mm”，将布尔（求差）设置为“自动判断”，选择体选择如图 1-2-6 所示的模型，如图 1-2-11 所示，单击<确定>按钮，即可完成拉伸，如图 1-2-12 所示。

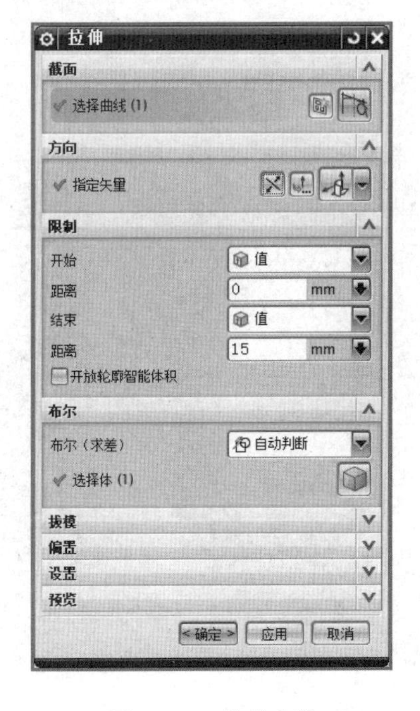

图 1-2-11　拉伸参数

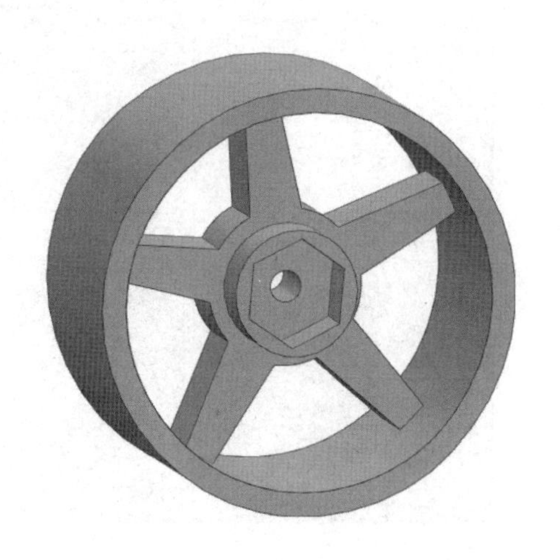

图 1-2-12　拉伸效果

执行 插入(S)→细节特征(L)→边倒圆(E)... 命令，为绘制的三维模型倒圆角，尺寸合理即可。

至此，轮毂模型绘制完毕，如图 1-2-13 所示。

图 1-2-13　轮毂模型

1.2.2　模型渲染

执行 视图(V)→可视化(V)→真实艺术外观任务(K)... 命令，进入真实艺术外观渲染界面，如图 1-2-14 所示。

图 1-2-14　真实艺术外观渲染界面

选中“拉伸（2）”实体，将其材质设置为“亮泽塑料-蓝色”。选中“拉伸（4）”实体，将其材质设置为“车轮-镁”。设置完毕后，执行 任务(K) → 完成真实艺术外观(F) Ctrl+Q 命令，即可完成渲染。轮毂三维模型渲染如图 1-2-15 和图 1-2-16 所示。

图 1-2-15　轮毂三维模型渲染 1

图 1-2-16　轮毂三维模型渲染 2

小提示

◎扫描右侧二维码可观看渲染后的轮毂模型。

◎读者可根据自己的喜好进行渲染，不必和本例一模一样。

1.3 轮胎部件

1.3.1 模型绘制

启动 NX 8.5 软件，执行 文件(F) → 新建(N)... Ctrl+N 命令，弹出“新建”对话框，将名称设置为“Tyre.prt”，将文件夹设置为“G:\book\DIYSmartCar\Project\1\”，单击 确定 按钮，即可进入模型绘制界面。

执行 插入(S) → 草图(H)... 命令，弹出“创建草图”对话框，平面选择“X-Y”平面，单击 <确定> 按钮，即可进入草图绘制界面。

执行 插入(S) → 草图曲线(S) → 圆(C)... 命令，将圆形直径设置为“54.0mm”；执行 插入(S) → 草图曲线(S) → 圆(C)... 命令，将圆形直径设置为“65.0mm”，绘制完毕后的草图如图 1-3-1 所示。执行 文件(F) → 完成草图(K) 命令，即可完成草图绘制。

选中如图 1-3-1 所示的草图，执行插入(S)→设计特征(E)→拉伸(E)...命令，弹出“拉伸”对话框，将拉伸结束距离设置为“28mm”，如图 1-3-2 所示，单击< 确定 >按钮，即可完成拉伸。拉伸效果如图 1-3-3 所示。

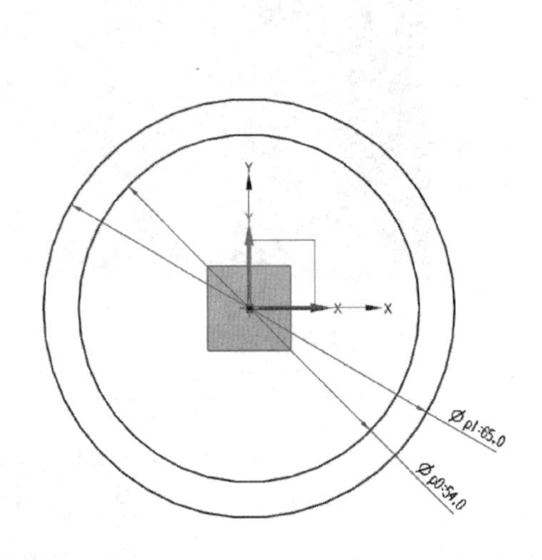

图 1-3-1　绘制出的草图

图 1-3-2　拉伸参数

执行插入(S)→草图(H)...命令，弹出“创建草图”对话框，平面选择如图 1-3-3 所示的基准面，单击< 确定 >按钮，即可进入草图绘制界面。

执行插入(S)→草图曲线(S)→矩形(R)...命令，将矩形长设置为“2.0mm”，将矩形宽设置为“2.0mm”，绘制完毕后的草图如图 1-3-4 所示。执行文件(F)→完成草图(K)命令，即可完成草图绘制。

图 1-3-3　拉伸效果

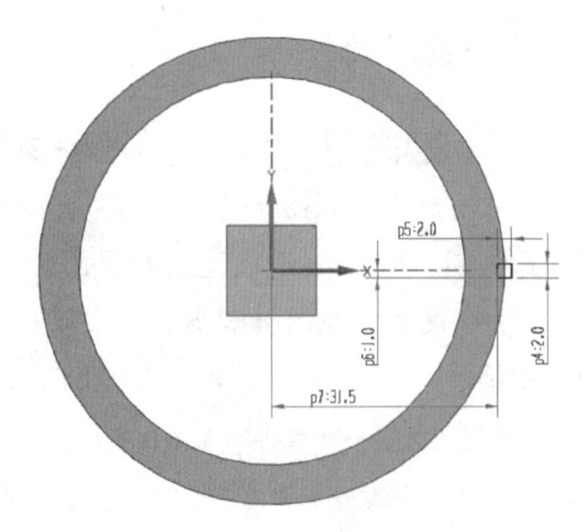

图 1-3-4　绘制出的草图

选中如图 1-3-4 所示的草图，执行插入(S)→设计特征(E)→拉伸(E)...命令，弹出“拉伸”对话框，将拉伸结束距离设置为“5mm”，如图 1-3-5 所示，单击<确定>按钮，即可完成拉伸。拉伸效果如图 1-3-6 所示。

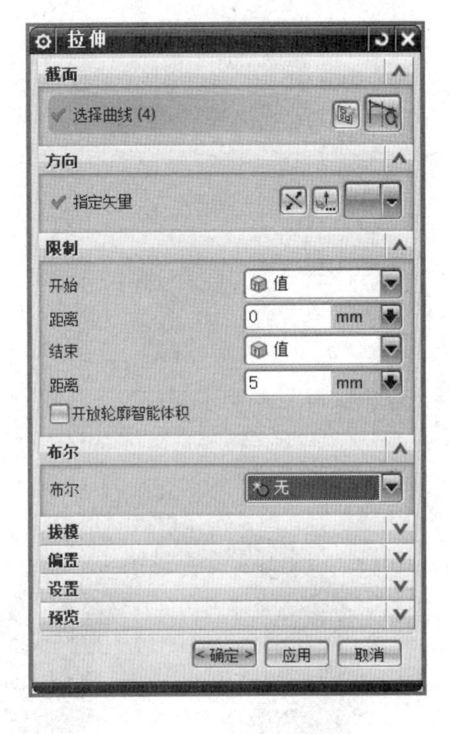

图 1-3-5　拉伸参数

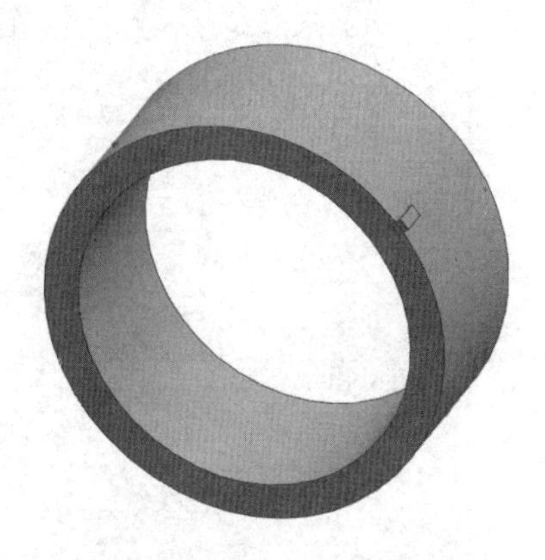

图 1-3-6　拉伸效果

执行插入(S)→关联复制(A)→镜像特征(M)...命令，弹出“镜像特征”对话框，要镜像的特征选择如图 1-3-6 所示的特征，镜像平面选择“新平面”，如图 1-3-7 所示，单击确定按钮，即可完成镜像特征。镜像特征效果如图 1-3-8 所示。

图 1-3-7　镜像特征参数

图 1-3-8　镜像特征效果

执行插入(S)→关联复制(A)→阵列特征(A)...命令，弹出“阵列特征”对话框，将布局设置为“圆形”，将数量设置为“30”，将节距角设置为“12deg”，如图 1-3-9 所示。单击确定按钮，即可完成阵列特征。阵列特征效果如图 1-3-10 所示。

图 1-3-9 阵列特征参数

图 1-3-10 阵列特征效果

执行插入(S)→草图(H)...命令，弹出“创建草图”对话框，平面选择“X-Y”平面，单击<确定>按钮，即可进入草图绘制界面。

执行插入(S)→草图曲线(S)→圆(C)...命令，将圆形直径设置为“63.0mm”；执行插入(S)→草图曲线(S)→圆(C)...命令，将圆形直径设置为“67.0mm”，绘制完毕后的草图如图 1-3-11 所示。执行文件(F)→完成草图(K)命令，即可完成草图绘制。

选中如图 1-3-11 所示的草图，执行插入(S)→设计特征(E)→拉伸(E)...命令，弹出“拉伸”对话框，将拉伸开始距离设置为“10mm”，将拉伸结束距离设置为“12mm”，如图 1-3-12 所示，单击<确定>按钮，即可完成拉伸。拉伸效果如图 1-3-13 所示。

执行插入(S)→关联复制(A)→镜像特征(M)...命令，弹出“镜像特征”对话框，要镜像的特征选择如图 1-3-13 所示的特征，镜像平面选择“新平面”，如图 1-3-14 所示，单击确定按钮，即可完成镜像特征。镜像特征效果如图 1-3-15 所示。

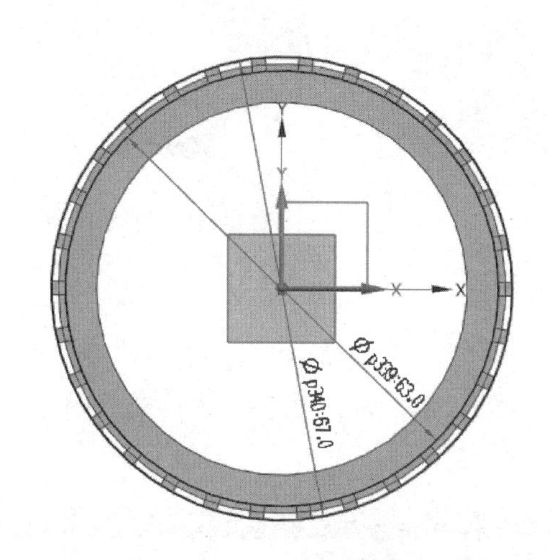

图 1-3-11　绘制出的草图

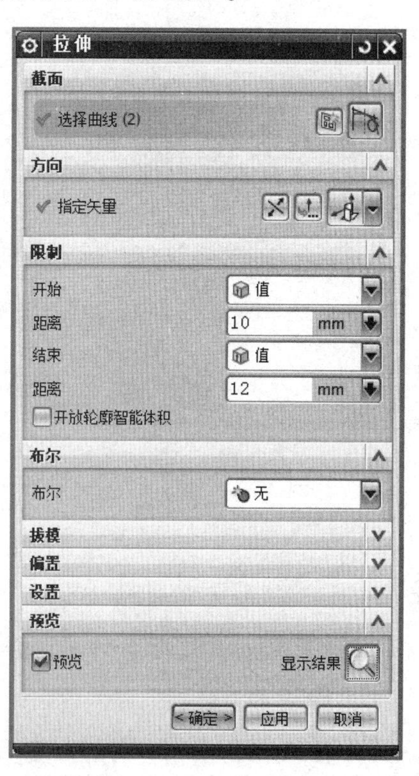

图 1-3-12　拉伸参数

图 1-3-13　拉伸效果

图 1-3-14　镜像特征参数

图 1-3-15　镜像特征效果

执行插入(S)→组合(B)→求差(S)...命令，弹出“求差”对话框，如图 1-3-16 所示，目标选择如图 1-3-3 所示的实体，工具选择如图 1-3-15 所示的实体，单击< 确定 >按钮，即可完成求差，如图 1-3-17 所示。

执行插入(S)→细节特征(L)→边倒圆(E)...命令，为绘制的三维模型倒圆角，尺寸合理即可。

至此，轮胎模型绘制完毕，如图 1-3-18 所示。

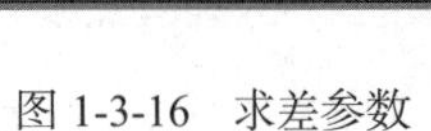
图 1-3-16　求差参数

图 1-3-17　求差完成

图 1-3-18　轮胎模型

1.3.2　模型渲染

执行视图(V)→可视化(V)→真实艺术外观任务(K)...命令，进入真实艺术外观渲染界面，如图 1-3-19 所示。

图 1-3-19　真实艺术外观渲染界面

选中全部实体，将其材质设置为“tire tread mm”。设置完毕后，执行 任务(K)→ 完成真实艺术外观(F) Ctrl+Q 命令，即可完成渲染。轮胎三维模型渲染如图 1-3-20 和图 1-3-21 所示。

图 1-3-20 轮胎三维模型渲染 1

图 1-3-21 轮胎三维模型渲染 2

小提示

◎扫描右侧二维码可观看渲染后的轮胎模型。

◎读者可根据自己的喜好进行渲染，不必和本例一模一样。

1.4 联轴器部件

1.4.1 模型绘制

启动 NX 8.5 软件，执行 文件(F)→ 新建(N)... Ctrl+N 命令，弹出“新建”对话框，将名称设置为“Coupling.prt”，将文件夹设置为“G:\book\DIYSmartCar\Project\1\”，单击 确定 按钮，即可进入模型绘制界面。

执行 插入(S)→ 草图(H)... 命令，弹出“创建草图”对话框，平面选择“X-Y”平面，单击 <确定> 按钮，即可进入草图绘制界面。绘制如图 1-4-1 所示的草图。执行 文件(F)→ 完成草图(K) 命令，即可完成草图绘制。

选中如图 1-4-1 所示的草图，执行 插入(S)→ 设计特征(E)→ 拉伸(E)... 命令，弹出“拉伸”对话框，将拉伸结束距离设置为“6mm”，如图 1-4-2 所示，单击<确定>按钮，即可完成拉伸。拉伸效果如图 1-4-3 所示。

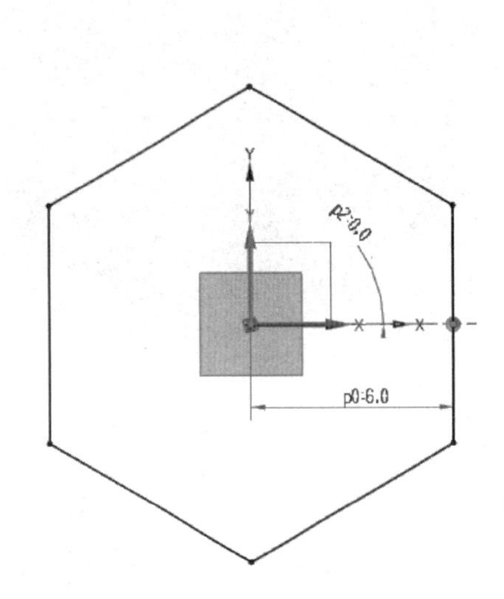

图 1-4-1　绘制出的草图

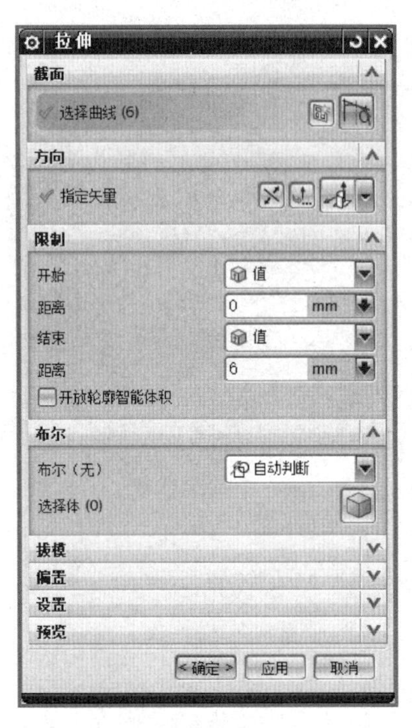

图 1-4-2　拉伸参数

执行插入(S)→草图(H)...命令，弹出“创建草图”对话框，平面选择如图 1-4-3 所示的基准面，单击<确定>按钮，即可进入草图绘制界面。

执行插入(S)→草图曲线(S)→圆(C)...命令，将圆形直径设置为“6.0mm”，执行插入(S)→草图曲线(S)→圆(C)...命令，将圆形直径设置为“12.0mm”，绘制完毕后的草图如图 1-4-4 所示。执行文件(F)→完成草图(K)命令，即可完成草图绘制。

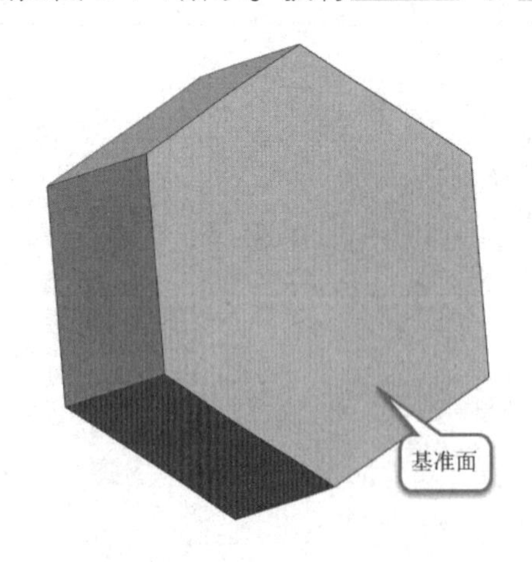

图 1-4-3　拉伸效果

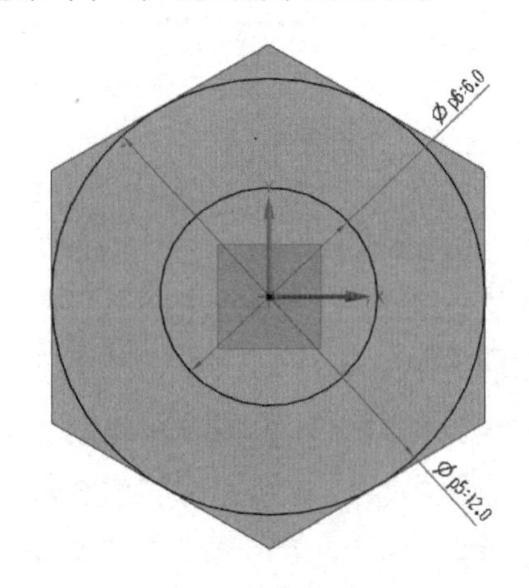

图 1-4-4　绘制出的草图

选中如图 1-4-4 所示的草图，执行插入(S)→设计特征(E)→拉伸(E)...命令，弹出“拉伸”对话框，将拉伸结束距离设置为“24mm”，如图 1-4-5 所示，单击<确定>按钮，即可完成拉伸。拉伸效果如图 1-4-6 所示。

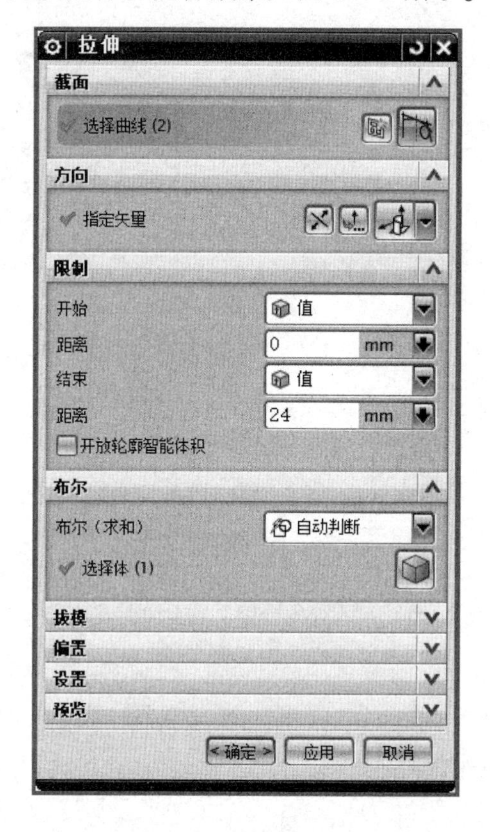

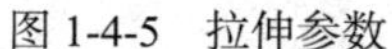
图 1-4-5　拉伸参数

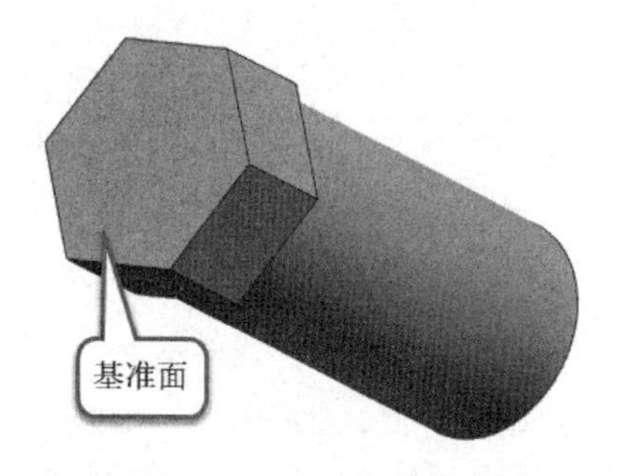

图 1-4-6　拉伸效果

执行插入(S)→草图(H)...命令，弹出“创建草图”对话框，平面选择如图 1-4-6 所示的基准面，单击<确定>按钮，即可进入草图绘制界面。

执行插入(S)→草图曲线(S)→圆(C)...命令，将圆形直径设置为“4mm”，绘制完毕后的草图如图 1-4-7 所示。执行文件(F)→完成草图(K)命令，即可完成草图绘制。

选中如图 1-4-7 所示的草图，执行插入(S)→设计特征(E)→拉伸(E)...命令，弹出“拉伸”对话框，将拉伸结束距离设置为“24mm”，如图 1-4-8 所示，单击<确定>按钮，即可完成拉伸。拉伸效果如图 1-4-9 所示。

执行插入(S)→草图(H)...命令，弹出“创建草图”对话框，平面选择如图 1-4-9 所示的基准面，单击<确定>按钮，即可进入草图绘制界面。

执行插入(S)→草图曲线(S)→圆(C)...命令，将圆形直径设置为“4.0mm”，绘制完毕后的草图如图 1-4-10 所示。执行文件(F)→完成草图(K)命令，即可完成草图绘制。

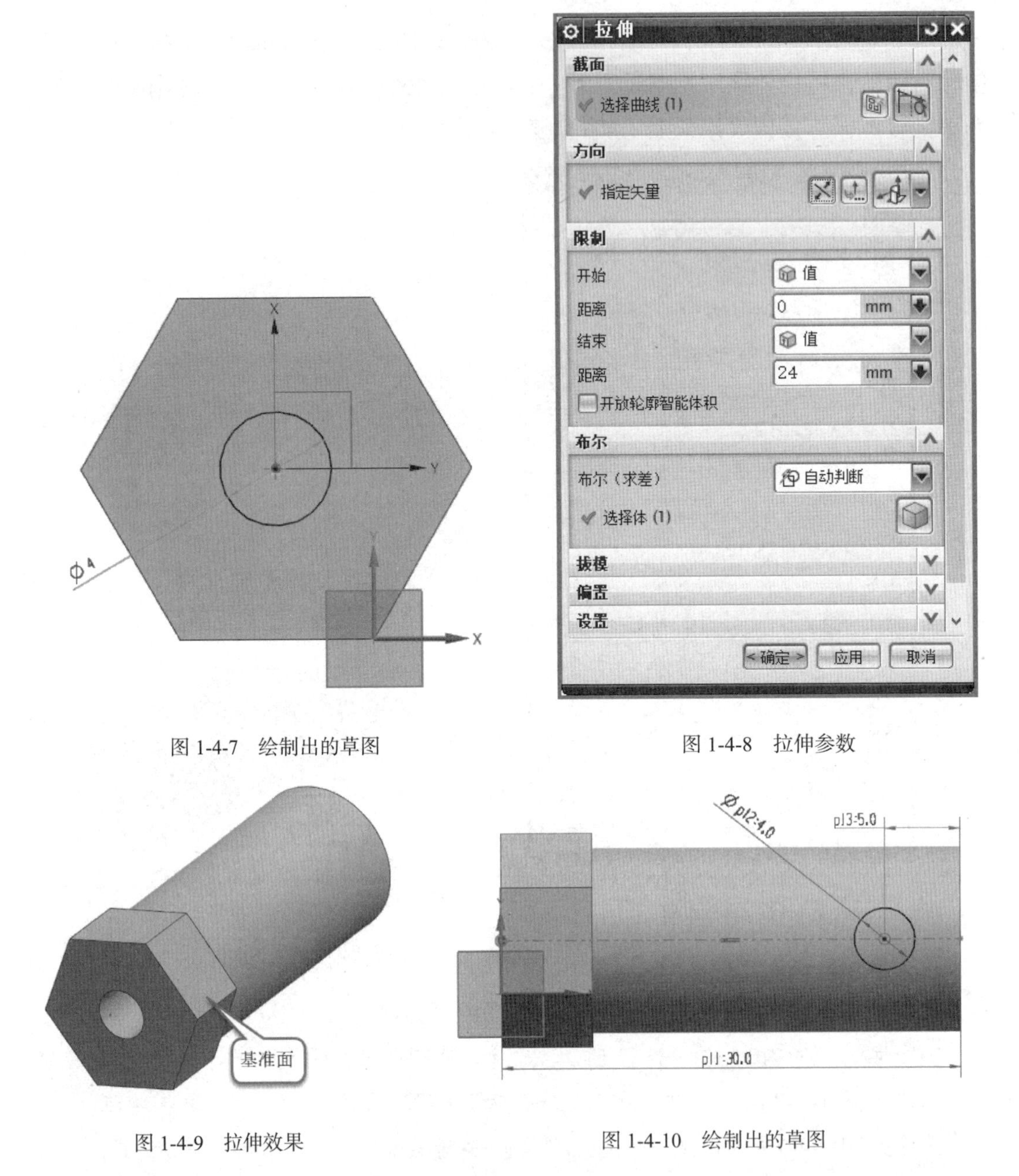

图 1-4-7　绘制出的草图

图 1-4-8　拉伸参数

图 1-4-9　拉伸效果

图 1-4-10　绘制出的草图

选中如图 1-4-10 所示的草图，执行 插入(S) → 设计特征(E) → 拉伸(E)... 命令，弹出“拉伸”对话框，将拉伸结束距离设置为“5mm”，如图 1-4-11 所示，单击 <确定> 按钮，即可完成拉伸。拉伸效果如图 1-4-12 所示。

执行 插入(S) → 细节特征(L) → 倒斜角(C)... 命令，为绘制的三维模型倒圆角，尺寸合理即可。

至此，联轴器模型绘制完毕，如图 1-4-13 所示。

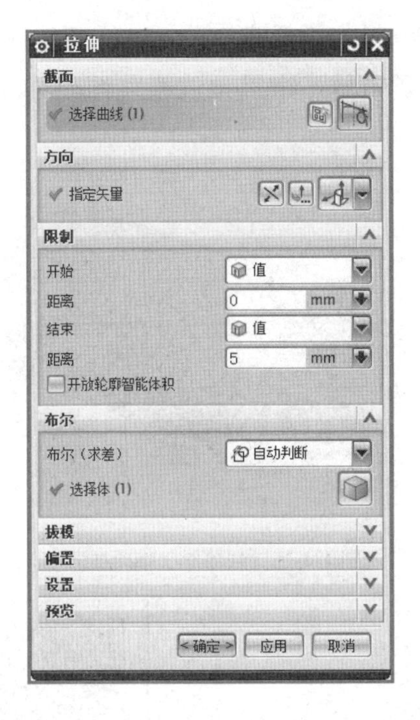

图 1-4-11　拉伸参数

图 1-4-12　拉伸效果

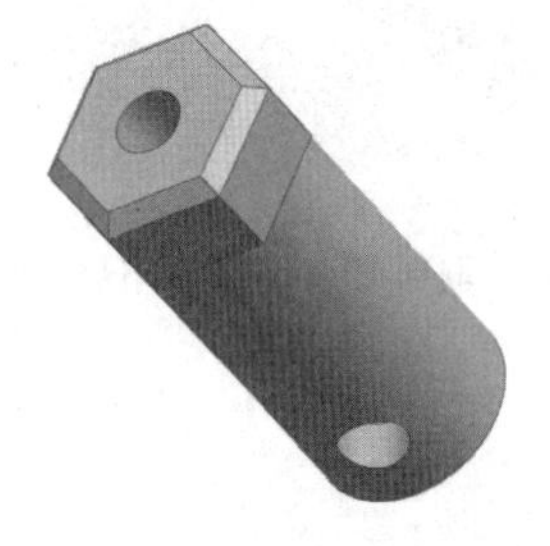

图 1-4-13　联轴器模型

1.4.2　模型渲染

执行 视图(V)→可视化(V)→ 真实艺术外观任务(K)... 命令，进入真实艺术外观渲染界面，如图 1-4-14 所示。

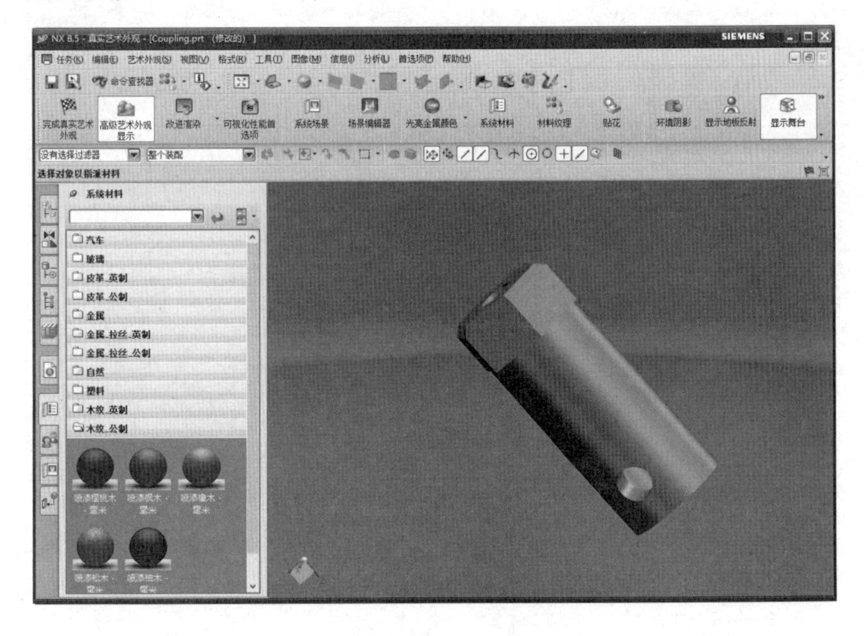

图 1-4-14　真实艺术外观渲染界面

选中全部实体，将其材质设置为“拉丝铜-英寸”。设置完毕后，执行任务(K)→完成真实艺术外观(F) Ctrl+Q命令，即可完成渲染。联轴器三维模型渲染如图 1-4-15 和图 1-4-16 所示。

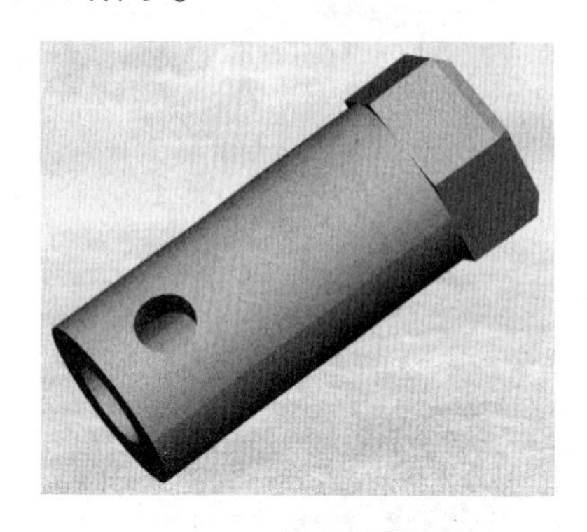

图 1-4-15　联轴器三维模型渲染 1

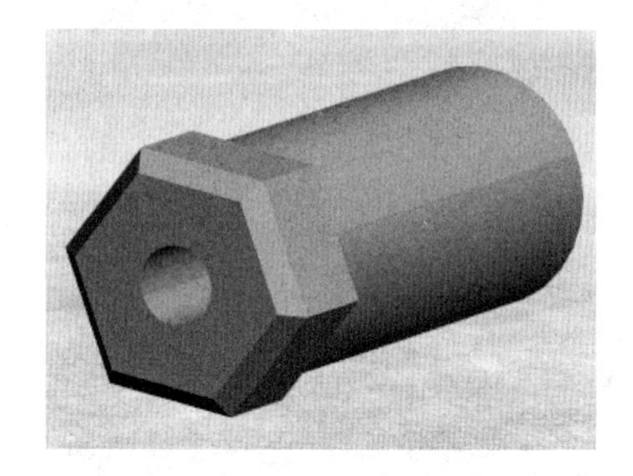

图 1-4-16　联轴器三维模型渲染 2

小提示

◎扫描右侧二维码可观看渲染后的联轴器模型。

◎读者可根据自己的喜好进行渲染，不必和本例一模一样。

第2章

车体模块零部件绘制

2.1 直流电动机支架部件

2.1.1 模型绘制

启动 NX 8.5 软件，执行文件(F)→新建(N)... Ctrl+N 命令，弹出“新建”对话框，将名称设置为“Bracket.prt”，将文件夹设置为“G:\book\DIYSmartCar\Project\2\”，单击确定按钮，即可进入模型绘制界面。

执行插入(S)→草图(H)...命令，弹出“创建草图”对话框，平面选择“X-Y”平面，单击<确定>按钮，即可进入草图绘制界面。绘制如图 2-1-1 所示的草图。执行文件(F)→完成草图(K)命令，即可完成草图绘制。

选中如图 2-1-1 所示的草图，执行插入(S)→设计特征(E)→拉伸(E)...命令，弹出“拉伸”对话框，将拉伸结束距离设置为“3mm”，如图 2-1-2 所示，单击<确定>按钮，即可完成拉伸。拉伸效果如图 2-1-3 所示。

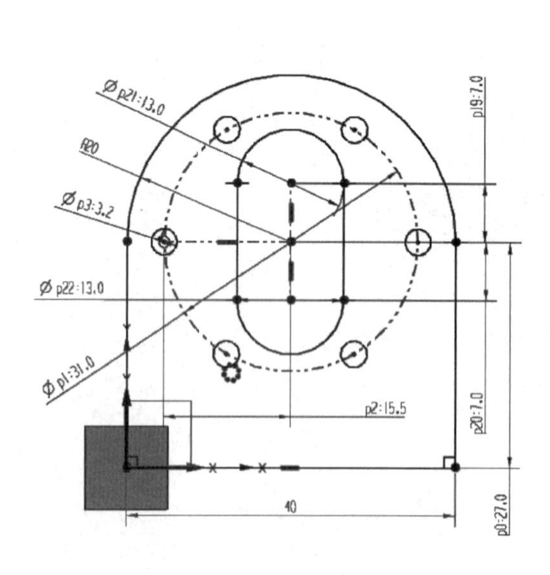

图 2-1-1　绘制出的草图

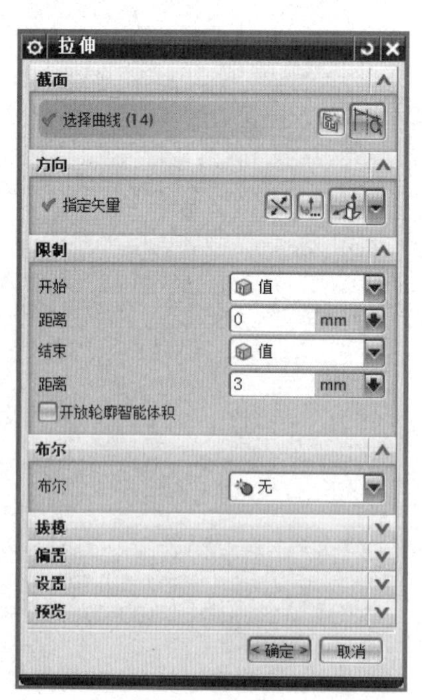

图 2-1-2　拉伸参数

执行插入(S)→草图(H)...命令，弹出“创建草图”对话框，平面选择如图 2-1-3 所示的基准面，单击<确定>按钮，即可进入草图绘制界面。绘制如图 2-1-4 所示的草图。执行文件(F)→完成草图(K)命令，即可完成草图绘制。

图 2-1-3　拉伸效果

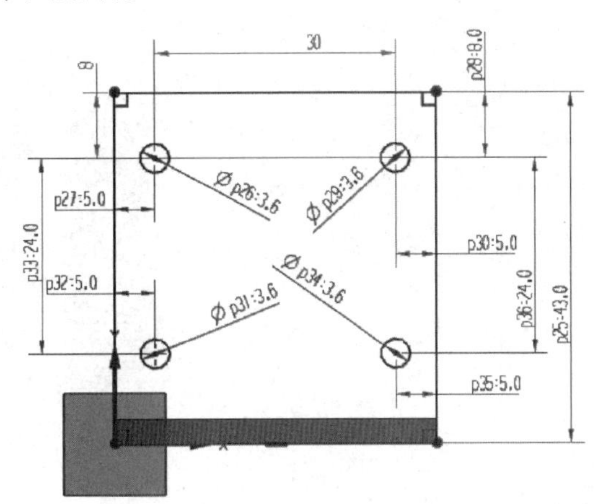

图 2-1-4　绘制出的草图

选中如图 2-1-4 所示的草图，执行插入(S)→设计特征(E)→拉伸(E)...命令，弹出“拉伸”对话框，将拉伸结束距离设置为“3mm”，如图 2-1-5 所示，单击<确定>按钮，即可完成拉伸。拉伸效果如图 2-1-6 所示。

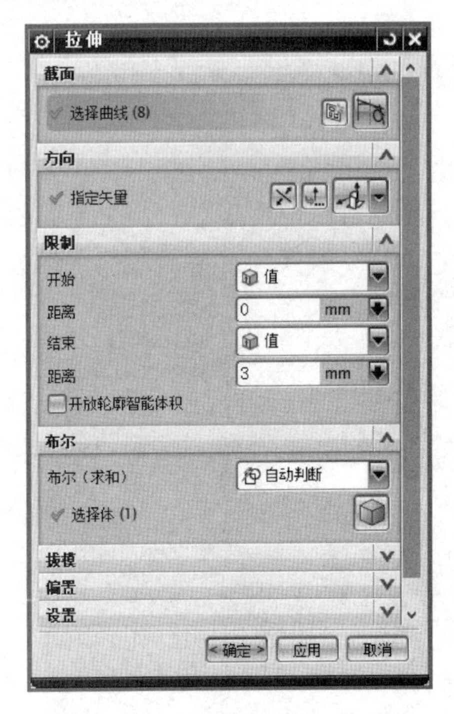

图 2-1-5　拉伸参数

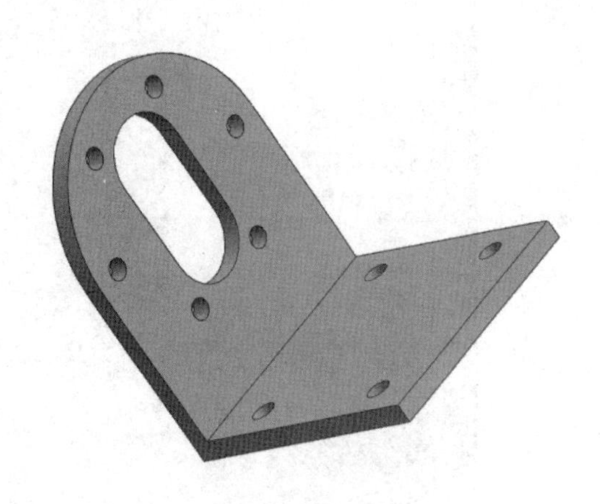

图 2-1-6　拉伸效果

执行 插入(S) → 细节特征(L) → 边倒圆(E)... 命令，为绘制的三维模型倒圆角，尺寸合理即可。

至此，直流电动机支架模型绘制完毕，如图 2-1-7 所示。

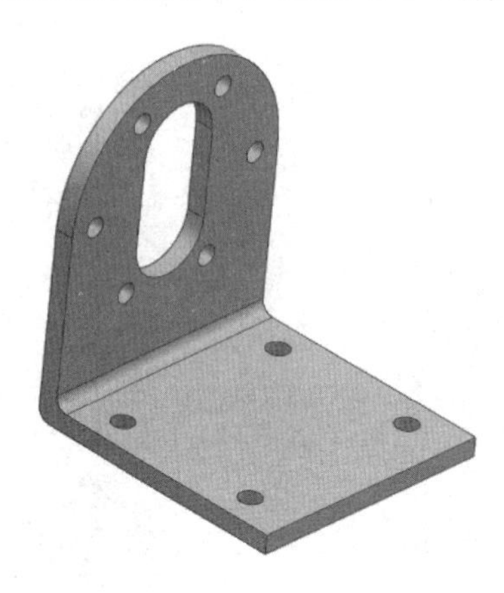

图 2-1-7 直流电动机支架模型

2.1.2 模型渲染

执行 视图(V) → 可视化(V) → 真实艺术外观任务(K)... 命令，进入真实艺术外观渲染界面，如图 2-1-8 所示。

图 2-1-8 真实艺术外观渲染界面

选中全部实体，将其材质设置为“车漆-深蓝色”。设置完毕后，执行 任务(K)→ 完成真实艺术外观(F) Ctrl+Q 命令，即可完成渲染。直流电动机支架三维模型渲染如图 2-1-9 和图 2-1-10 所示。

图 2-1-9　直流电动机支架三维模型渲染 1

图 2-1-10　直流电动机支架三维模型渲染 2

小提示

◎扫描右侧二维码可观看渲染后的直流电动机支架模型。

◎读者可根据自己的喜好进行渲染，不必和本例一模一样。

2.2 下车架部件

2.2.1 模型绘制

启动 NX 8.5 软件，执行 文件(F)→ 新建(N)... Ctrl+N 命令，弹出“新建”对话框，将名称设置为“FrameLow.prt”，将文件夹设置为“G:\book\DIYSmartCar\Project\2\”，单击 确定 按钮，即可进入模型绘制界面。

执行 插入(S)→ 草图(H)... 命令，弹出“创建草图”对话框，平面选择“X-Y”平面，单击 <确定> 按钮，即可进入草图绘制界面。绘制如图 2-2-1 所示的草图。执行 文件(F)→ 完成草图(K) 命令，即可完成草图绘制。

选中如图 2-2-1 所示的草图，执行 插入(S)→ 设计特征(E)→ 拉伸(E)... 命令，弹出“拉伸”对话框，将拉伸结束距离设置为“3mm”，如图 2-2-2 所示，单击 <确定> 按钮，即可完成拉伸。拉伸效果如图 2-2-3 所示。

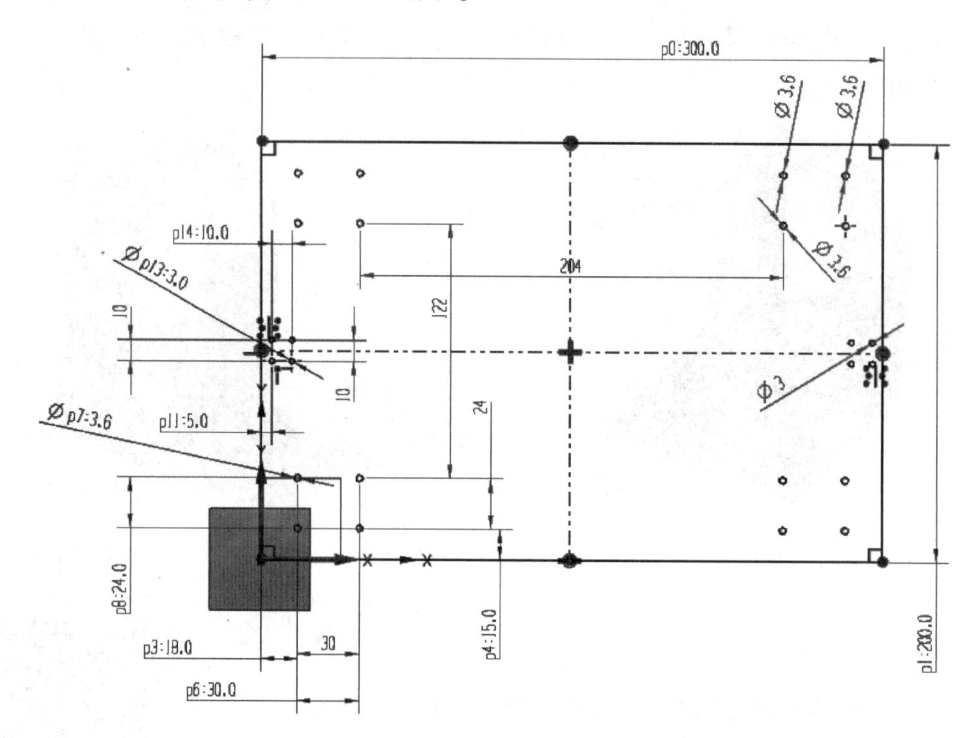

图 2-2-1　绘制出的草图

图 2-2-2　拉伸参数

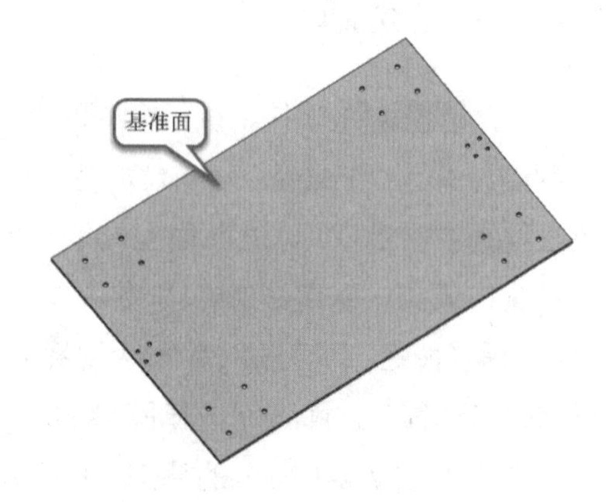

图 2-2-3　拉伸效果

执行插入(S)→草图(H)...命令，弹出“创建草图”对话框，平面选择如图 2-2-3 所示的基准面，单击<确定>按钮，即可进入草图绘制界面。绘制如图 2-2-4 所示的草图。执行文件(F)→完成草图(K)命令，即可完成草图绘制。

选中如图 2-2-4 所示的草图，执行插入(S)→设计特征(E)→拉伸(E)...命令，弹出“拉伸”对话框，将拉伸结束距离设置为“3mm”，如图 2-2-5 所示，单击<确定>按钮，即可完成拉伸。拉伸效果如图 2-2-6 所示。

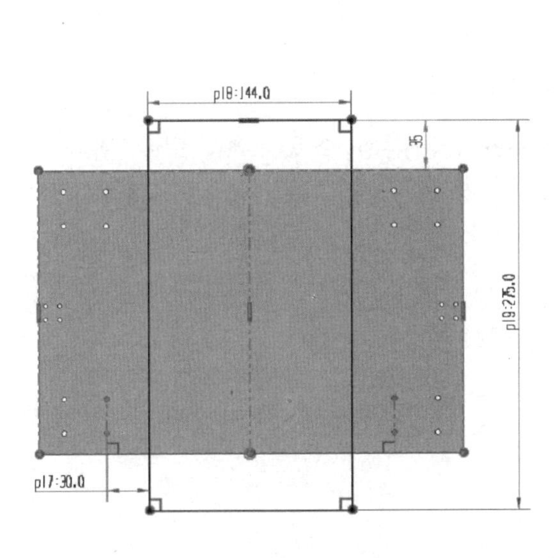

图 2-2-4　绘制出的草图

图 2-2-5　拉伸参数

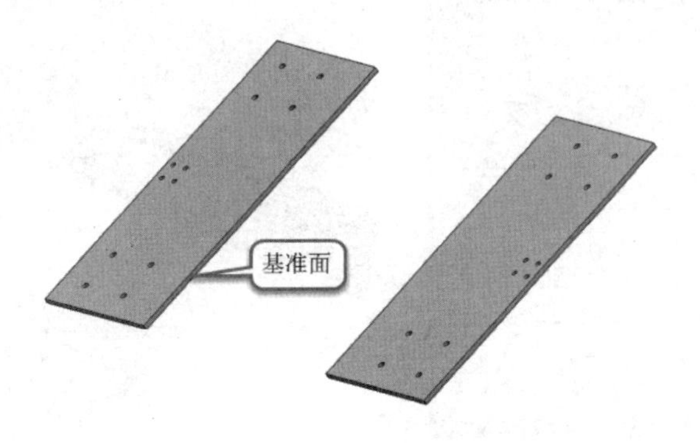

图 2-2-6　拉伸效果

执行插入(S)→草图(H)...命令，弹出“创建草图”对话框，平面选择如图 2-2-6 所示的基准面，单击<确定>按钮，即可进入草图绘制界面。绘制如图 2-2-7 所示的草图。执行文件(F)→完成草图(K)命令，即可完成草图绘制。

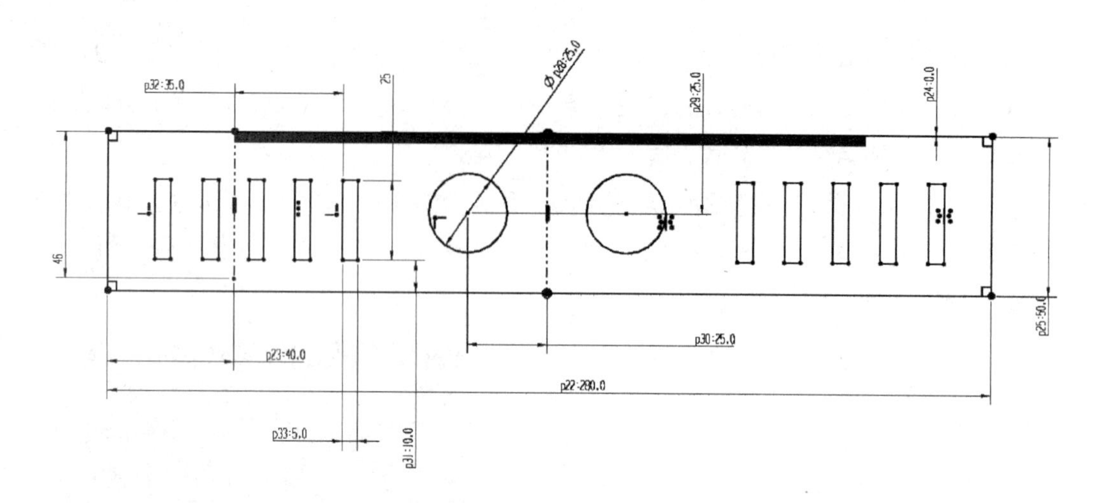

图 2-2-7　绘制出的草图

选中如图 2-2-7 所示的草图，执行插入(S)→设计特征(E)→拉伸(E)...命令，弹出“拉伸”对话框，将拉伸结束距离设置为“3mm”，如图 2-2-8 所示，单击<确定>按钮，即可完成拉伸。拉伸效果如图 2-2-9 所示。

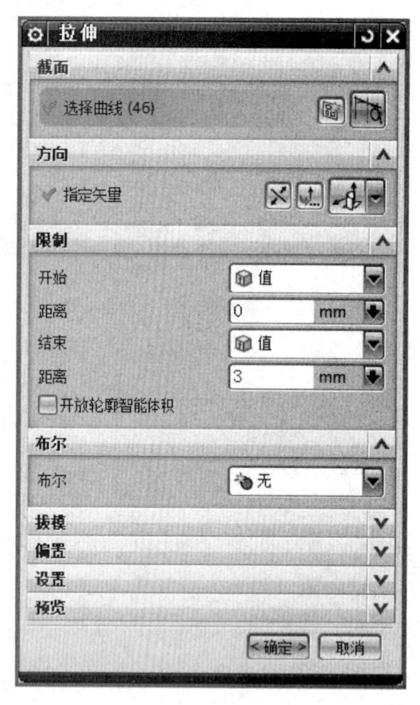

图 2-2-8　拉伸参数

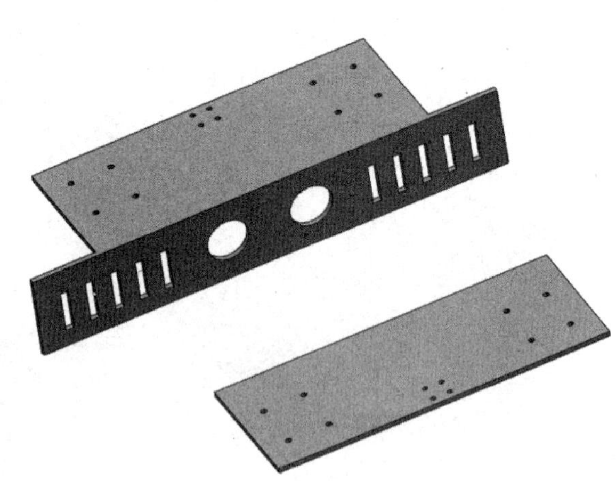

图 2-2-9　拉伸效果

执行插入(S)→关联复制(A)→镜像特征(M)...命令，弹出“镜像特征”对话框，要镜像的特征选择如图 2-2-9 所示的特征，镜像平面选择“新平面”，如图 2-2-10 所示，单击确定按钮，即可完成镜像特征。镜像特征效果如图 2-2-11 所示。

图 2-2-10　镜像特征参数

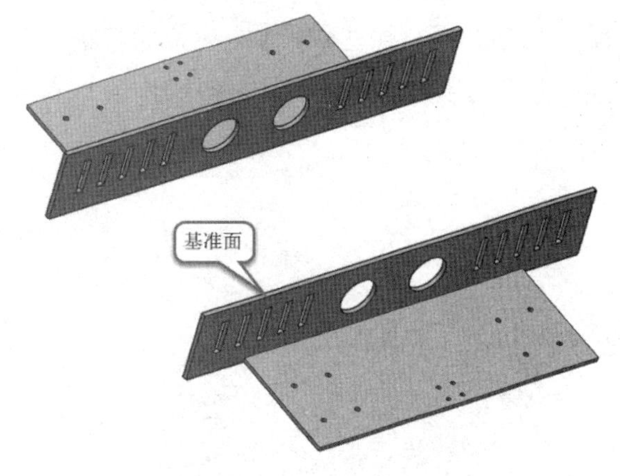

图 2-2-11　镜像特征效果

执行插入(S)→草图(H)...命令，弹出“创建草图”对话框，平面选择如图 2-2-11 所示的基准面，单击<确定>按钮，即可进入草图绘制界面。绘制如图 2-2-12 所示的草图。执行文件(F)→完成草图(K)命令，即可完成草图绘制。

选中如图 2-2-12 所示的草图，执行插入(S)→设计特征(E)→拉伸(E)...命令，弹出“拉伸”对话框，将拉伸结束距离设置为“3mm”，如图 2-2-13 所示，单击<确定>按钮，即可完成拉伸。拉伸效果如图 2-2-14 所示。

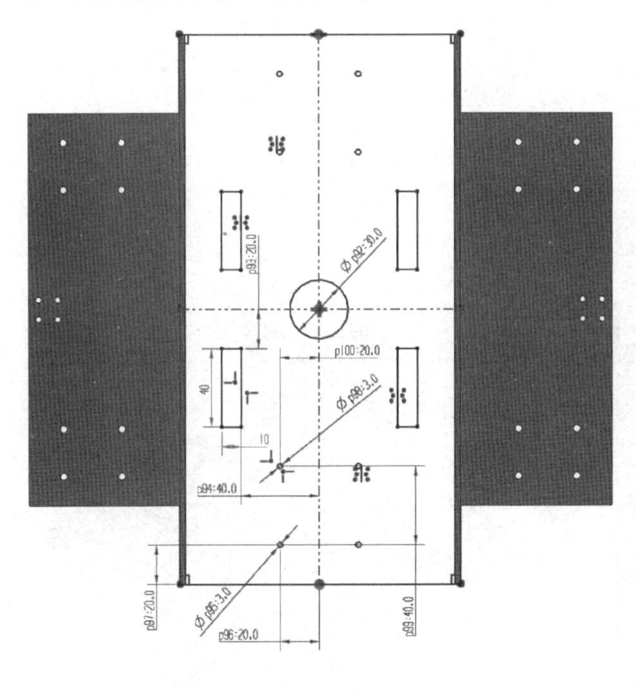

图 2-2-12　绘制出的草图

图 2-2-13　拉伸参数

执行插入(S)→草图(H)...命令，弹出“创建草图”对话框，平面选择如图 2-2-14

所示的基准面，单击确定按钮，即可进入草图绘制界面。绘制如图 2-2-15 所示的草图。执行文件(F)→完成草图(K)命令，即可完成草图绘制。

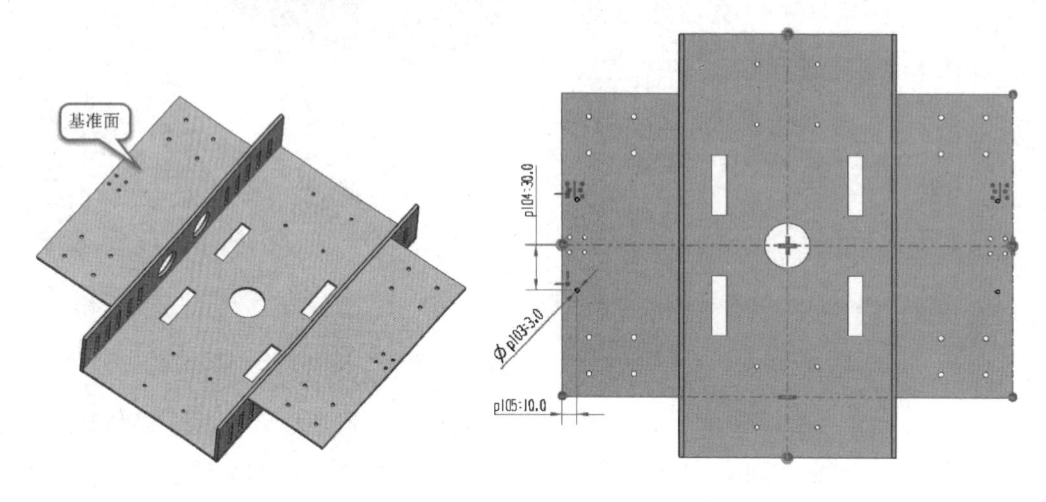

图 2-2-14 拉伸效果　　图 2-2-15 绘制出的草图

选中如图 2-2-15 所示的草图，执行插入(S)→设计特征(E)→拉伸(E)...命令，弹出“拉伸”对话框，将拉伸结束距离设置为“5mm”，如图 2-2-16 所示，单击确定按钮，即可完成拉伸。拉伸效果如图 2-2-17 所示。

图 2-2-16 拉伸参数

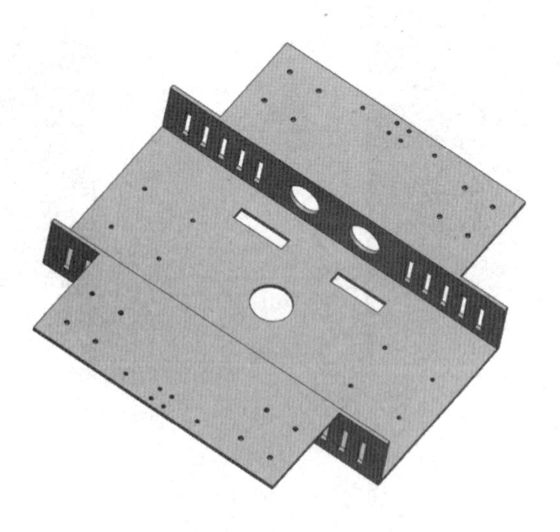

图 2-2-17 拉伸效果

执行 插入(S)→ 细节特征(L)→ 边倒圆(E)... 命令，为绘制的三维模型倒圆角，尺寸合理即可。

至此，下车架模型绘制完毕，如图 2-2-18 所示。

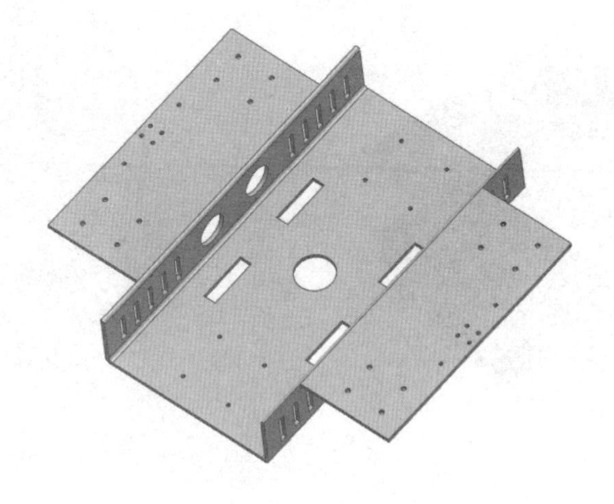

图 2-2-18　下车架模型

2.2.2　模型渲染

执行 视图(V)→ 可视化(V)→ 真实艺术外观任务(K)... 命令，进入真实艺术外观渲染界面，如图 2-2-19 所示。

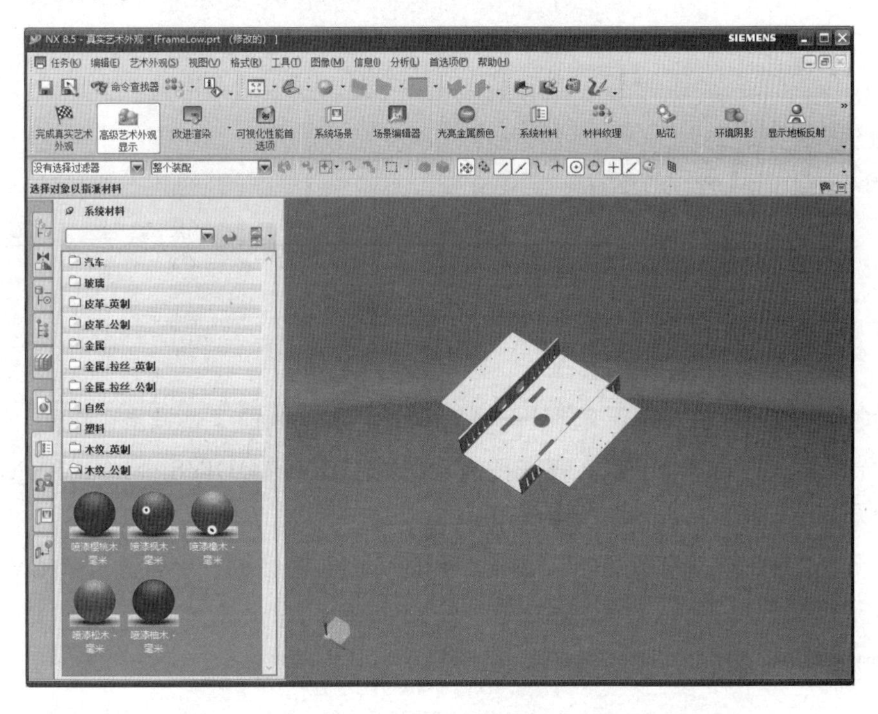

图 2-2-19　真实艺术外观渲染界面

选中全部实体，将其材质设置为“亮泽塑料-绿色”。设置完毕后，执行 任务(K)→ 完成真实艺术外观(F) Ctrl+Q 命令，即可完成渲染。下车架三维模型渲染如图 2-2-20 和图 2-2-21 所示。

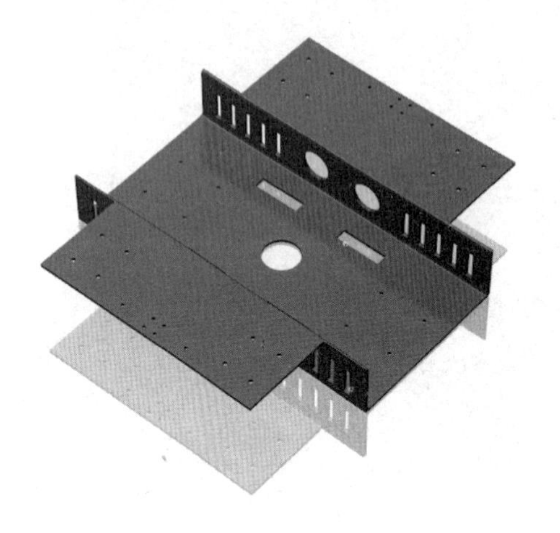

图 2-2-20 下车架三维模型渲染 1

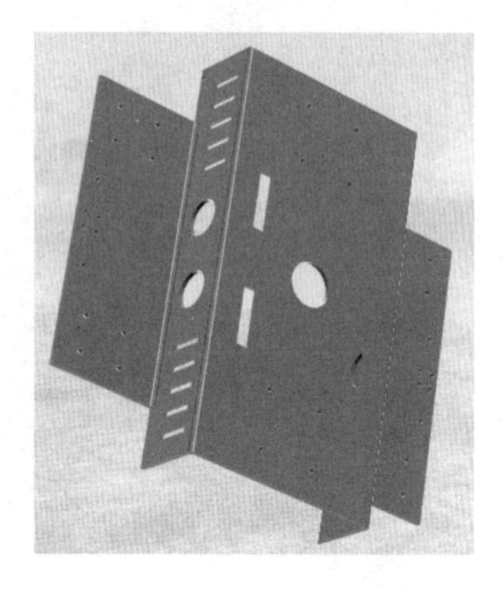

图 2-2-21 下车架三维模型渲染 2

小提示

◎扫描右侧二维码可观看渲染后的下车架模型。

◎读者可根据自己的喜好进行渲染，不必和本例一模一样。

2.3 上车架部件

2.3.1 模型绘制

启动 NX 8.5 软件，执行 文件(F)→ 新建(N)... Ctrl+N 命令，弹出“新建”对话框，将名称设置为“FrameUp.prt”，将文件夹设置为“G:\book\DIYSmartCar\Project\2\”，单击 确定 按钮，即可进入模型绘制界面。

执行 插入(S)→ 草图(H)... 命令，弹出“创建草图”对话框，平面选择“X-Y”平面，单击 <确定> 按钮，即可进入草图绘制界面。绘制如图 2-3-1 所示的草图。执行 文件(F)→ 完成草图(K) 命令，即可完成草图绘制。

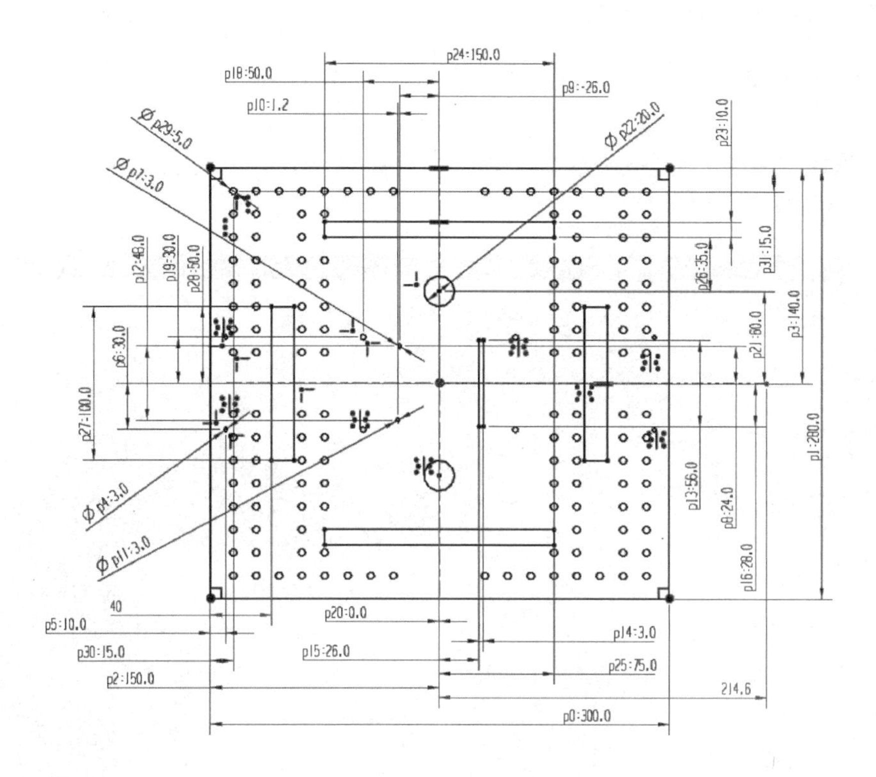

图 2-3-1　绘制出的草图

选中如图 2-3-1 所示的草图，执行插入(S)→设计特征(E)→拉伸(E)...命令，弹出“拉伸”对话框，将拉伸结束距离设置为“3mm”，如图 2-3-2 所示，单击<确定>按钮，即可完成拉伸。至此，上车架模型绘制完毕，如图 2-3-3 所示。

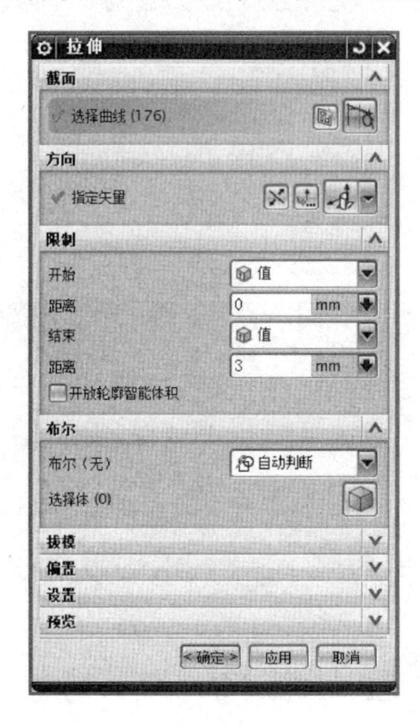

图 2-3-2　拉伸参数

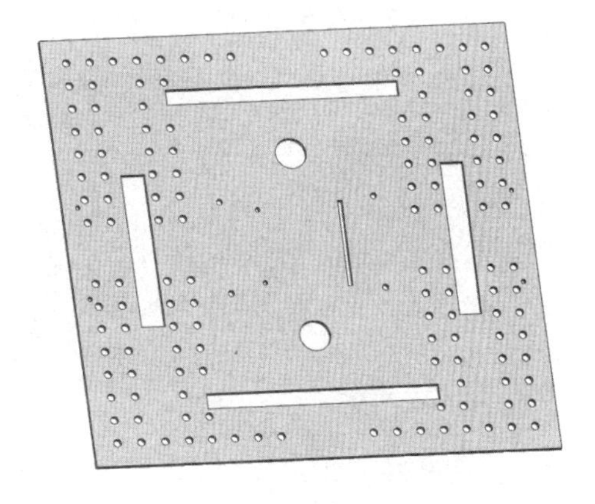

图 2-3-3　上车架模型

2.3.2 模型渲染

执行 视图(V) → 可视化(V) → 真实艺术外观任务(K)... 命令，进入真实艺术外观渲染界面，如图 2-3-4 所示。

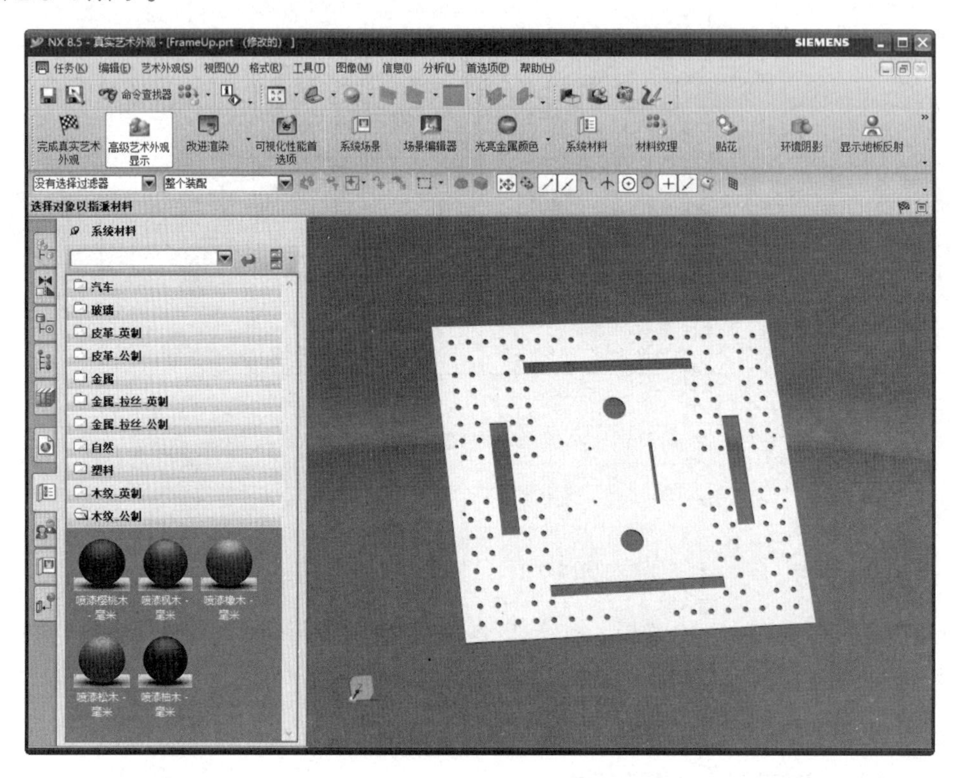

图 2-3-4 真实艺术外观渲染界面

选中全部实体，将其材质设置为“亮泽塑料-琥珀色”。设置完毕后，执行 任务(K) → 完成真实艺术外观(F) Ctrl+Q 命令，即可完成渲染。上车架三维模型渲染如图 2-3-5 和图 2-3-6 所示。

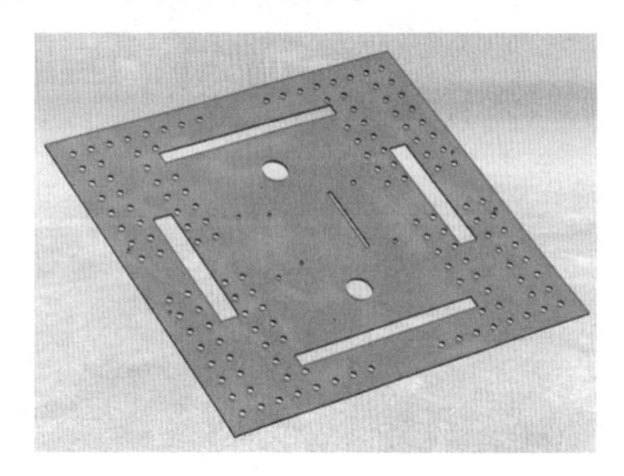

图 2-3-5 上车架三维模型渲染 1

图 2-3-6 上车架三维模型渲染 2

小提示

◎扫描右侧二维码可观看渲染后的上车架模型。

◎读者可根据自己的喜好进行渲染，不必和本例一模一样。

2.4 3mm 铜柱部件

2.4.1 模型绘制

启动 NX 8.5 软件，执行文件(F)→新建(N)... Ctrl+N 命令，弹出“新建”对话框，将名称设置为“M3Post.prt”，将文件夹设置为“G:\book\DIYSmartCar\Project\2\”，单击确定按钮，即可进入模型绘制界面。

执行插入(S)→草图(H)...命令，弹出“创建草图”对话框，平面选择“X-Y”平面，单击<确定>按钮，即可进入草图绘制界面。绘制如图 2-4-1 所示的草图。执行文件(F)→完成草图(K)命令，即可完成草图绘制。

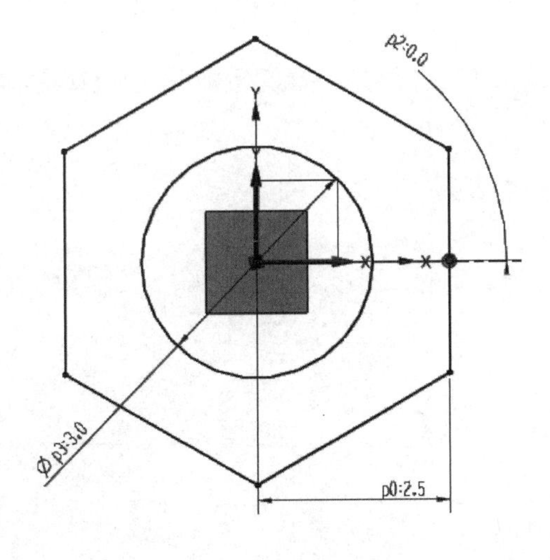

图 2-4-1　绘制出的草图

选中如图 2-4-1 所示的草图，执行插入(S)→设计特征(E)→拉伸(E)...命令，弹出“拉伸”对话框，将拉伸结束距离设置为“20mm”，如图 2-4-2 所示，单击<确定>按钮，即可完成拉伸。至此，3mm 铜柱模型绘制完毕，如图 2-4-3 所示。

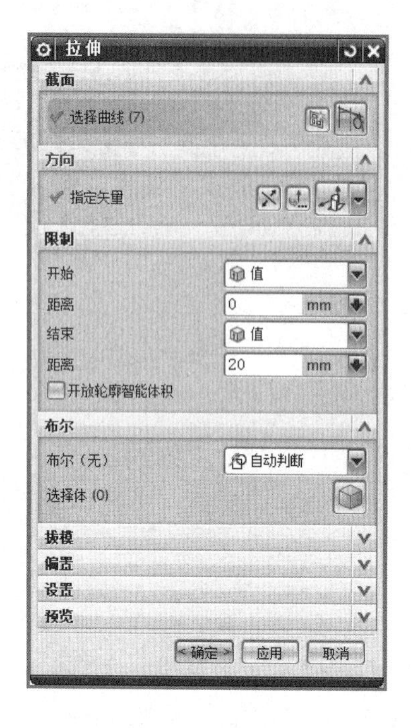

图 2-4-2　拉伸参数

图 2-4-3　3mm 铜柱模型

2.4.2　模型渲染

执行 视图(V)→可视化(V)→ 真实艺术外观任务(K)... 命令，进入真实艺术外观渲染界面，如图 2-4-4 所示。

图 2-4-4　真实艺术外观渲染界面

选中全部实体，将其材质设置为"拉丝铜-英寸"。设置完毕后，执行 任务(K)→ 完成真实艺术外观(F) Ctrl+Q 命令，即可完成渲染。3mm 铜柱三维模型渲染如图 2-4-5 和图 2-4-6 所示。

图 2-4-5　3mm 铜柱三维模型渲染 1

图 2-4-6　3mm 铜柱三维模型渲染 2

小提示

◎扫描右侧二维码可观看渲染后的 3mm 铜柱模型。

◎读者可根据自己的喜好进行渲染，不必和本例一模一样。

◎4mm 铜柱模型可以仿照 3mm 铜柱模型的方法绘制。

◎铜柱长度可以通过拉伸命令来设置，长度合理即可。

2.5 循迹模块板型部件

2.5.1 模型绘制

启动 NX 8.5 软件，执行 文件(F)→ 新建(N)... Ctrl+N 命令，弹出"新建"对话框，将名称设置为"TraceBoard.prt"，将文件夹设置为"G:\book\DIYSmartCar\Project\2\"，单击 确定 按钮，即可进入模型绘制界面。

执行 插入(S)→ 草图(H)... 命令，弹出"创建草图"对话框，平面选择"X-Y"平面，单击 <确定> 按钮，即可进入草图绘制界面。绘制如图 2-5-1 所示的草图。执行 文件(F)→ 完成草图(K) 命令，即可完成草图绘制。

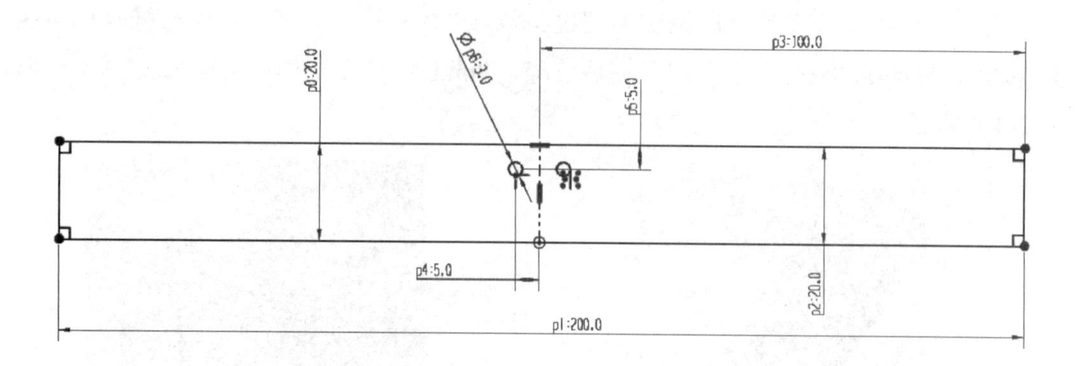

图 2-5-1　绘制出的草图

选中如图 2-5-1 所示的草图，执行插入(S)→设计特征(E)→拉伸(E)...命令，弹出“拉伸”对话框，将拉伸结束距离设置为“1.57mm”，如图 2-5-2 所示，单击<确定>按钮，即可完成拉伸。至此，循迹模块板型模型绘制完毕，如图 2-5-3 所示。

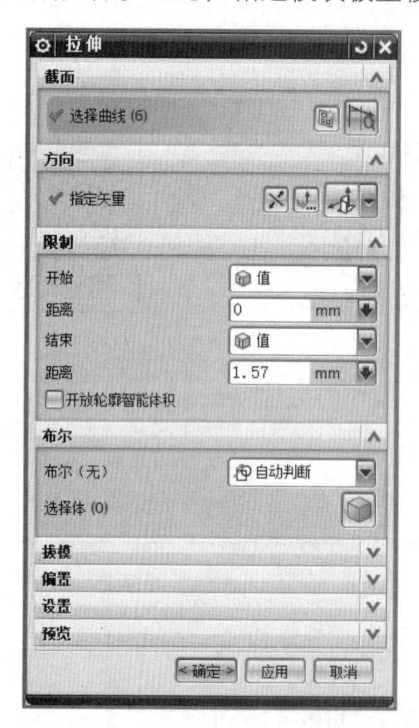

图 2-5-2　拉伸参数

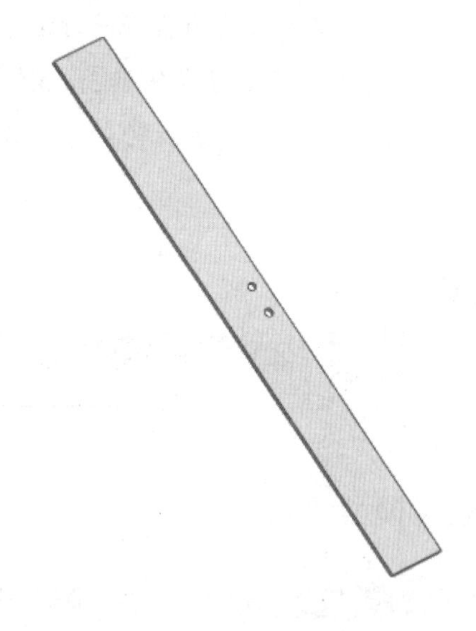

图 2-5-3　循迹模块板型模型

2.5.2　模型渲染

执行视图(V)→可视化(V)→真实艺术外观任务(K)...命令，进入真实艺术外观渲染界面，如图 2-5-4 所示。

选中全部实体，将其材质设置为“亮泽塑料-绿色”。设置完毕后，执行 任务(K)→ 完成真实艺术外观(F) Ctrl+Q 命令，即可完成渲染。循迹模块板型三维模型渲染如图 2-5-5 和图 2-5-6 所示。

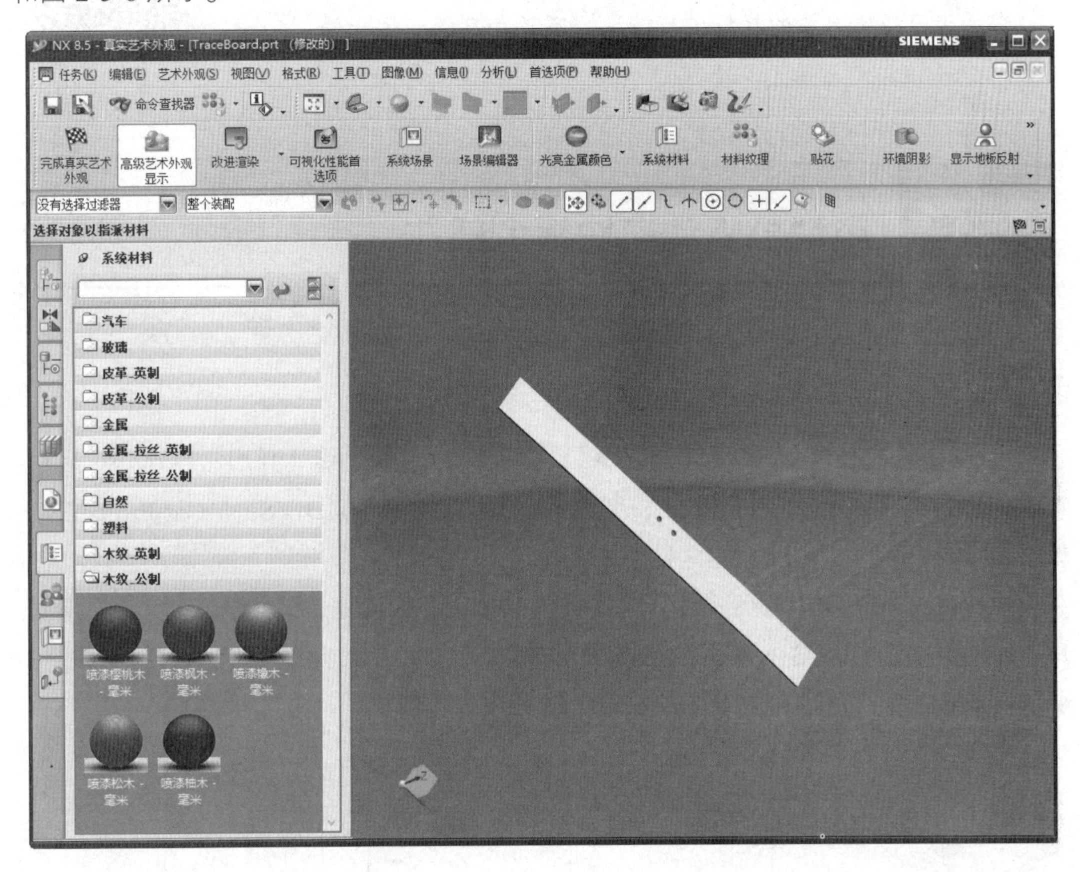

图 2-5-4　真实艺术外观渲染界面

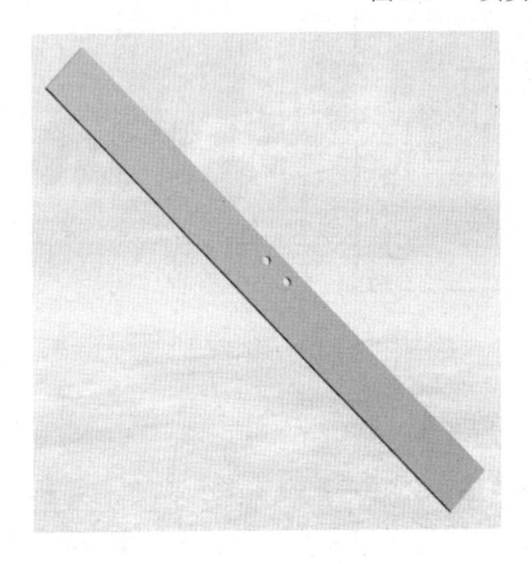

图 2-5-5　循迹模块板型三维模型渲染 1

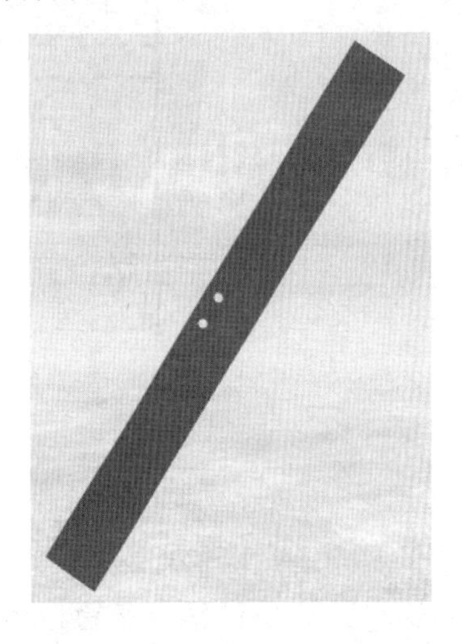

图 2-5-6　循迹模块板型三维模型渲染 2

小提示

◎扫描右侧二维码可观看渲染后的循迹模块板型模型。

◎读者可根据自己的喜好进行渲染，不必和本例一模一样。

2.6 电动机驱动模块板型部件

2.6.1 模型绘制

启动 NX 8.5 软件，执行文件(F)→新建(N)... Ctrl+N 命令，弹出“新建”对话框，将名称设置为“MotorBoard.prt”，将文件夹设置为“G:\book\DIYSmartCar\Project\2\”，单击确定按钮，即可进入模型绘制界面。

执行插入(S)→草图(H)...命令，弹出“创建草图”对话框，平面选择“X-Y”平面，单击<确定>按钮，即可进入草图绘制界面。绘制如图 2-6-1 所示的草图。执行文件(F)→完成草图(K)命令，即可完成草图绘制。

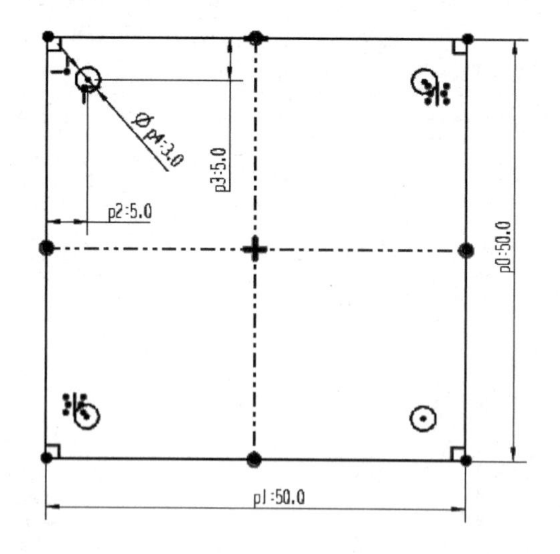

图 2-6-1 绘制出的草图

选中如图 2-6-1 所示的草图，执行插入(S)→设计特征(E)→拉伸(E)...命令，弹出“拉伸”对话框，将拉伸结束距离设置为“1.57mm”，如图 2-6-2 所示，单击<确定>按钮，即可完成拉伸。至此，电动机驱动模块板型模型绘制完毕，如图 2-6-3 所示。

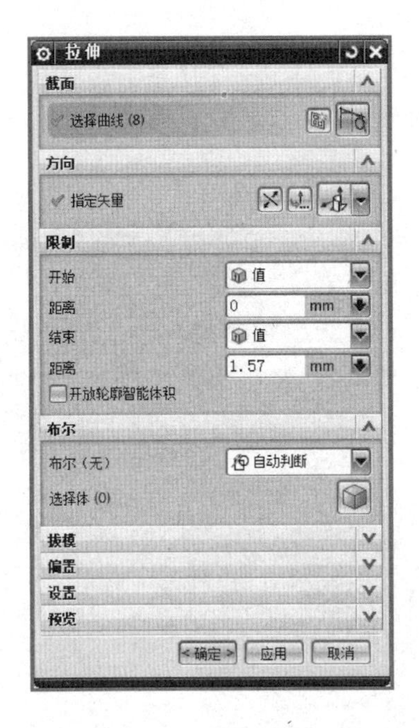

图 2-6-2　拉伸参数

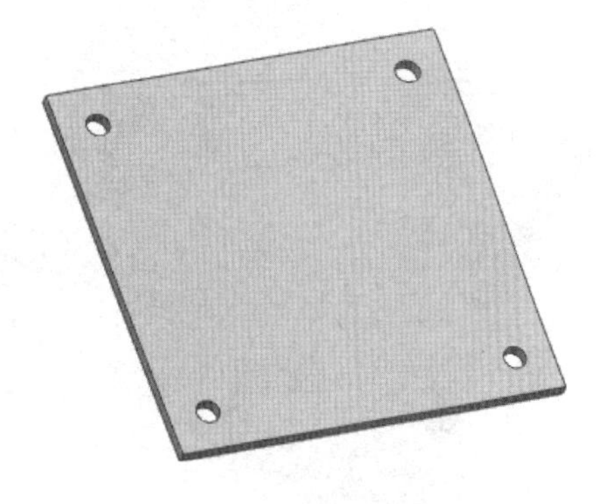

图 2-6-3　电动机驱动模块板型模型

2.6.2　模型渲染

执行 视图(V)→ 可视化(V)→ 真实艺术外观任务(K)... 命令，进入真实艺术外观渲染界面，如图 2-6-4 所示。

图 2-6-4　真实艺术外观渲染界面

选中全部实体，将其材质设置为“亮泽塑料-绿色”。设置完毕后，执行 任务(K)→ 完成真实艺术外观(E) Ctrl+Q 命令，即可完成渲染。电动机驱动模块板型模型渲染如图 2-6-5 和图 2-6-6 所示。

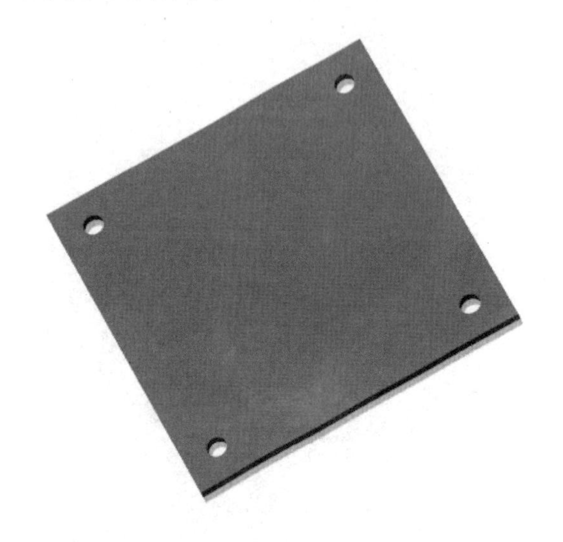

图 2-6-5 电动机驱动模块板型模型渲染 1

图 2-6-6 电动机驱动模块板型模型渲染 2

小提示

◎扫描右侧二维码可观看渲染后的电动机驱动模块板型模型。

◎读者可根据自己的喜好进行渲染，不必和本例一模一样。

2.7 最小系统模块板型部件

2.7.1 模型绘制

启动 NX 8.5 软件，执行 文件(F)→ 新建(N)... Ctrl+N 命令，弹出“新建”对话框，将名称设置为“MCUBoard.prt”，将文件夹设置为“G:\book\DIYSmartCar\Project\2\”，单击 确定 按钮，即可进入模型绘制界面。

执行 插入(S)→ 草图(H)... 命令，弹出“创建草图”对话框，平面选择“X-Y”平面，单击 <确定> 按钮，即可进入草图绘制界面。绘制如图 2-7-1 所示的草图。执行 文件(F)→ 完成草图(K) 命令，即可完成草图绘制。

选中如图 2-7-1 所示的草图，执行插入(S)→设计特征(E)→拉伸(E)...命令，弹出“拉伸”对话框，将拉伸结束距离设置为“1.57mm”，如图 2-7-2 所示，单击<确定>按钮，即可完成拉伸。至此，最小系统模块板型模型绘制完毕，如图 2-7-3 所示。

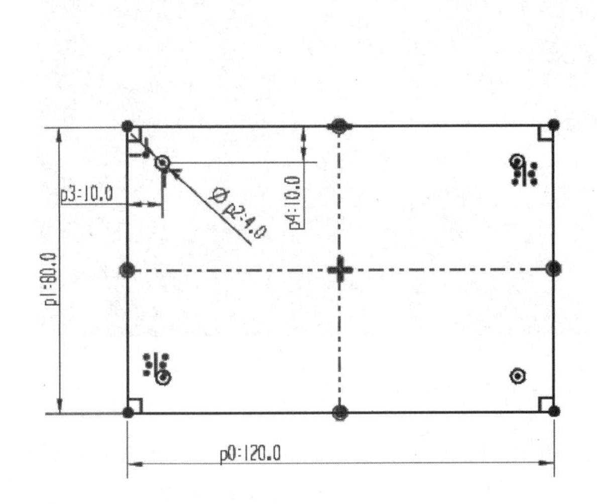

图 2-7-1　绘制出的草图

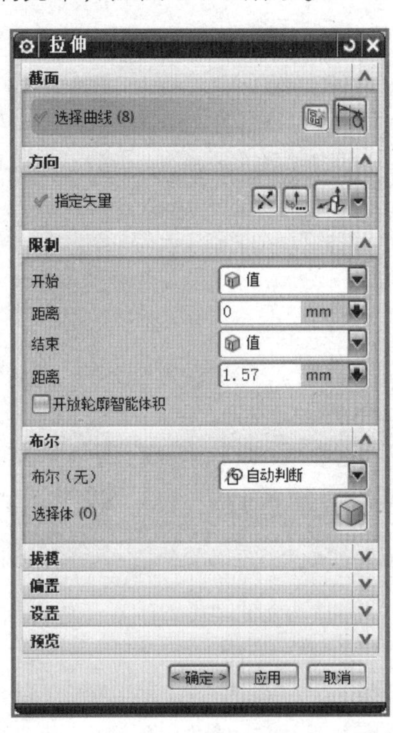

图 2-7-2　拉伸参数

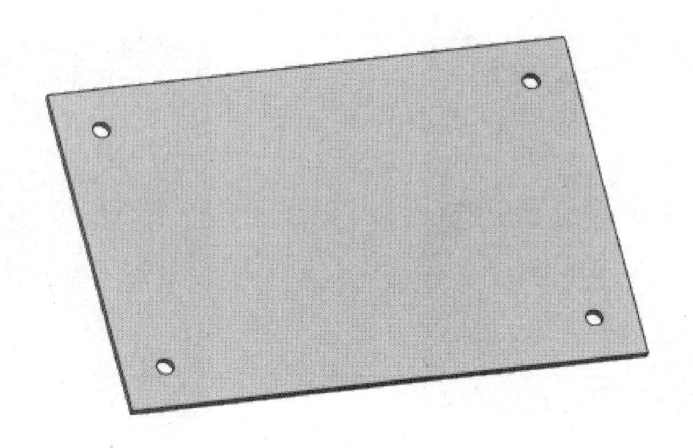

图 2-7-3　最小系统模块板型模型

2.7.2　模型渲染

执行视图(V)→可视化(V)→真实艺术外观任务(K)...命令，进入真实艺术外观渲染界面，如图 2-7-4 所示。

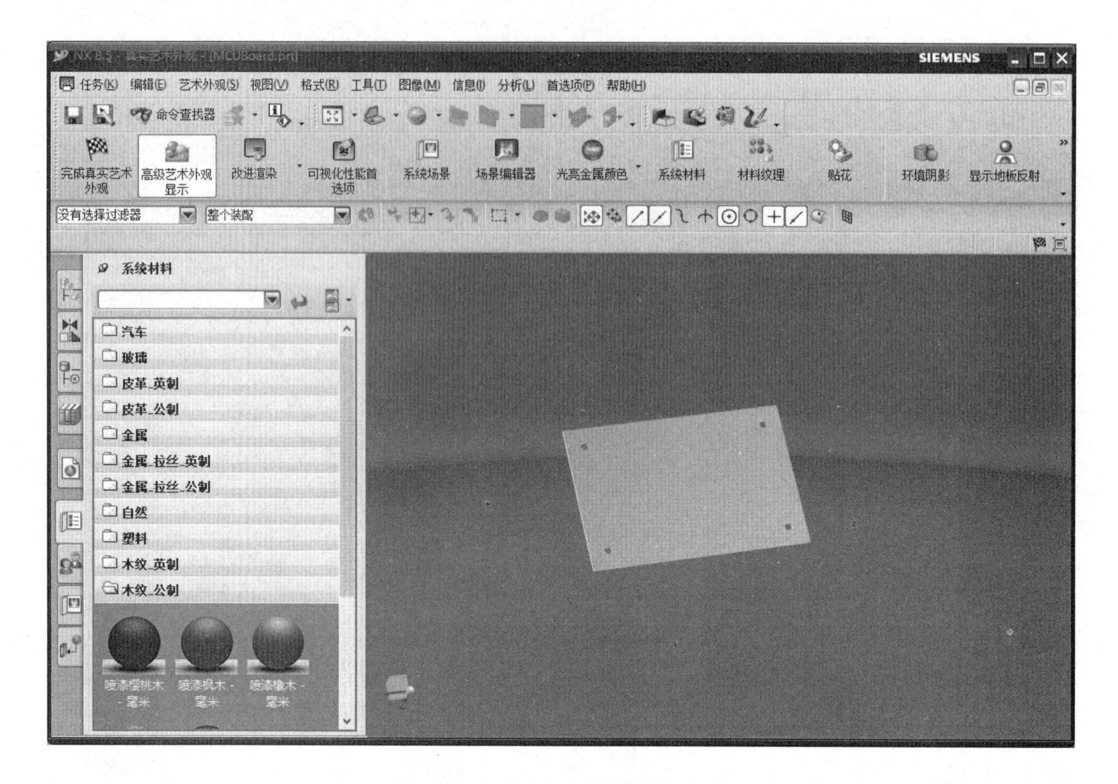

图 2-7-4　真实艺术外观渲染界面

选中全部实体，将其材质设置为“亮泽塑料-绿色”。设置完毕后，执行 任务(K)→ 完成真实艺术外观(F) Ctrl+Q 命令，即可完成渲染。最小系统模块板型模型渲染如图 2-7-5 和图 2-7-6 所示。

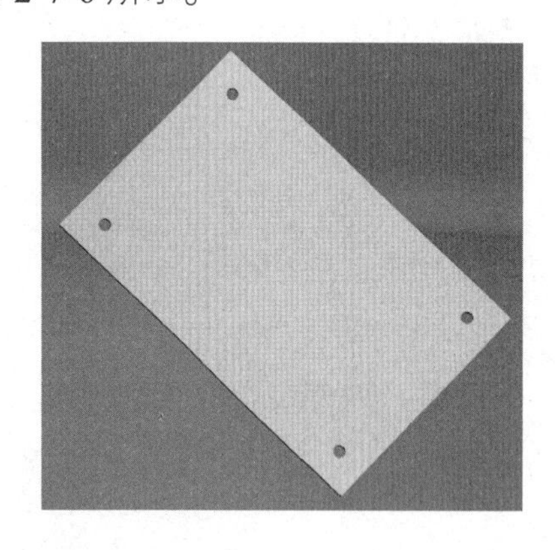

图 2-7-5　最小系统模块板型模型渲染 1

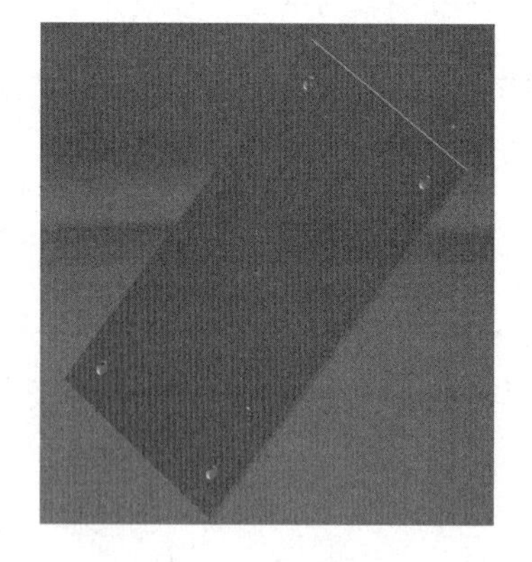

图 2-7-6　最小系统模块板型模型渲染 2

小提示

◎扫描右侧二维码可观看渲染后的最小系统模块板型模型。

◎读者可根据自己的喜好进行渲染，不必和本例一模一样。

第3章

零部件装配与运动仿真

3.1 零部件装配

3.1.1 动力模块装配

启动 NX 8.5 软件，执行 文件(F) → 新建(N)... Ctrl+N 命令，弹出“新建”对话框，将名称设置为“Motivation.prt”，将文件夹设置为“G:\book\DIYSmartCar\Project\3\”，如图 3-1-1 所示，单击 确定 按钮，即可进入模型装配界面。

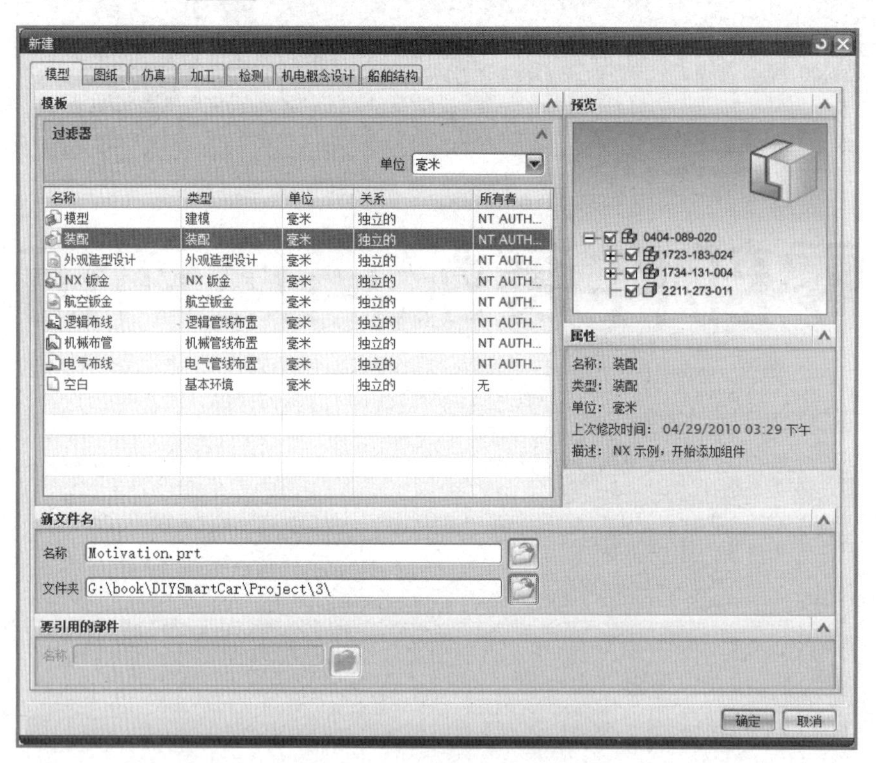

图 3-1-1 “新建”对话框

执行 装配(A) → 组件(C) → 添加组件(A)... 命令，弹出“添加组件”对话框，将部件设置为“Bracket.prt”，将定位设置为“绝对原点”，如图 3-1-2 所示，单击 应用 按钮，即可添加部件，如图 3-1-3 所示。

将直流电动机模型装配至直流电动机支架模型上。执行 装配(A) → 组件(C) → 添加组件(A)... 命令，弹出“添加组件”对话框，将部件设置为“DCmotor.prt”，将定位设置为“通过约束”，如图 3-1-4 所示，单击应用按钮，弹出“装配约束”对话框，将类型设置为“同心”，选择如图 3-1-5 所示的约束对象。

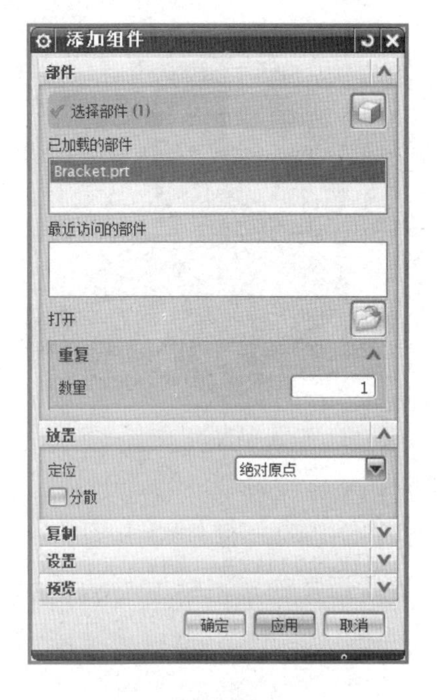

图 3-1-2　“添加组件”对话框

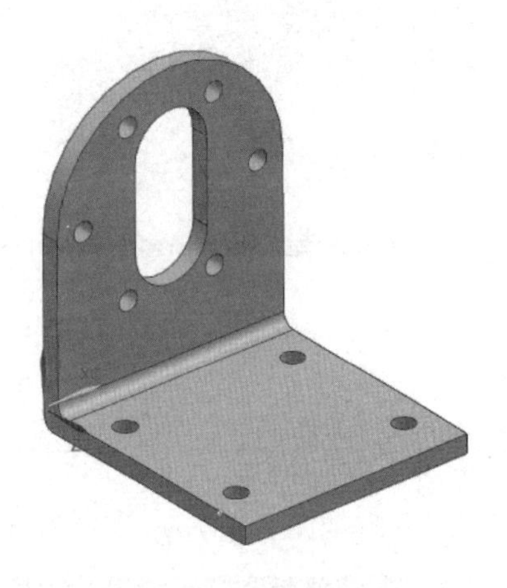

图 3-1-3　直流电动机支架模块添加完毕

图 3-1-4　添加组件参数

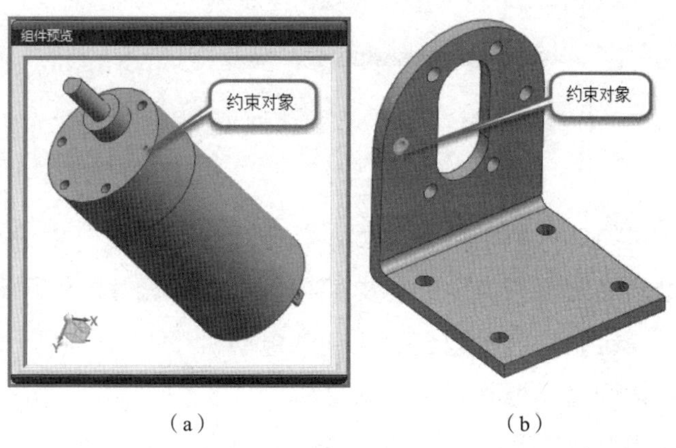

（a）　（b）

图 3-1-5　约束对象选择 1

单击“装配约束”对话框中的应用按钮，继续添加约束，将类型设置为“同心”，选择如图 3-1-6 所示的约束对象。

（a）

（b）

图 3-1-6　选择约束对象 2

单击“装配约束”对话框中的应用按钮，继续添加约束，将类型设置为“接触对齐”，选择如图 3-1-7 所示的约束对象。

（a）

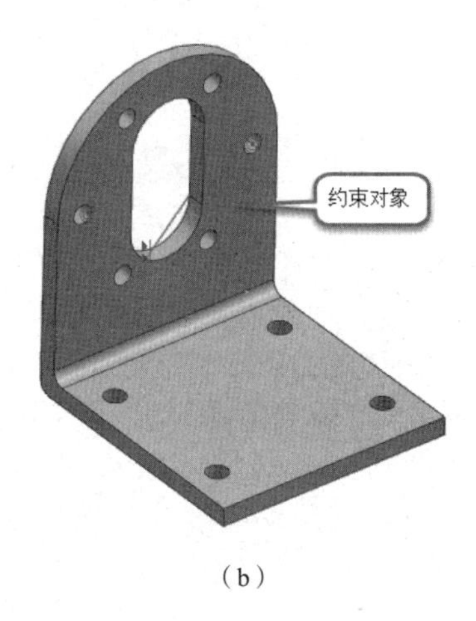

（b）

图 3-1-7　选择约束对象 3

约束对象应用完毕后，单击“装配约束”对话框中的< 确定 >按钮，直流电动机模型被装配至直流电动机支架模型上，如图 3-1-8 所示。

将联轴器模型装配至直流电动机模型上。执行装配(A)→组件(C)→添加组件(A)...命令，弹出“添加组件”对话框，将部件设置为“Coupling.prt”，将定位设置为“通过约束”，如图 3-1-9 所示，单击应用按钮，弹出“装配约束”对话框，将类型设置为“同心”，选择如图 3-1-10 所示的约束对象。

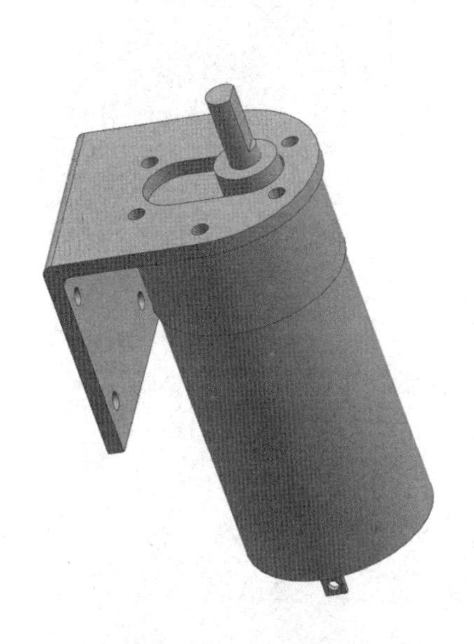

图 3-1-8　直流电动机模型装配完毕

添加组件
部件
选择部件 (1)
已加载的部件
Bracket.prt
Coupling.prt
DCmotor.prt
最近访问的部件
打开
重复
数量　1
放置
定位　通过约束
分散
复制
设置
预览
确定　应用　取消

图 3-1-9　添加组件参数

（a）

（b）

图 3-1-10　选择约束对象 1

单击“装配约束”对话框中的应用按钮，继续添加约束，将类型设置为“平行”，选择如图 3-1-11 所示的约束对象。

单击“装配约束”对话框中的应用按钮，继续添加约束，将类型设置为“接触对齐”，选择如图 3-1-12 所示的约束对象。

（a）

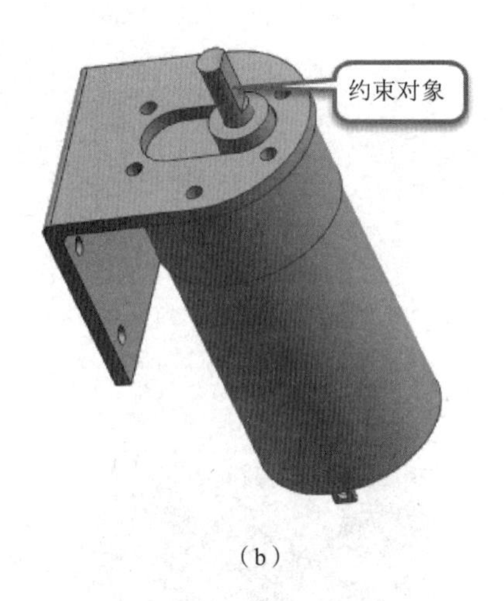

（b）

图 3-1-11　选择约束对象 2

（a）

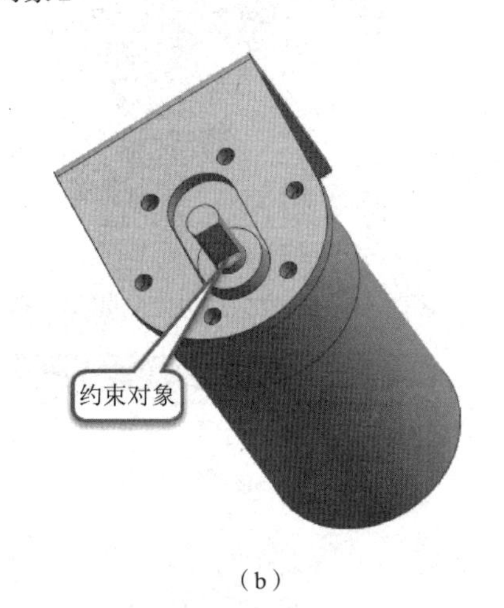

（b）

图 3-1-12　选择约束对象 3

约束对象应用完毕后，单击“装配约束”对话框中的<确定>按钮，联轴器模型被装配至直流电动机模型上，如图 3-1-13 所示。

将轮毂模型装配至联轴器模型上。执行装配(A)→组件(C)→添加组件(A)...命令，弹出“添加组件”对话框，将部件设置为“Hub.prt”，将定位设置为“通过约束”，如图 3-1-14 所示，单击应用按钮，弹出“装配约束”对话框，将类型设置为“接触对齐”，选择如图 3-1-15 所示的约束对象。

单击“装配约束”对话框中的应用按钮，继续添加约束，将类型设置为“接触对齐”，选择如图 3-1-16 所示的约束对象。

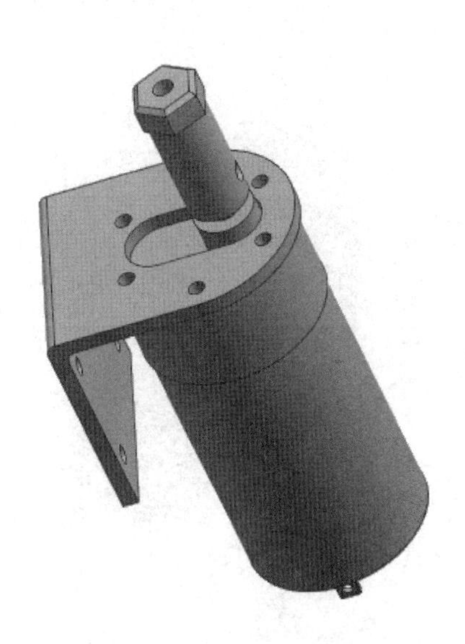

图 3-1-13　联轴器模型装配完毕

图 3-1-14　添加组件参数

（a）

（b）

图 3-1-15　选择约束对象 1

（a）

（b）

图 3-1-16　选择约束对象 2

单击“装配约束”对话框中的应用按钮，继续添加约束，将类型设置为“平行”，选择如图 3-1-17 所示的约束对象。

（a）

（b）

图 3-1-17　选择约束对象 3

约束对象应用完毕后，单击“装配约束”对话框中的确定按钮，轮毂模型被装配至联轴器模型上，如图 3-1-18 所示。

将轮胎模型装配至轮毂模型上。执行 装配(A) → 组件(C) → 添加组件(A)... 命令，弹出“添加组件”对话框，将部件设置为“Tyre.prt”，将定位设置为“通过约束”，如图 3-1-19 所示，单击应用按钮，弹出“装配约束”对话框，将类型设置为“接触对齐”，选择如图 3-1-20 所示的约束对象。

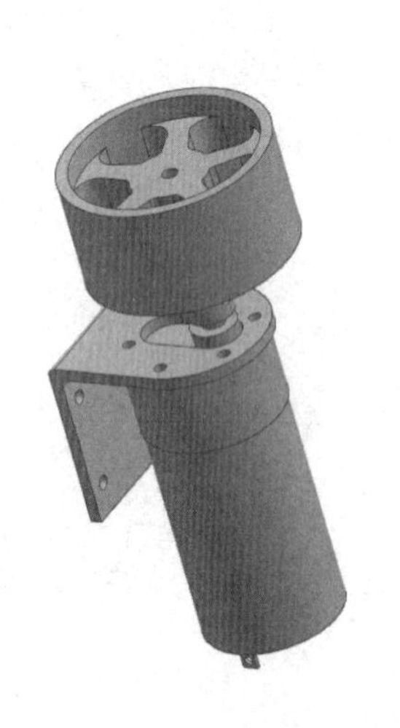

图 3-1-18　轮毂模型装配完毕

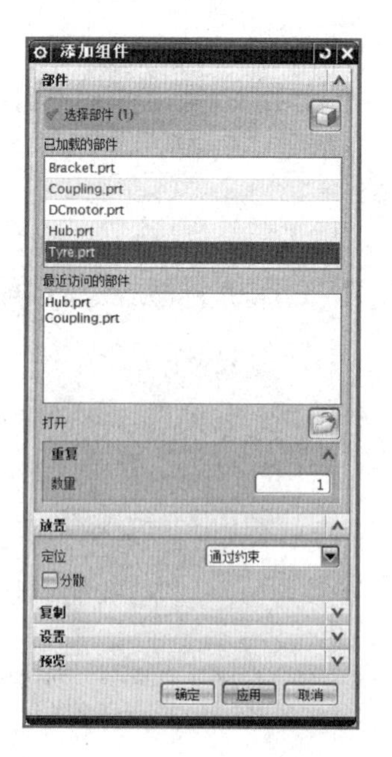

图 3-1-19　添加组件参数

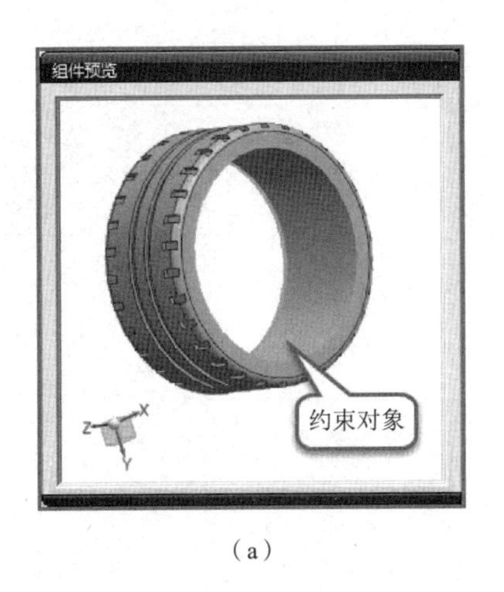

（a）

（b）

图 3-1-20　选择约束对象 1

单击“装配约束”对话框中的应用按钮，继续添加约束，将类型设置为“接触对齐”，选择如图 3-1-21 所示的约束对象。

（a）

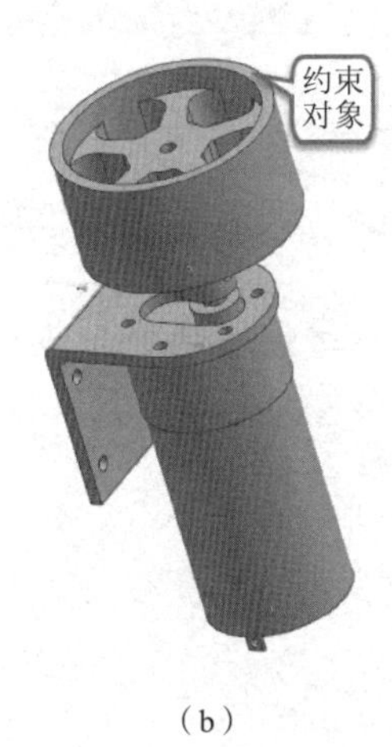

（b）

图 3-1-21　选择约束对象 2

约束对象应用完毕后，单击“装配约束”对话框中的确定按钮，轮胎模型被装配至轮毂模型上。至此，动力模块装配完毕，如图 3-1-22 和图 3-1-23 所示。

图 3-1-22　动力模块装配完毕 1

图 3-1-23　动力模块装配完毕 2

小提示

◎扫描右侧二维码可观看装配完毕的动力模块。

3.1.2 车体模块装配

启动 NX 8.5 软件，执行 文件(F) → 新建(N)... Ctrl+N 命令，弹出“新建”对话框，将名称设置为“Support.prt”，将文件夹设置为“G:\book\DIYSmartCar\Project\3\”，单击 确定 按钮，即可进入模型装配界面。

执行 装配(A) → 组件(C) → 添加组件(A)... 命令，弹出“添加组件”对话框，将部件设置为“FrameLow.prt”，将定位设置为“绝对原点”，如图 3-1-24 所示，单击 应用 按钮，即可添加下车架模型，如图 3-1-25 所示。

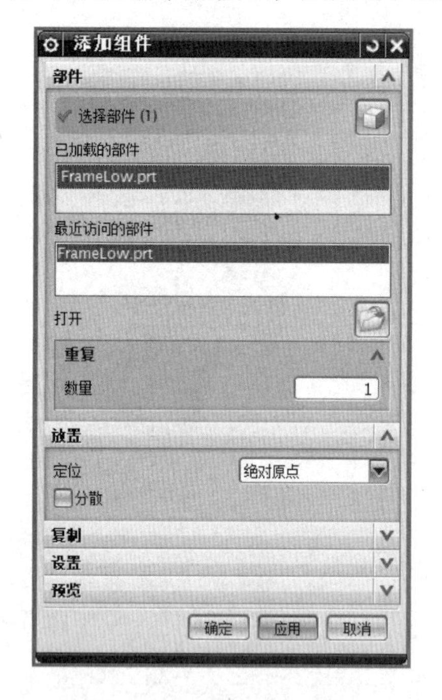

图 3-1-24　添加组件参数

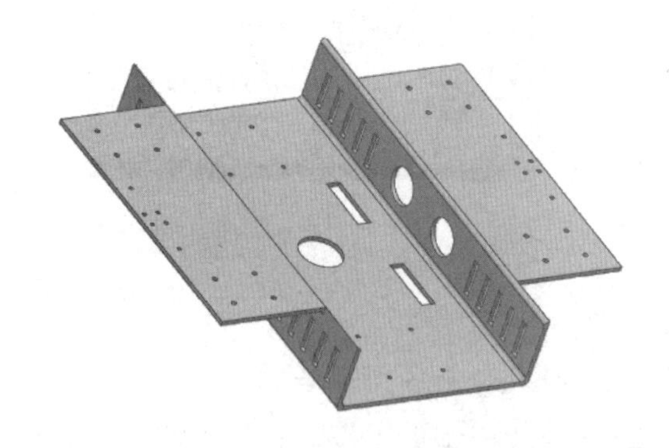

图 3-1-25　下车架模型添加完毕

将 3mm 铜柱模型装配至下车架模型上。执行 装配(A) → 组件(C) → 添加组件(A)... 命令，弹出“添加组件”对话框，将部件设置为“M3Post.prt”，将定位设置为“通过约束”，如图 3-1-26 所示，单击 应用 按钮，弹出“装配约束”对话框，将类型设置为“接触对齐”，选择如图 3-1-27 所示的约束对象。

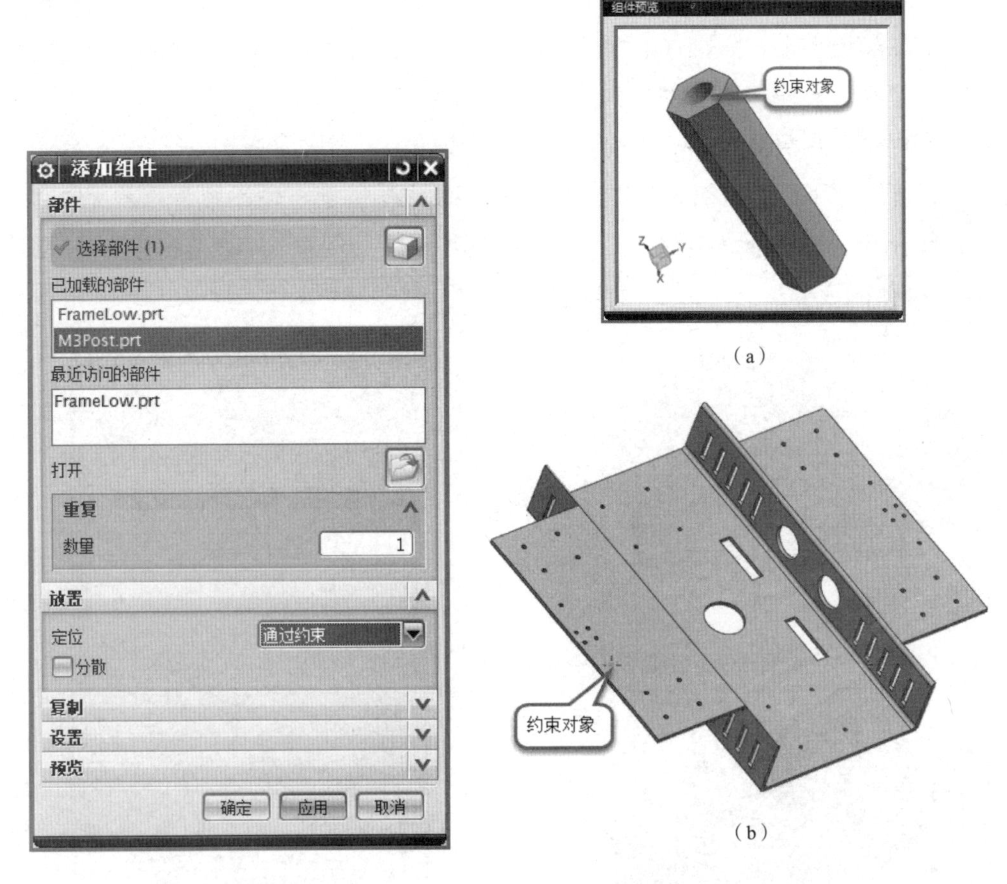

图 3-1-26　添加组件参数　　　　图 3-1-27　选择约束对象 1

单击“装配约束”对话框中的应用按钮，继续添加约束，将类型设置为“接触对齐”，选择如图 3-1-28 所示的约束对象。

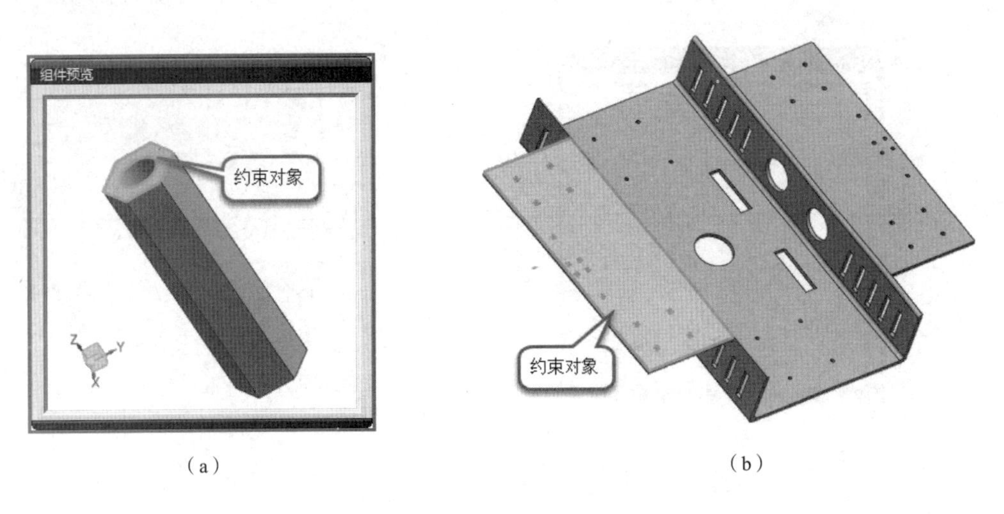

图 3-1-28　选择约束对象 2

约束对象应用完毕后，单击“装配约束”对话框中的< 确定 >按钮，3mm 铜柱模型被装配至下车架模型上，如图 3-1-29 所示。仿照此方法，将另外 3 个 3mm 铜柱模型装配至对应位置，装配完毕后的效果如图 3-1-30 所示。

将上车架模型装配至 3mm 铜柱上。执行 装配(A) → 组件(C) → 添加组件(A)... 命令，弹出“添加组件”对话框，将部件设置为“FrameUp.prt”，将定位设置为“通过约束”，如图 3-1-31 所示，单击 应用 按钮，弹出“装配约束”对话框，将类型设置为“接触对齐”，选择如图 3-1-32 所示的约束对象。

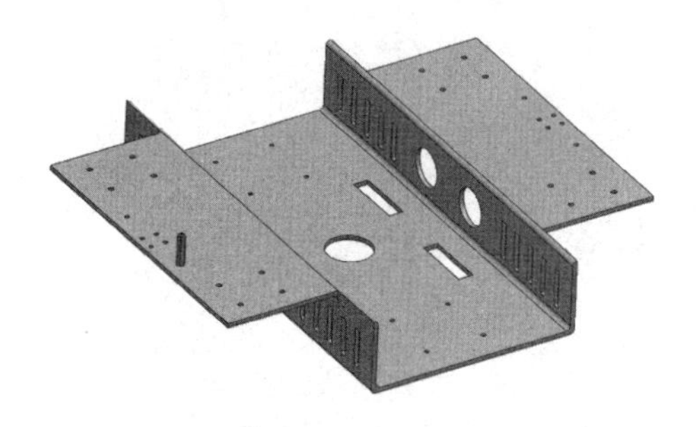

图 3-1-29　1 个 3mm 铜柱模型装配完毕

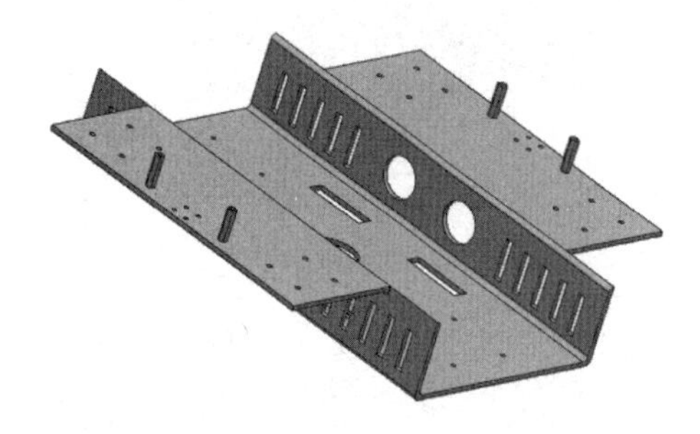

图 3-1-30　另外 3 个 3mm 铜柱模型装配完毕

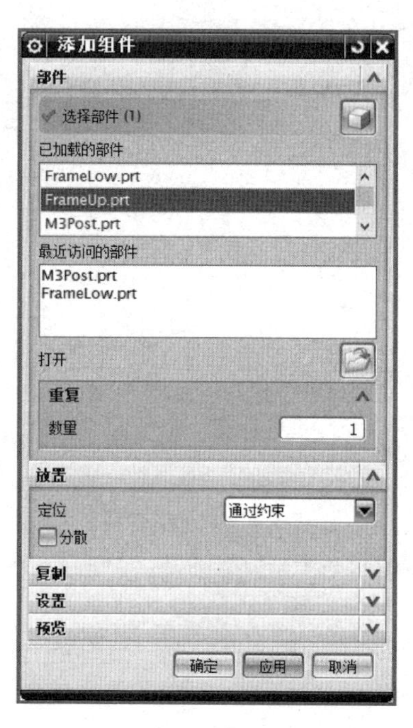

图 3-1-31　添加组件参数

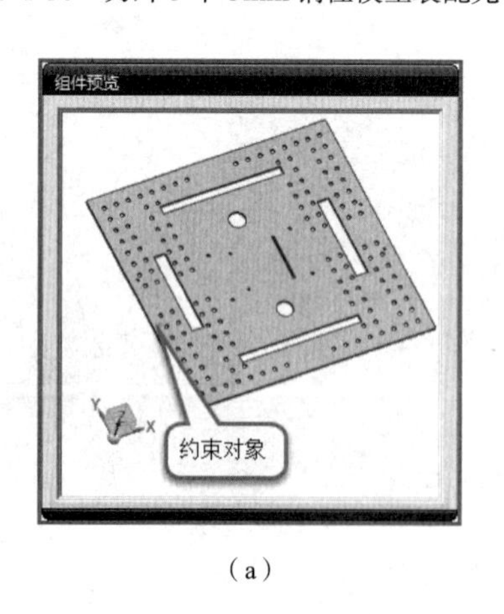

（a）

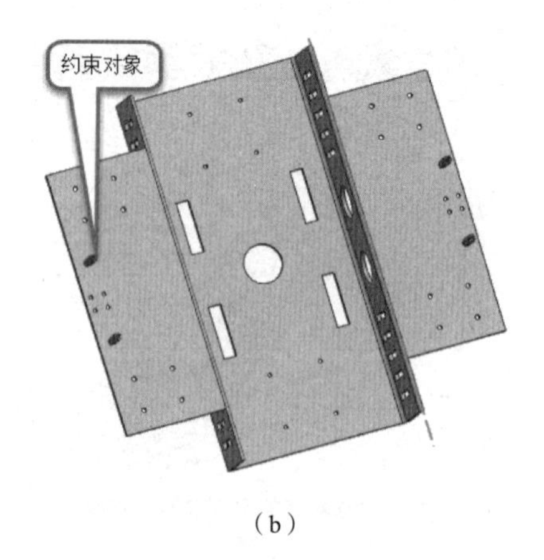

（b）

图 3-1-32　选择约束对象 1

单击“装配约束”对话框中的应用按钮，继续添加约束，将类型设置为“接触对齐”，选择如图 3-1-33 所示的约束对象。

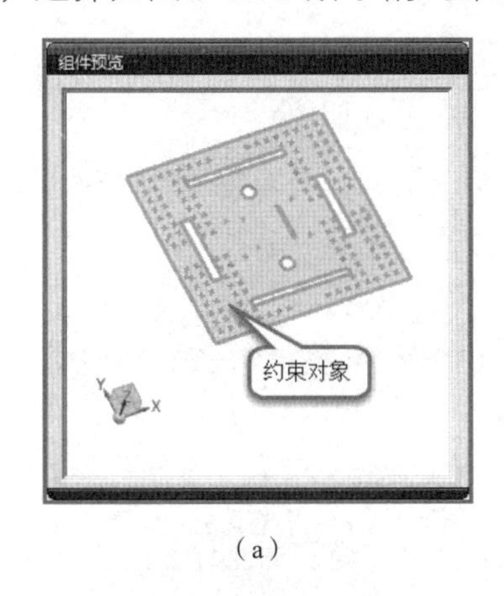

（a）

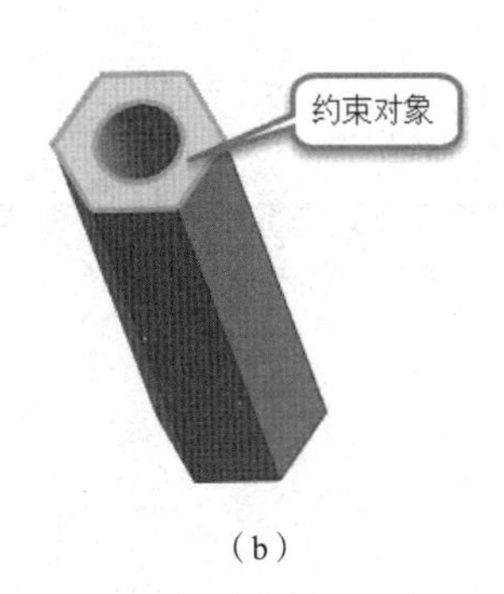

（b）

图 3-1-33　选择约束对象 2

约束对象应用完毕后，单击“装配约束”对话框中的< 确定 >按钮，上车架模型被装配至 3mm 铜柱模型上。仿照此方法，将上车架模型装配至另外 3 个 3mm 铜柱模型上，装配完毕后的效果如图 3-1-34 所示。

将其他 3mm 铜柱模型装配至车架模型上，以便后续循迹模块板型模型、电动机驱动模块板型模型和最小系统模块板型模型的装配。其他 3mm 铜柱模型装配完毕的效果如图 3-1-35 所示。

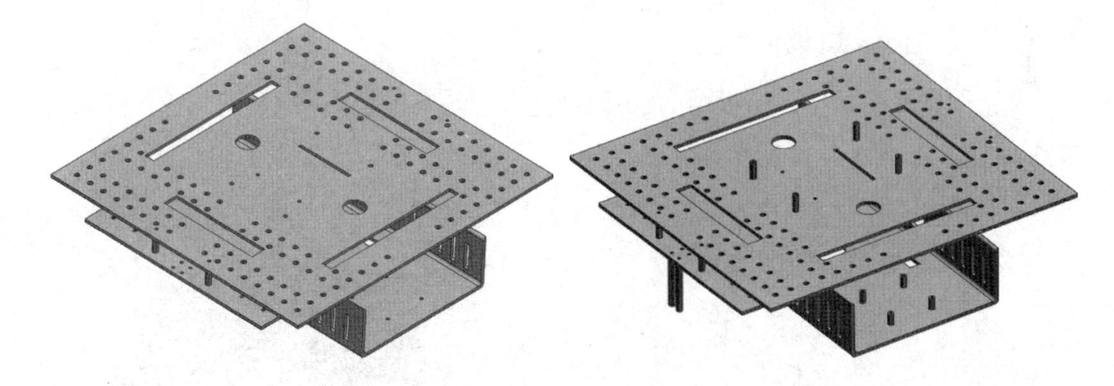

图 3-1-34　上车架模型装配完毕　　图 3-1-35　其他 3mm 铜柱模型装配完毕

将循迹模块板型模型装配至 3mm 铜柱模型上。执行 装配(A) → 组件(C) → 添加组件(A)... 命令，弹出“添加组件”对话框，将部件设置为“TraceBoard.prt”，将定位设置为“通过约束”，如图 3-1-36 所示，单击应用按钮，弹出“装配约束”对话框，将类型设置为“接触对齐”，选择如图 3-1-37 所示的约束对象。

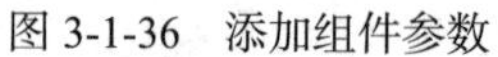

图 3-1-36　添加组件参数

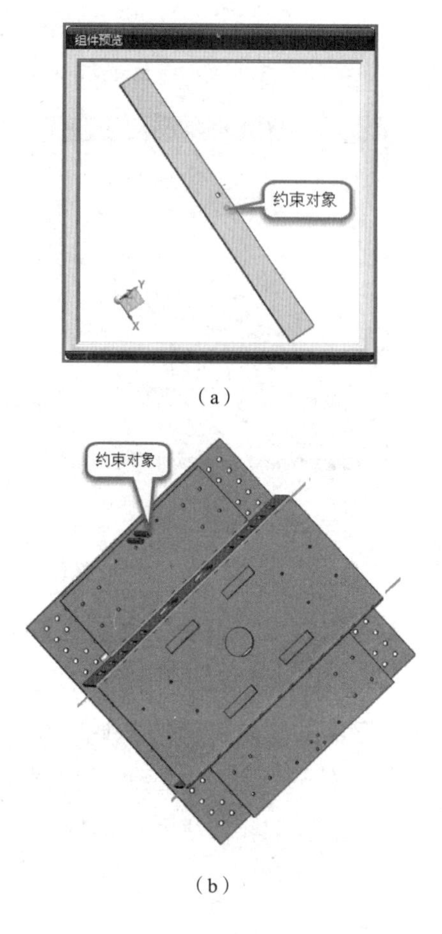

（a）

（b）

图 3-1-37　选择约束对象 1

单击“装配约束”对话框中的 应用 按钮，继续添加约束，将类型设置为“接触对齐”，选择如图 3-1-38 所示的约束对象。

（a）

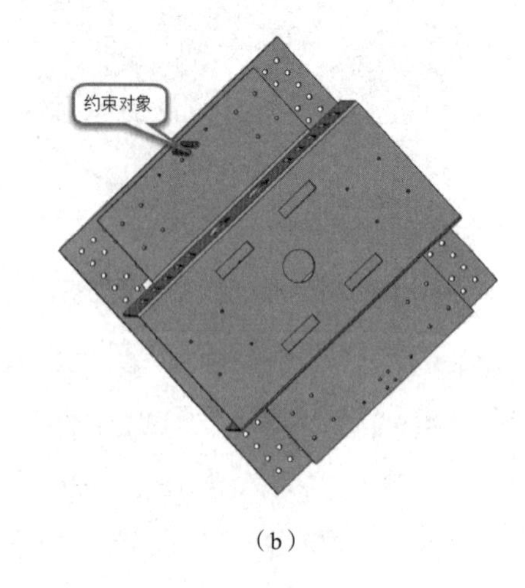

（b）

图 3-1-38　选择约束对象 2

单击“装配约束”对话框中的应用按钮，继续添加约束，将类型设置为“接触对齐”，选择如图 3-1-39 所示的约束对象。

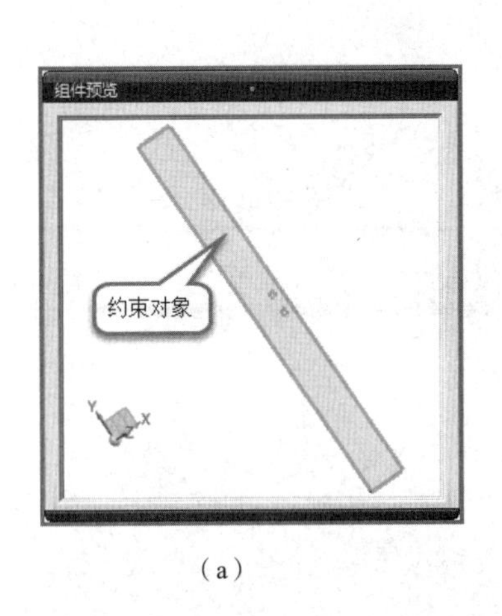

（a）

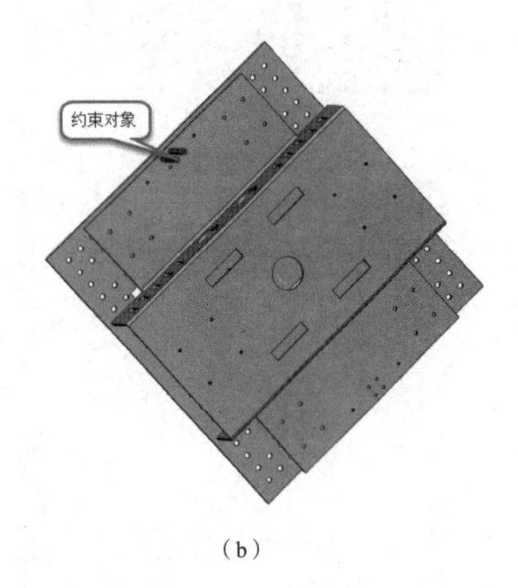

（b）

图 3-1-39　选择约束对象 3

约束对象应用完毕后，单击“装配约束”对话框中的<确定>按钮，循迹模块板型模型被装配至 3mm 铜柱模型上，如图 3-1-40 所示。

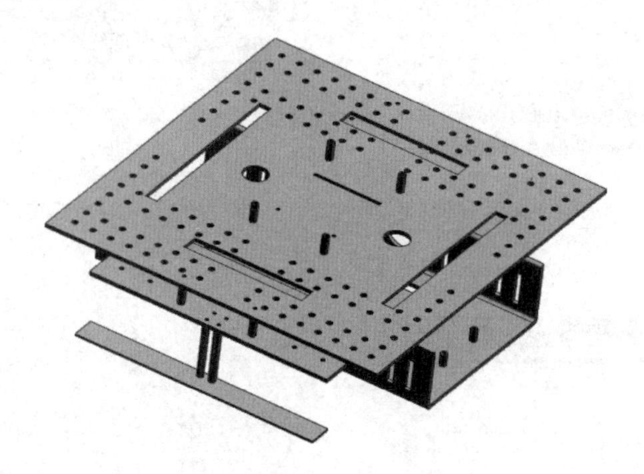

图 3-1-40　循迹模块板型模型装配完毕

将电动机驱动模块板型模型装配至 3mm 铜柱模型上。执行装配(A)→组件(C)→添加组件(A)...命令，弹出“添加组件”对话框，部件选择“MotorBoard.prt”，将定位设置为“通过约束”，如图 3-1-41 所示，单击应用按钮，弹出“装配约束”对话框，将类型设置为“接触对齐”，选择如图 3-1-42 所示的约束对象。

单击“装配约束”对话框中的应用按钮，继续添加约束，将类型设置为“接触对齐”，选择如图 3-1-43 所示的约束对象。

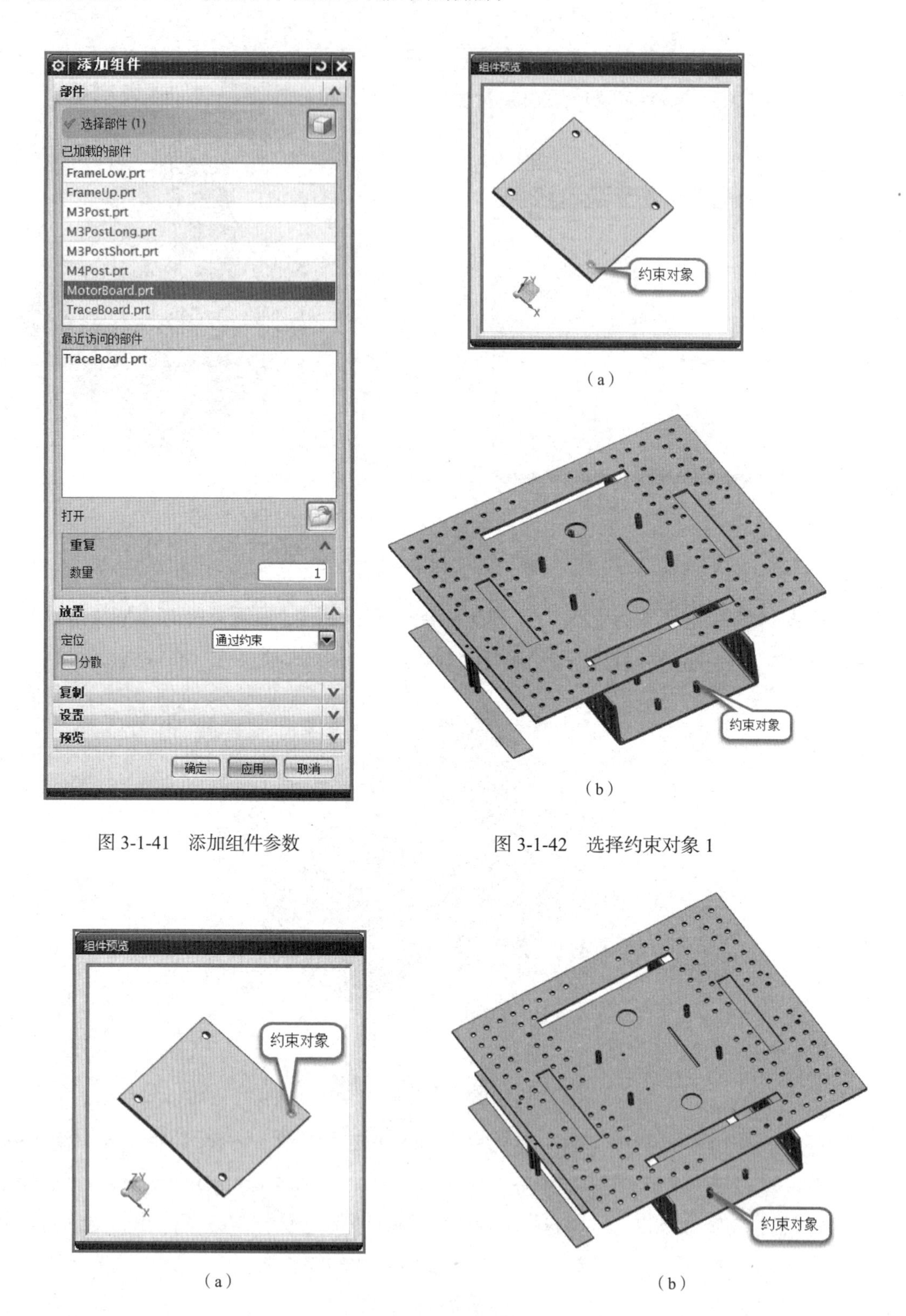

图 3-1-41　添加组件参数

（a）

（b）

图 3-1-42　选择约束对象 1

（a）

（b）

图 3-1-43　选择约束对象 2

单击“装配约束”对话框中的【应用】按钮，继续添加约束，将类型设置为“接触对齐”，选择如图 3-1-44 所示的约束对象。

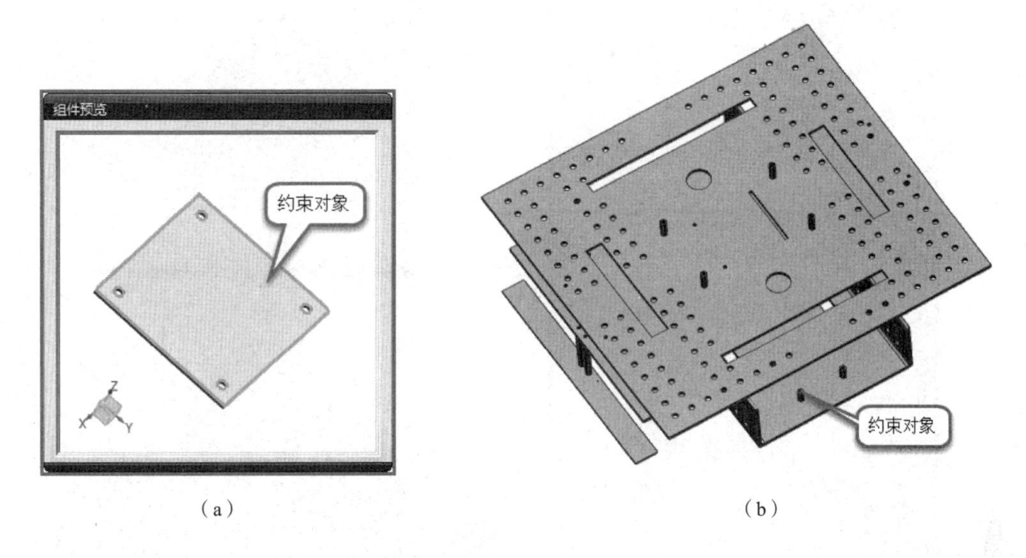

（a）　　　　（b）

图 3-1-44　选择约束对象 3

约束对象应用完毕后，单击“装配约束”对话框中的【确定】按钮，电动机驱动模块板型模型被装配至 3mm 铜柱模型上。另一侧也仿照此方法将电动机驱动模块板型模型装配至 3mm 铜柱模型上，如图 3-1-45 所示。

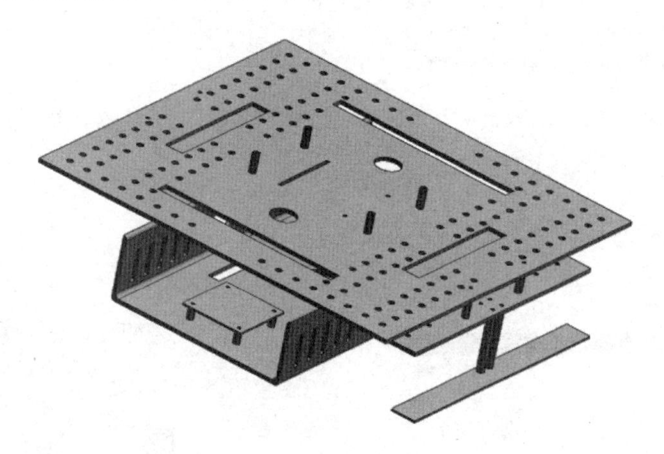

图 3-1-45　电动机驱动模块板型模型装配完毕

将最小系统模块板型模型装配至 3mm 铜柱模型上。执行 装配(A) → 组件(C) → 添加组件(A)... 命令，弹出“添加组件”对话框，将部件设置为“MCUBoard.prt”，将定位设置为“通过约束”，如图 3-1-46 所示，单击【确定】按钮，弹出“装配约束”对话框，将类型设置为“接触对齐”，选择如图 3-1-47 所示的约束对象。

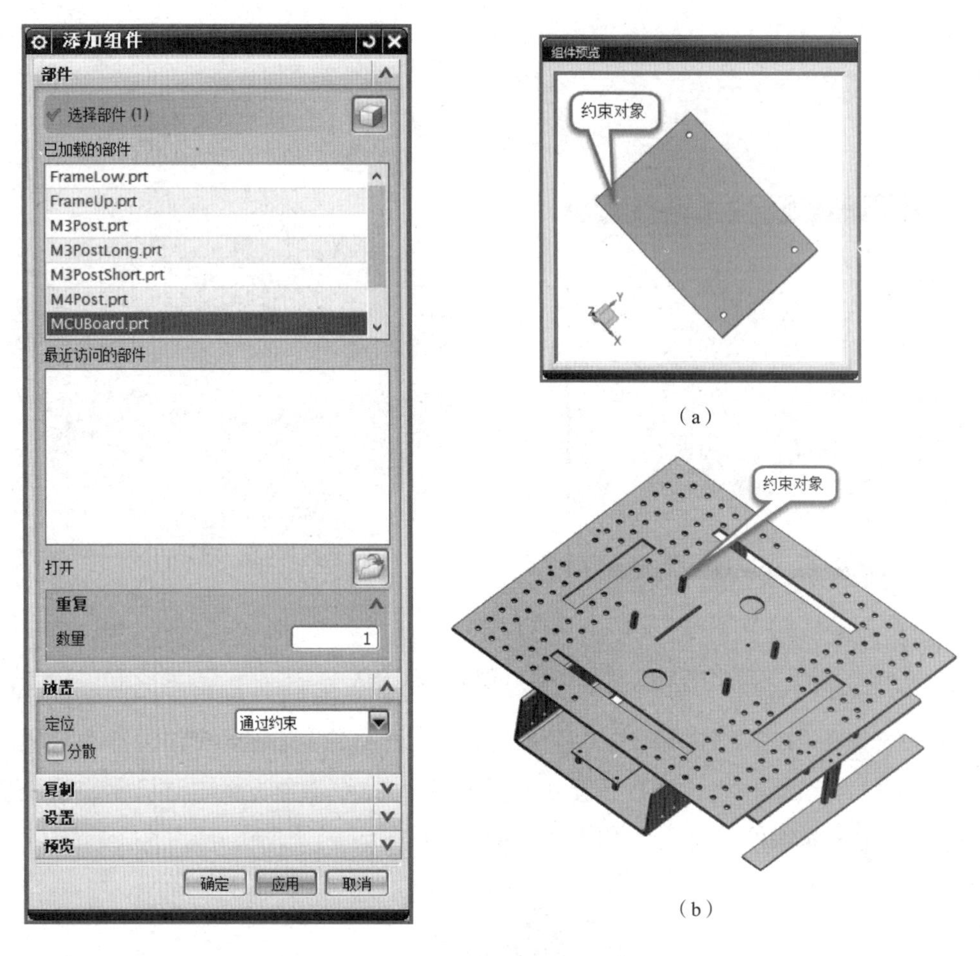

图 3-1-46　添加组件参数

图 3-1-47　选择约束对象 1

单击“装配约束”对话框中的应用按钮，继续添加约束，将类型设置为“接触对齐”，选择如图 3-1-48 所示的约束对象。

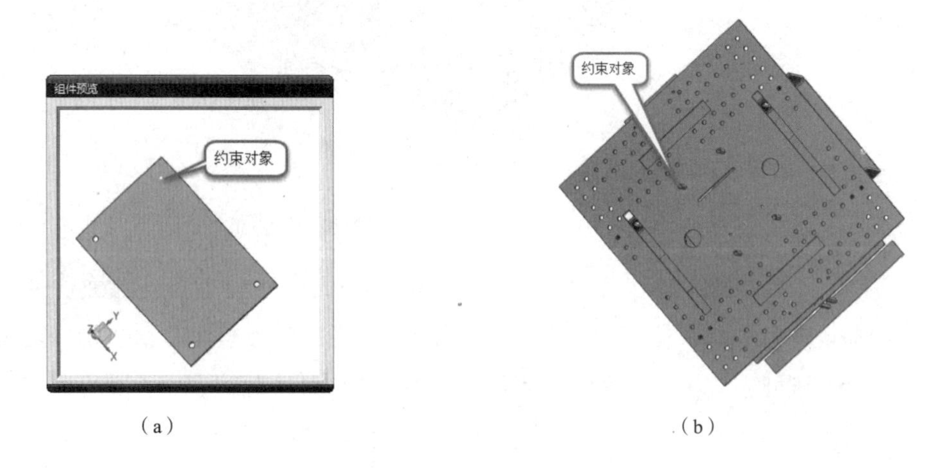

图 3-1-48　选择约束对象 2

单击“装配约束”对话框中的[应用]按钮，继续添加约束，将类型设置为“接触对齐”，选择如图3-1-49所示的约束对象。

（a）

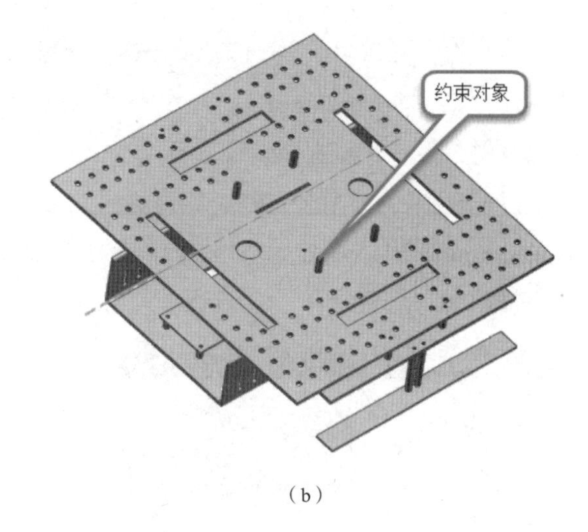

（b）

图 3-1-49　选择约束对象 3

约束对象应用完毕后，单击“装配约束”对话框中的[确定]按钮，最小系统模块板型模型被装配至3mm铜柱模型上。至此，车体模块装配完毕，如图3-1-50和图3-1-51所示。

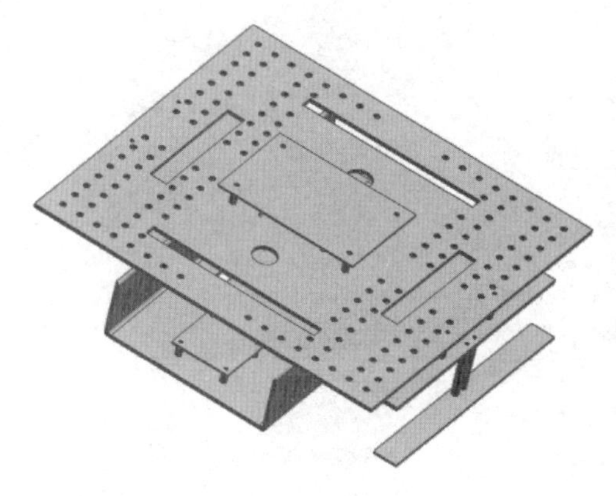

图 3-1-50　车体模块装配完毕 1

图 3-1-51　车体模块装配完毕 2

小提示

◎扫描右侧二维码可观看装配完毕的车体模块。

3.1.3 整体装配

启动 NX 8.5 软件，执行文件(F)→新建(N)... Ctrl+N 命令，弹出“新建”对话框，将名称设置为“SmartCar.prt”，将文件夹设置为“G:\book\DIYSmartCar\Project\3\”，单击确定按钮，即可进入模型装配界面。

执行装配(A)→组件(C)→添加组件(A)...命令，弹出“添加组件”对话框，将部件设置为“Support.prt”，将定位设置为“绝对原点”，如图 3-1-52 所示，单击应用按钮，即可添加部件，如图 3-1-53 所示。

图 3-1-52　添加组件参数

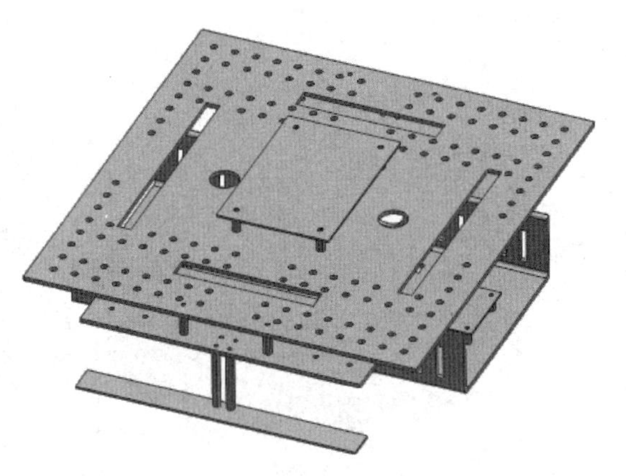

图 3-1-53　车体模块模型添加完毕

将动力模块模型装配至车体模块模型上。执行装配(A)→组件(C)→添加组件(A)...命令，弹出“添加组件”对话框，将部件设置为“Motivation.prt”，将定位设置为“通过约束”，如图 3-1-54 所示，单击应用按钮，弹出“装配约束”对话框，将类型设置为“接触对齐”，选择如图 3-1-55 所示的约束对象。

单击“装配约束”对话框中的应用按钮，继续添加约束，将类型设置为“接触对齐”，选择如图 3-1-56 所示的约束对象。

图 3-1-54　添加组件参数

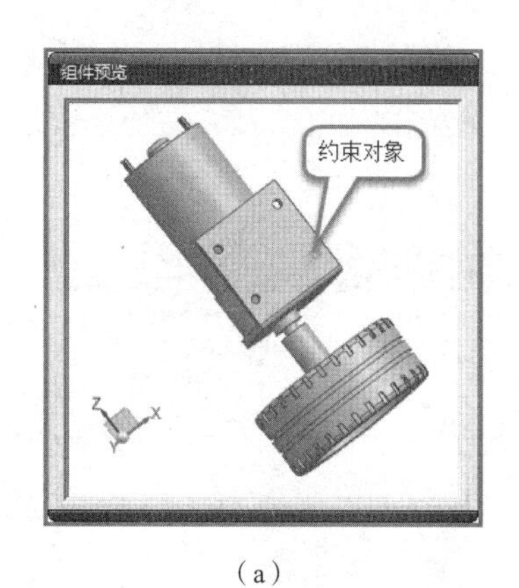

（a）

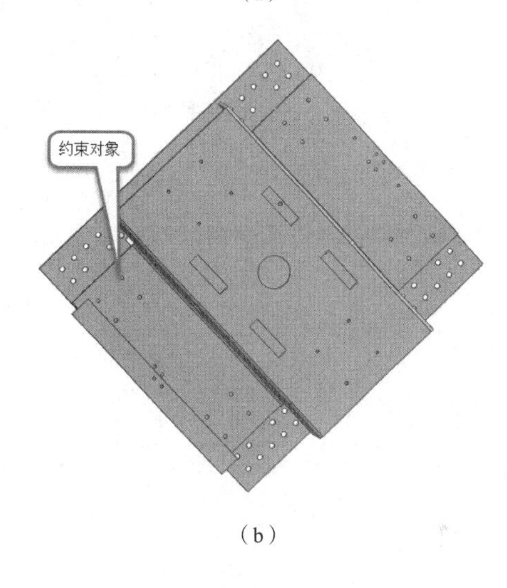

（b）

图 3-1-55　选择约束对象 1

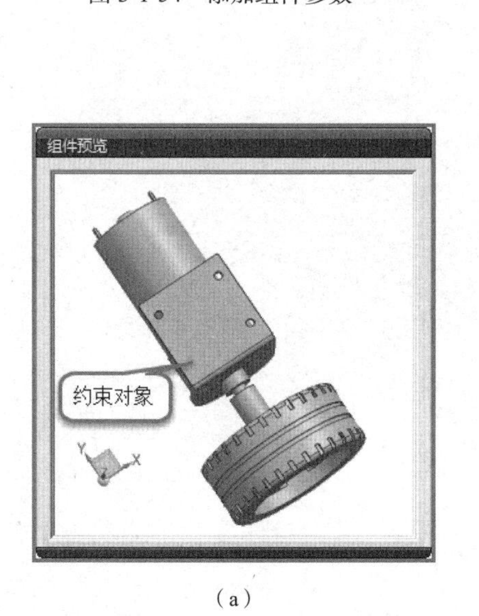

（a）

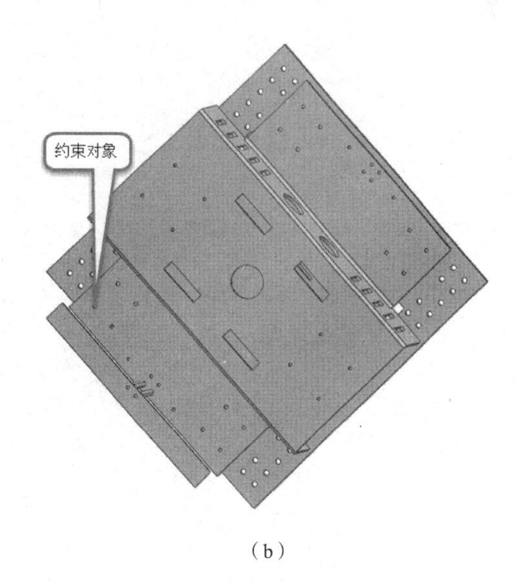

（b）

图 3-1-56　选择约束对象 2

单击“装配约束”对话框中的 应用 按钮，继续添加约束，将类型设置为“接触对齐”，选择如图 3-1-57 所示的约束对象。

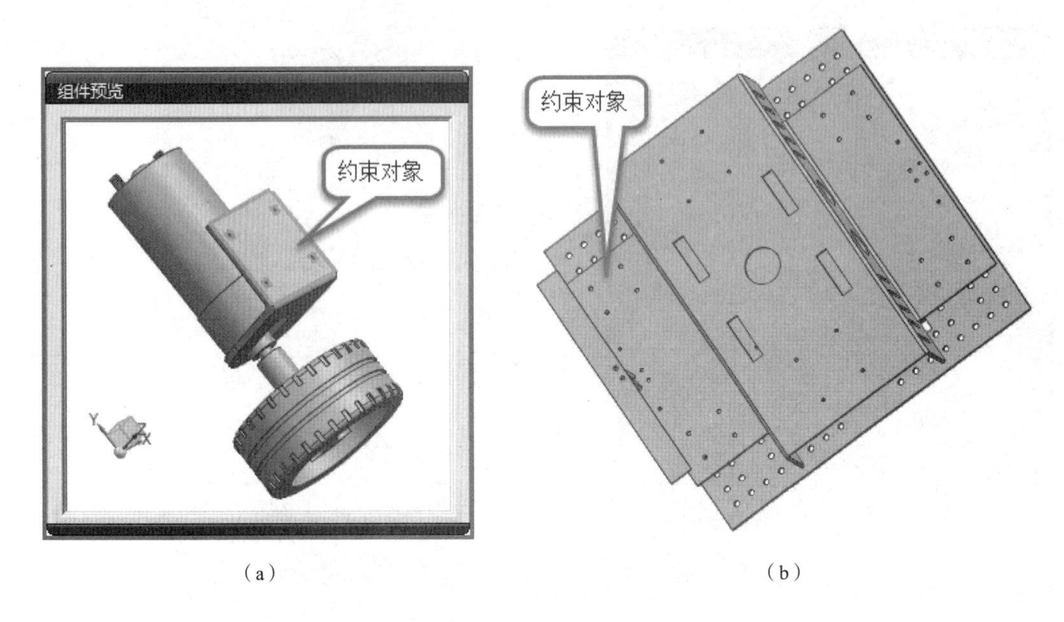

（a）　　（b）

图 3-1-57　选择约束对象 3

约束对象应用完毕后，单击“装配约束”对话框中的 <确定> 按钮，动力模块模型被装配至车体模块模型上，如图 3-1-58 所示。仿照此方法将其他 3 个动力模块模型装配至车体模块模型上，如图 3-1-59 所示。

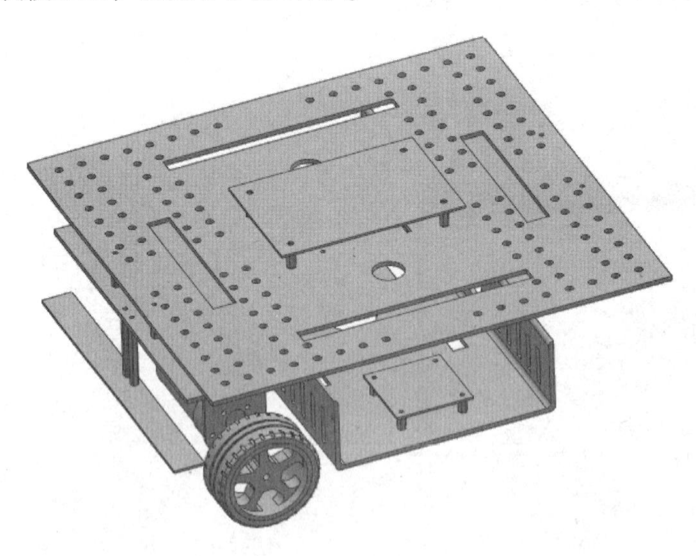

图 3-1-58　动力模块模型装配完毕

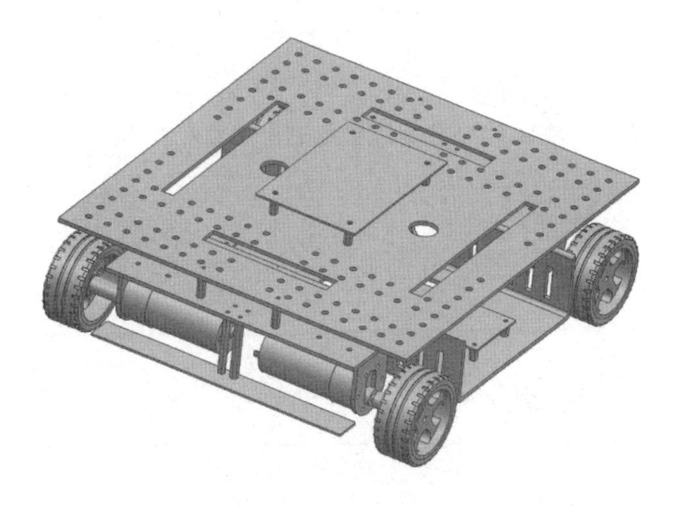

图 3-1-59　其他 3 个动力模块模型装配完毕

至此，智能小车机器人整体装配完毕，如图 3-1-60 和图 3-1-61 所示。

图 3-1-60　整体装配完毕 1

图 3-1-61　整体装配完毕 2

小提示

◎扫描右侧二维码可观看装配完成的智能小车机器人整体。

3.2 运动仿真

3.2.1 创建连杆

启动 NX 8.5 软件，打开已经装配好的智能小车机器人模型，即“SmartCar.prt”文件。执行 开始 → 运动仿真(O)... 命令，进入运动仿真界面。

单击运动仿真界面右侧的图标，右击装配体名称，弹出快捷菜单，执行 新建仿真 命令，即可新建仿真工程。

创建固定连杆，并将其命名为 L001。执行 插入(S) → 链接(L)... 命令，连杆 L001 中包含下车架、上车架、3mm 铜柱、循迹模块板型、直流电动机支架、电动机驱动模块板型和最小系统模块板型等部件，选择如图 3-2-1 所示的对象为连杆对象。在“设置”栏中勾选“固定连杆”复选框，具体参数设置如图 3-2-2 所示。单击“连杆”对话框中的 确定 按钮，即可完成连杆 L001 的创建。

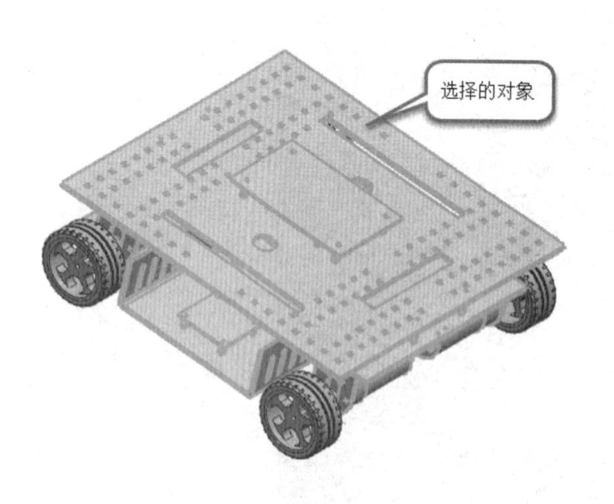

图 3-2-1　连杆 L001 选择的对象

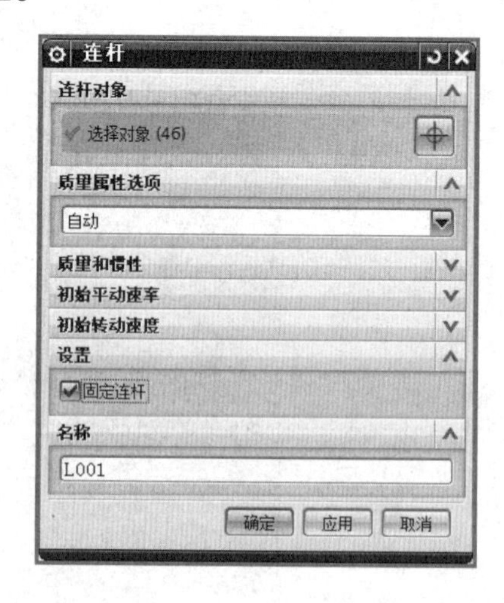

图 3-2-2　连杆 L001 参数

创建第一个运动连杆，并将其命名为 L002。执行 插入(S) → 链接(L)... 命令，连杆

L002 中包含联轴器、直流电动机、轮毂、轮胎等部件，选择如图 3-2-3 所示的对象为连杆对象。在“设置”栏中不勾选“固定连杆”复选框，具体参数设置如图 3-2-4 所示。单击“连杆”对话框中的确定按钮，即可完成连杆 L002 的创建。

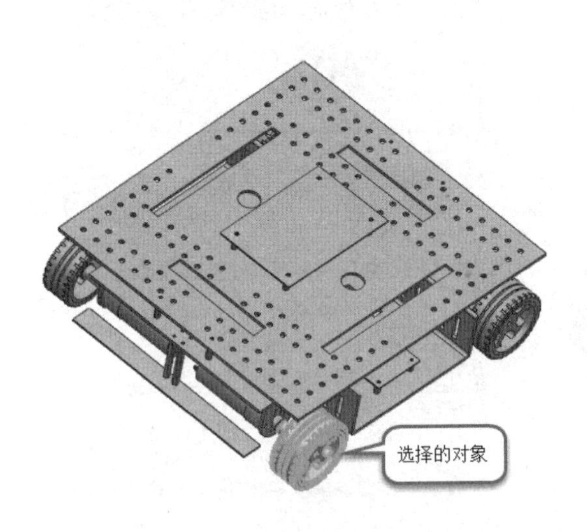

图 3-2-3　连杆 L002 选择的对象

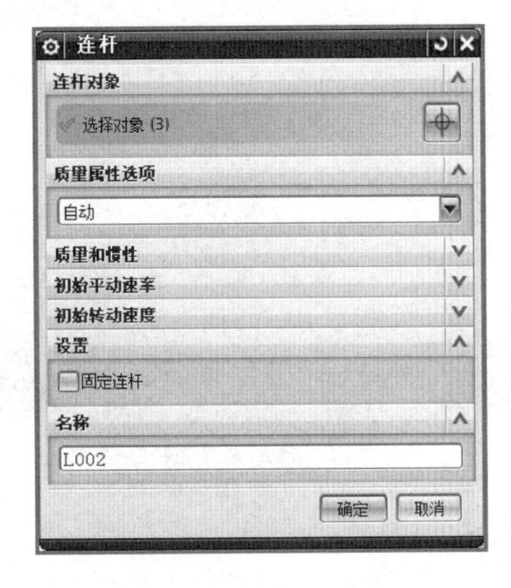

图 3-2-4　连杆 L002 参数

创建第二个运动连杆，并将其命名为 L003。执行插入(S)→链接(L)...命令，连杆 L003 中包含联轴器、直流电动机、轮毂、轮胎等部件，选择如图 3-2-5 所示的对象为连杆对象。在“设置”栏中不勾选“固定连杆”复选框，具体参数设置如图 3-2-6 所示。单击“连杆”对话框中的确定按钮，即可完成连杆 L003 的创建。

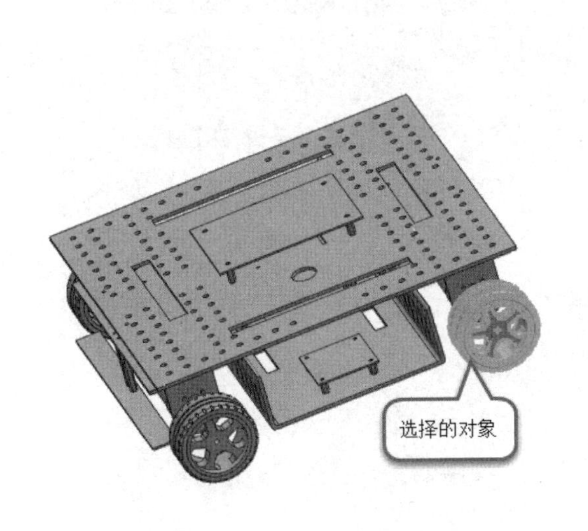

图 3-2-5　连杆 L003 选择的对象

图 3-2-6　连杆 L003 参数

创建第三个运动连杆，并将其命名为 L004。执行插入(S)→链接(L)...命令，连杆

L004 中包含联轴器、直流电动机、轮毂、轮胎等部件，选择如图 3-2-7 所示的对象为连杆对象。在“设置”栏中不勾选“固定连杆”复选框，具体参数设置如图 3-2-8 所示。单击“连杆”对话框中的确定按钮，即可完成连杆 L004 的创建。

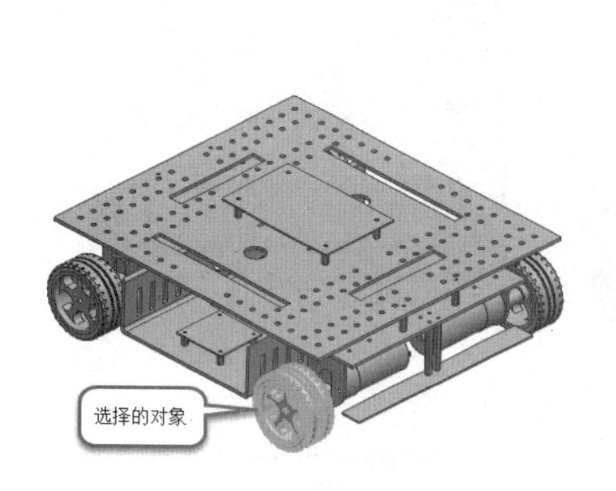

图 3-2-7　连杆 L004 选择的对象

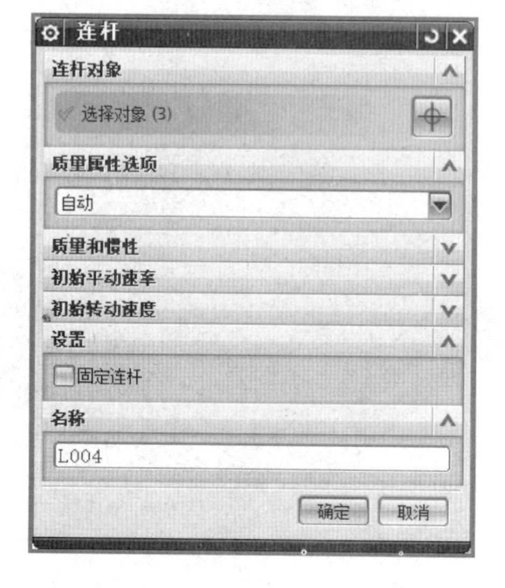

图 3-2-8　连杆 L004 参数

创建第四个运动连杆，并将其命名为 L005。执行插入(S)→链接(L)...命令，连杆 L005 中包含联轴器、直流电动机、轮毂、轮胎等部件，选择如图 3-2-9 所示的对象为连杆对象。在“设置”栏中不勾选“固定连杆”复选框，具体参数设置如图 3-2-10 所示。单击“连杆”对话框中的确定按钮，即可完成连杆 L005 的创建。

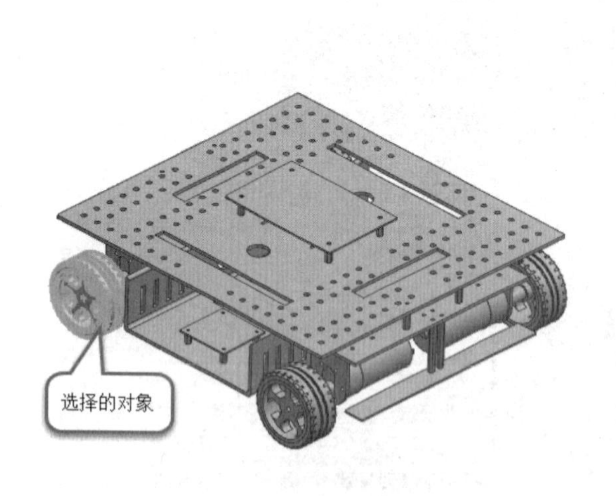

图 3-2-9　连杆 L005 选择的对象

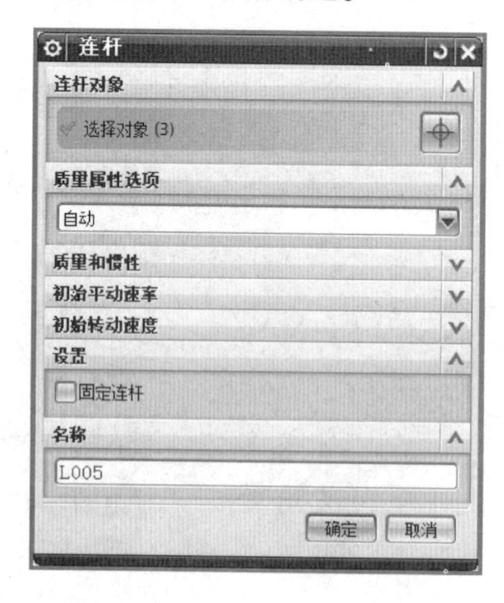

图 3-2-10　连杆 L005 参数

至此，连杆创建完毕。

3.2.2 创建运动副

启动 NX 8.5 软件，打开已经装配好的智能小车机器人模型，即“SmartCar.prt”文件。执行 开始 → 运动仿真(O)... 命令，进入运动仿真界面。

创建旋转副，模拟第一个轮子旋转，并将其命名为 J002。执行 插入(S) → 运动副(J)... 命令，弹出“运动副”对话框，将类型设置为“旋转副”，将选择连杆设置为“L002”，按照如图 3-2-11 所示的对象指定原点和矢量，具体参数设置如图 3-2-12 所示，单击“运动副”对话框中的 确定 按钮，即可完成旋转副 J002 的创建。

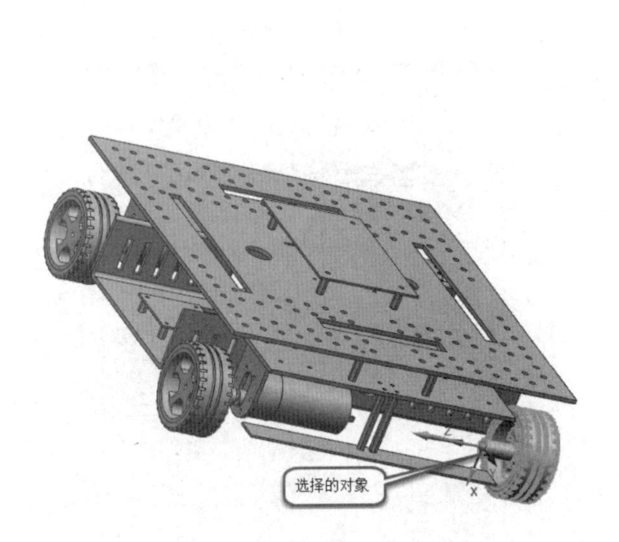

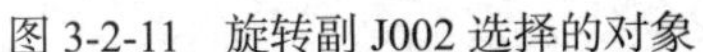
图 3-2-11 旋转副 J002 选择的对象

图 3-2-12 旋转副 J002 参数

创建旋转副，模拟第二个轮子旋转，并将其命名为 J003。执行 插入(S) → 运动副(J)... 命令，弹出“运动副”对话框，将类型设置为“旋转副”，将选择连杆设置为“L003”，按照如图 3-2-13 所示的对象指定原点和矢量，具体参数设置如图 3-2-14 所示，单击“运动副”对话框中的 确定 按钮，即可完成旋转副 J003 的创建。

创建旋转副，模拟第三个轮子旋转，并将其命名为 J004。执行 插入(S) → 运动副(J)... 命令，弹出“运动副”对话框，将类型设置为“旋转副”，将选择连杆设置为“L004”，按照如图 3-2-15 所示的对象指定原点和矢量，具体参数设置如图 3-2-16 所示，单击“运动副”对话框中的 确定 按钮，即可完成旋转副 J004 的创建。

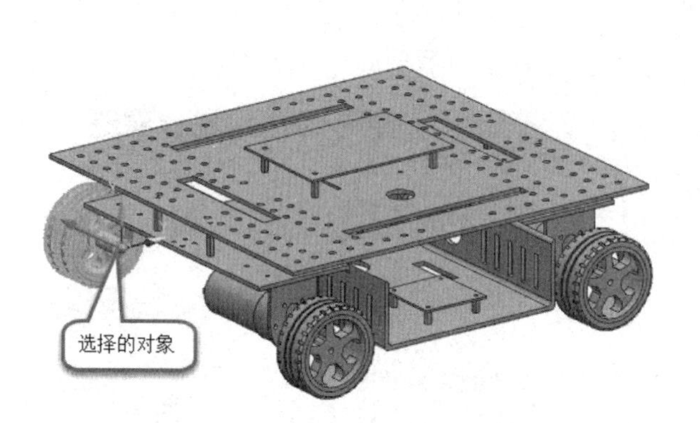

图 3-2-13　旋转副 J003 选择的对象

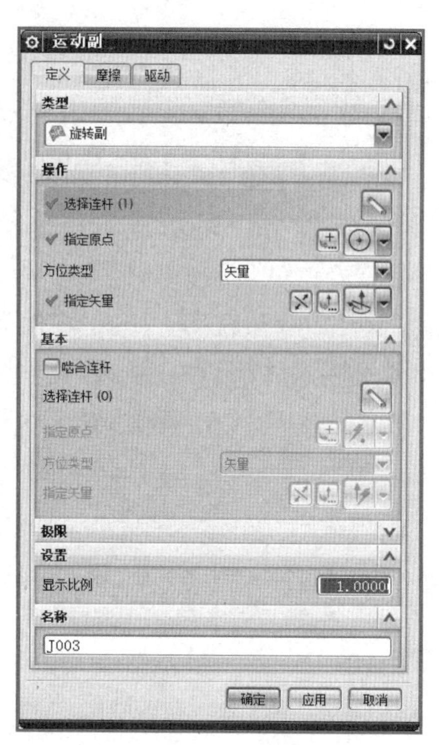

图 3-2-14　旋转副 J003 参数

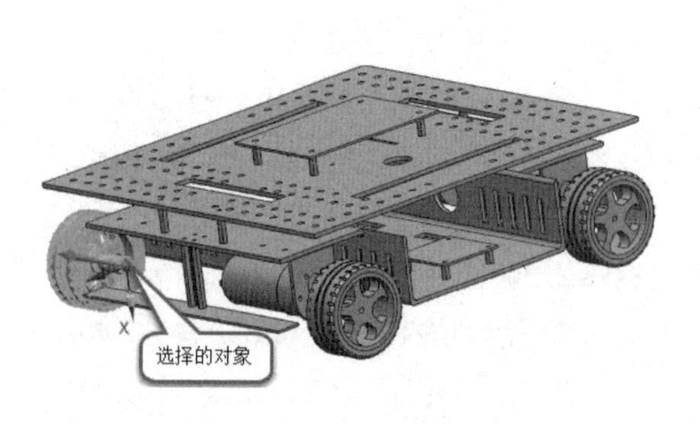

图 3-2-15　旋转副 J004 选择的对象

图 3-2-16　旋转副 J004 参数

创建旋转副，模拟第四个轮子旋转，并将其命名为 J005。执行插入(S)→运动副(J)...命令，弹出“运动副”对话框，将类型设置为“旋转副”，将选择连杆设置为“L005”，按照如图 3-2-17 所示的对象指定原点和矢量，具体参数设置如图 3-2-18 所示，单击“运动副”对话框中的确定按钮，即可完成旋转副 J005 的创建。

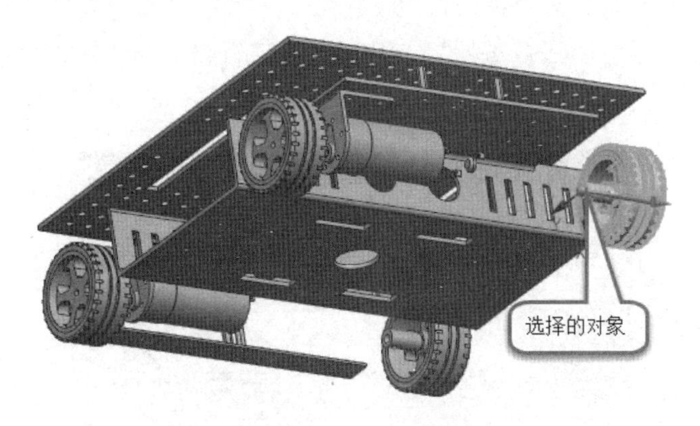

图 3-2-17　旋转副 J005 选择的对象

图 3-2-18　旋转副 J005 参数

至此，运动副创建完毕。

3.2.3 加载驱动

为旋转副 J002 加载驱动。双击旋转副 J002，弹出“运动副”对话框，单击“驱动”选项卡，将第一个下拉列表设置为“恒定”，将初速度设置为“-10degrees/sec”，如图 3-2-19 所示。单击“运动副”对话框中的确定按钮，即可完成旋转副 J002 驱动的加载。

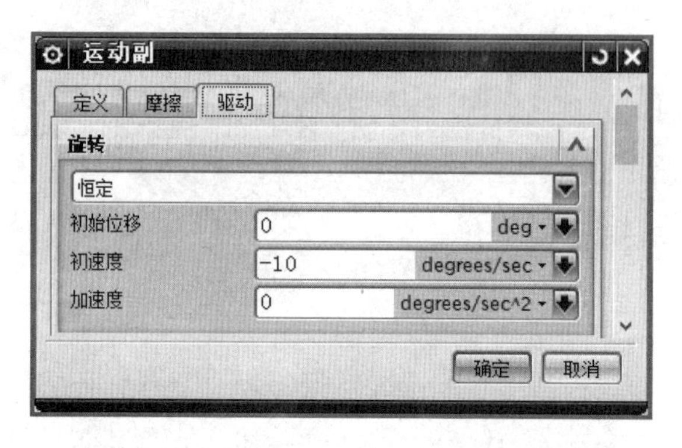

图 3-2-19　完成旋转副 J002 驱动的加载

为旋转副 J003 加载驱动。双击旋转副 J002，弹出“运动副”对话框，单击“驱动”选项卡，将第一个下拉列表设置为“恒定”，将初速度设置为“10degrees/sec”，如图 3-2-20 所示。单击“运动副”对话框中的确定按钮，即可完成旋转副 J003 驱动的加载。

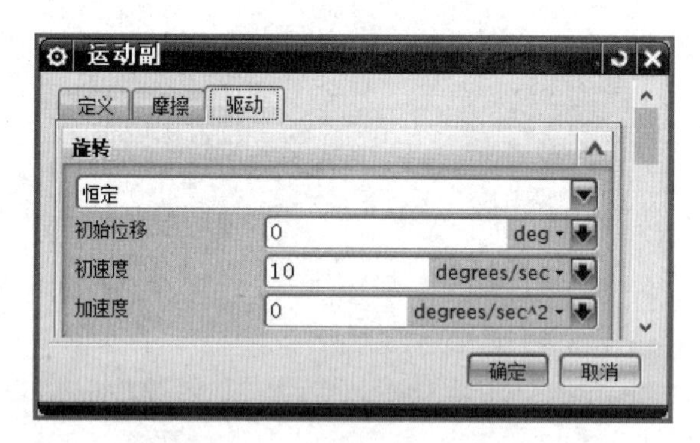

图 3-2-20　完成旋转副 J003 驱动的加载

为旋转副 J004 加载驱动。双击旋转副 J004，弹出“运动副”对话框，单击“驱动”选项卡，将第一个下拉列表设置为“恒定”，将初速度设置为“-10degrees/sec”，如图 3-2-21 所示。单击“运动副”对话框中的确定按钮，即可完成旋转副 J004 驱动的加载。

图 3-2-21　完成旋转副 J004 驱动的加载

为旋转副 J005 加载驱动。双击旋转副 J005，弹出“运动副”对话框，单击“驱动”选项卡，将第一个下拉列表设置为“恒定”，将初速度设置为“-10degrees/sec”，如图 3-2-22 所示。单击“运动副”对话框中的确定按钮，即可完成旋转副 J005 驱动的加载。

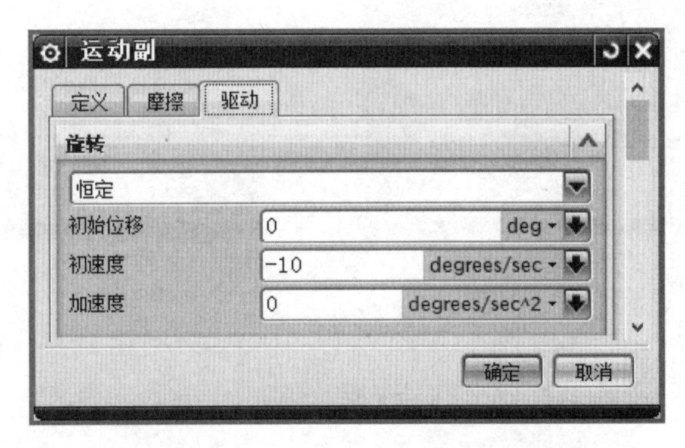

图 3-2-22　完成旋转副 J005 驱动的加载

至此，驱动加载完毕。

3.2.4　创建解算方案

创建解算方案。执行插入(S)→解算方案(I)...命令，弹出“解算方案”对话框，将分析类型设置为“运动学/动力学”，将时间设置为“1000sec”，将步数设置为“5000”，具体参数设置如图 3-2-23 所示。单击“解算方案”对话框中的确定按钮，即可完成解算方案的创建。

对解算方案进行求解。执行分析(L)→运动(N)→求解(S)...命令，模型上方显示求解进度，当进度为 100%时，就完成了求解。

执行分析(L)→运动(N)→动画(A)...命令，弹出“动画”对话框，具体参数设置如图 3-2-24 所示。

图 3-2-23　“解算方案”对话框

图 3-2-24　“动画”对话框

单击“动画”对话框中的▶按钮，即可播放动画。

小提示

◎扫描右侧二维码可观看智能小车机器人运动仿真。

◎读者可自行设置运动仿真参数。

第4章

基础电路仿真

4.1 电源电路

4.1.1 电路设计

常用锂电池的电压约为 3.7V。智能小车机器人一般需要将若干块锂电池串联起来作为电源。电源电路由多路稳压电源电路组成，主要输出电压为 12V、6V、5V、3.3V。12V 稳压电源电路由 LM7812、电容等元器件组成。6V 稳压电源电路由 LM7806、电容等元器件组成。5V 稳压电源电路由 LM7805、电容等元器件组成。3.3V 稳压电源电路由 LD1117DT33、电容等元器件组成。

单击 Proteus 8 Professional 图标，启动 Proteus 8 Professional 软件，进入主窗口。执行 File → New Project 命令，弹出“New Project Wizard：Start”对话框，在“Name”栏中输入“Power.pdsprj”作为工程名，在“Path”栏中选择储存路径“G:\book\DIYSmartCar\Project\4”，选择“New Project”单选按钮。单击“New Project Wizard：Start”对话框中的 Next 按钮，进入“New Project Wizard :Schematic Design”对话框，尽量选择较大的图纸，可在“Design Templates”栏中选择“LandspaceA2”选项。单击“New Project Wizard：Schematic Design”对话框中的 Next 按钮，进入“New Project Wizard：PCB Layout”对话框，选择“Do not create a PCB layout”单选按钮。单击“New Project Wizard：PCB Layout”对话框中的 Next 按钮，进入“New Project Wizard”对话框，选择“No Firmware Project”单选按钮，其余参数保持默认设置。单击“New Project Wizard”对话框中的 Next 按钮，进入“New Project Wizard：Summary”对话框。单击“New Project Wizard：Summary”对话框中的 Finish 按钮，即可完成新工程的创建，进入 Proteus 软件的绘制界面。

绘制的 5V 稳压电源电路如图 4-1-1 所示，输入电压为 7.4V，稳压器件 U2 将输入电压整合为 5V 输出电压。

绘制的 6V 稳压电源电路如图 4-1-2 所示，输入电压为 7.4V，稳压器件 U6 将输入电压整合为 6V 输出电压。

绘制的 3.3V 稳压电源电路如图 4-1-3 所示，输入电压为 7.4V，稳压器件 U3 将输入电压整合为 3.3V 输出电压。

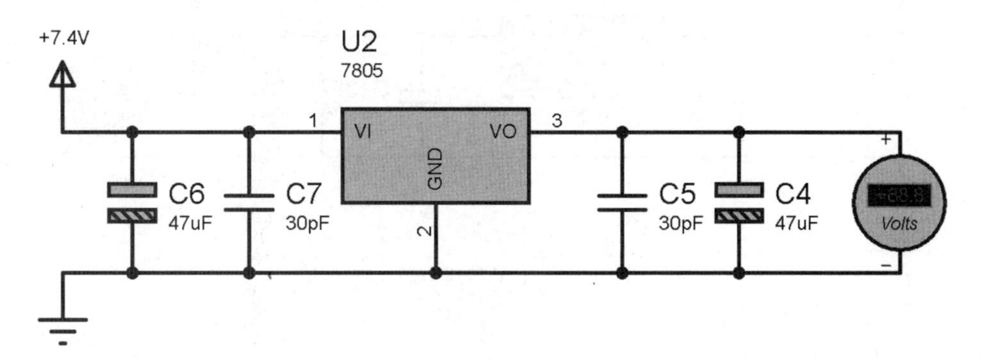

图 4-1-1　5V 稳压电源电路①

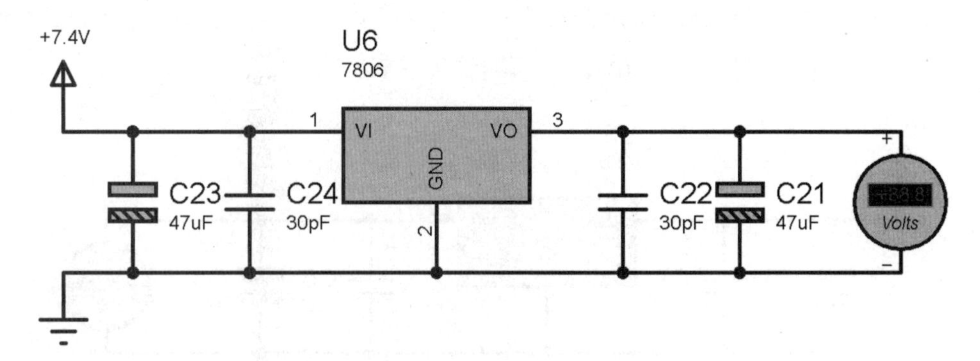

图 4-1-2　6V 稳压电源电路

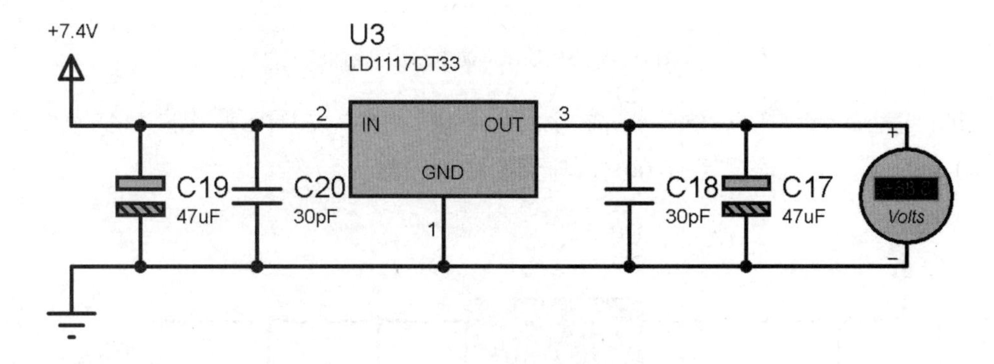

图 4-1-3　3.3V 稳压电源电路

绘制的 12V 稳压电源电路如图 4-1-4 所示，输入电压为 14.8V，稳压器件 U5 将输入电压整合为 12V 输出电压。

至此，电源电路设计完毕。

---

① 图中的“uF”应为“μF”。

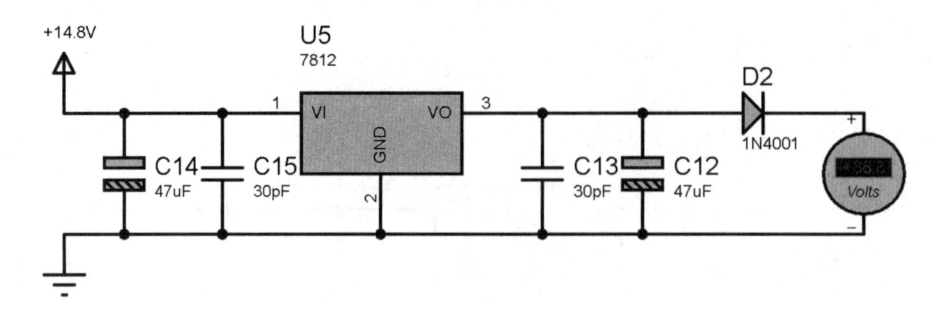

图 4-1-4 12V 稳压电源电路

4.1.2 电路仿真

执行 Debug → Run Simulation 命令，仿真运行 5V 稳压电源电路，仿真结果如图 4-1-5 所示，电压表显示+5.00V，与预期结果一致。

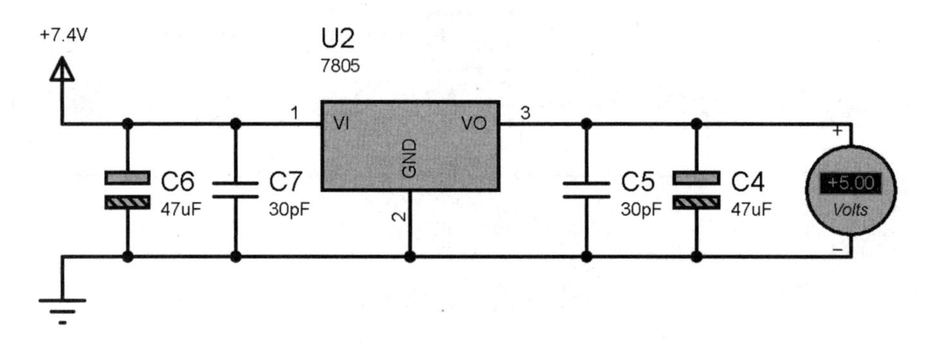

图 4-1-5 5V 稳压电源电路仿真结果

执行 Debug → Run Simulation 命令，仿真运行 6V 稳压电源电路，仿真结果如图 4-1-6 所示，电压表显示+6.00V，与预期结果一致。

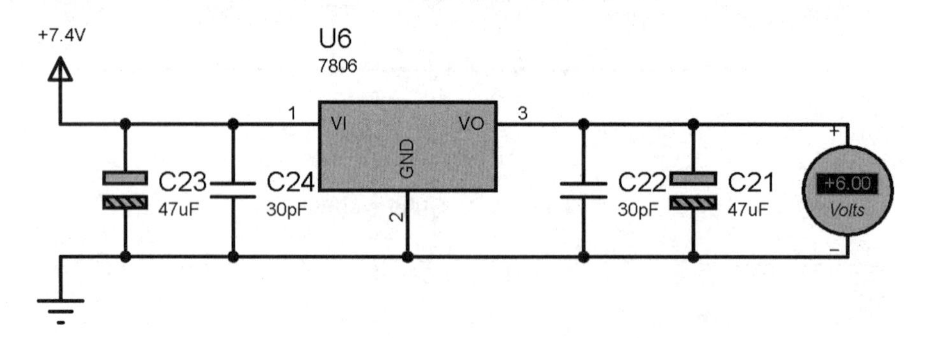

图 4-1-6 6V 稳压电源电路仿真结果

执行 Debug → Run Simulation 命令，仿真运行 3.3V 稳压电源电路，仿真结果如图 4-1-7 所示，电压表显示+3.30V，与预期结果一致。

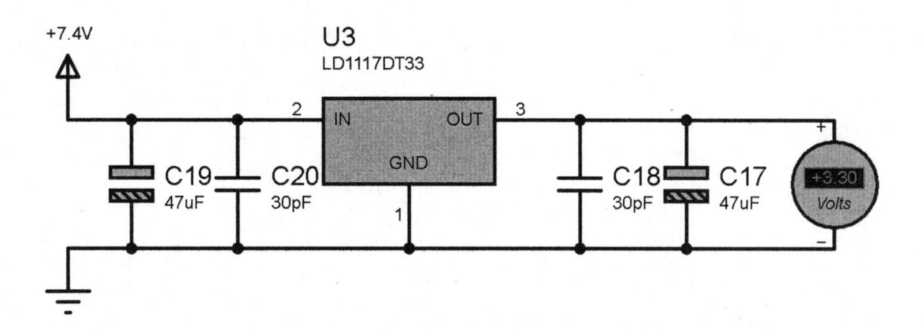

图 4-1-7　3.3V 稳压电源电路仿真结果

执行 Debug → Run Simulation 命令，仿真运行 12V 稳压电源电路，仿真结果如图 4-1-8 所示，电压表显示+11.8V，与预期结果基本一致，虽然存在误差，但在合理范围内。

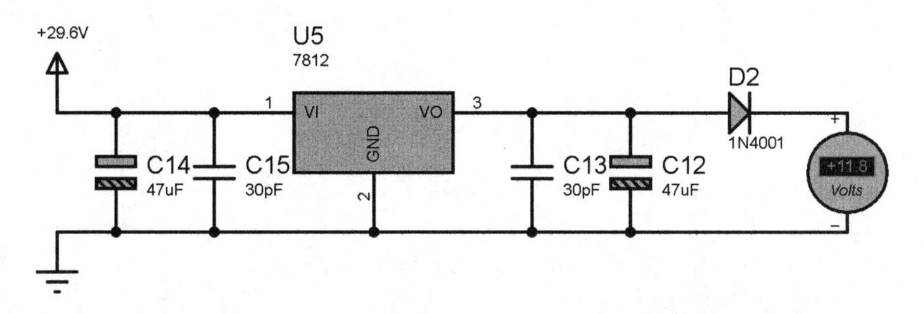

图 4-1-8　12V 稳压电源电路仿真结果

至此，电源电路仿真完毕。

小提示

◎扫描右侧二维码可观看电源电路仿真过程。

4.2 电动机驱动电路

4.2.1 电路设计

在 Proteus 软件中绘制如图 4-2-1 所示的电动机驱动电路。电动机驱动电路主要由电动机驱动芯片 L298、直流电动机、二极管等元器件组成。

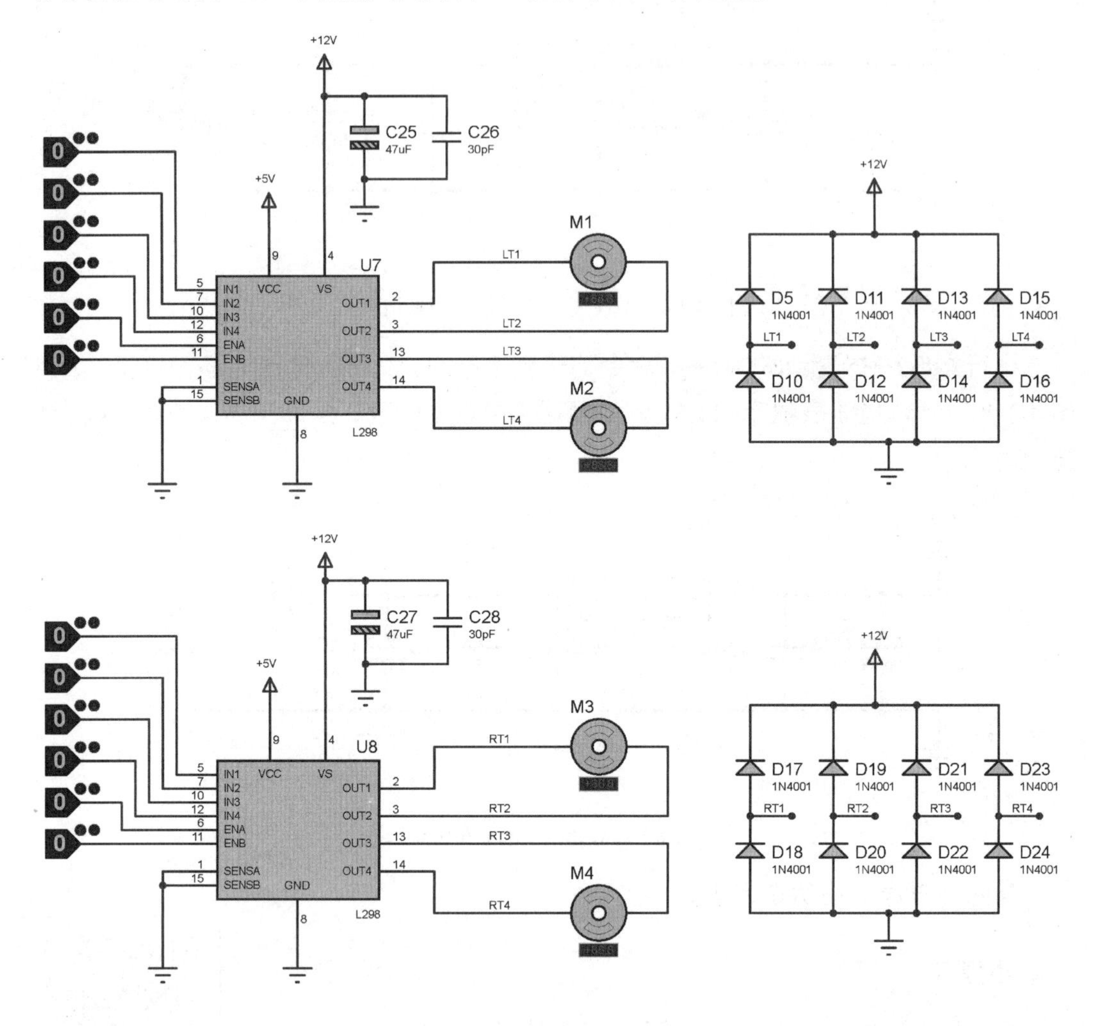

图 4-2-1　电动机驱动电路

1 个电动机驱动芯片 L298 可以驱动 2 个直流电动机。电动机驱动芯片 L298 可以控制电动机进行正转、反转、调速等。5V 电源网络用于为电动机驱动芯片供电，12V 电源网络用于为直流电动机供电。续流二极管可以防止电动机驱动芯片因直流电动机产生的反向电动势而损坏。

通过向 IN1 引脚、IN2 引脚、IN3 引脚、IN4 引脚、ENA 引脚、ENB 引脚输入逻辑高低电平，可以控制 OUT1 引脚、OUT2 引脚、OUT3 引脚、OUT4 引脚输出电平的高低，逻辑关系如表 4-2-1 所示。如果向 ENA 引脚和 ENB 引脚输入 PWM（Pulse Width Modulation，脉冲宽度调制）信号，可以实现对直流电动机的调速。

表 4-2-1　L298 芯片的输入/输出关系

类型	输入						输出			
引脚名称	ENA	ENB	IN1	IN2	IN3	IN4	OUT1	OUT2	OUT3	OUT4
电平	0	0	0	0	0	0	1	1	1	1
电平	1	1	0	0	0	0	0	0	0	0
电平	1	1	1	0	1	0	1	0	1	0
电平	1	1	1	1	1	1	1	1	1	1
电平	1	1	0	1	0	1	0	1	0	1

至此，电动机驱动电路设计完毕。

4.2.2　电路仿真

执行 Debug → Run Simulation 命令，仿真运行电动机驱动电路，将 IN1 引脚、IN2 引脚、IN3 引脚、IN4 引脚、ENA 引脚、ENB 引脚设置为低电平，电动机 M1 和电动机 M2 均不转动，如图 4-2-2 所示。

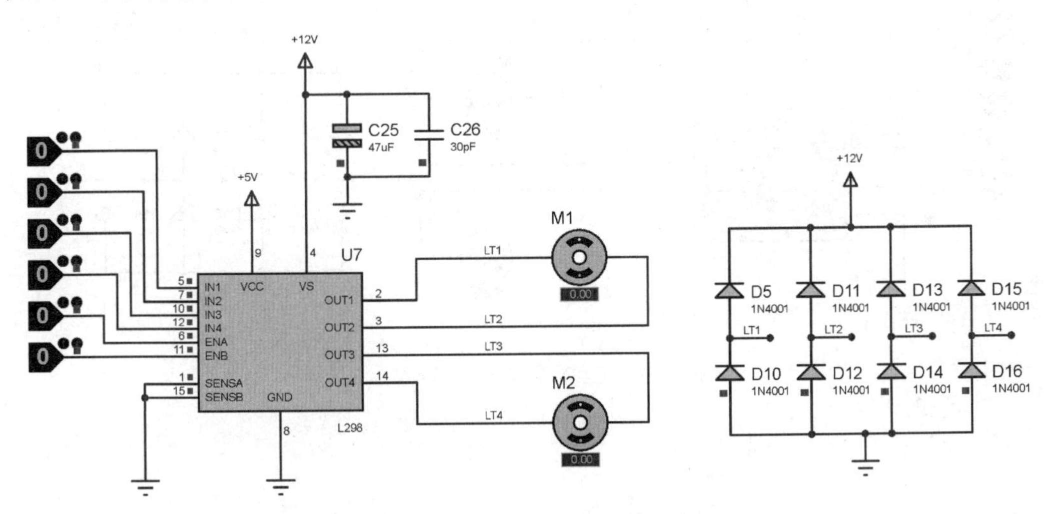

图 4-2-2　电动机驱动电路仿真结果 1

将 IN1 引脚、IN2 引脚、IN3 引脚、IN4 引脚设置为低电平，将 ENA 引脚和 ENB 引脚设置为高电平，电动机 M1 和电动机 M2 均不转动，如图 4-2-3 所示。

将 IN2 引脚和 IN4 引脚设置为低电平，将 IN1 引脚、IN3 引脚、ENA 引脚、ENB 引脚设置为高电平，电动机 M1 正向转动，电动机 M2 反向转动，如图 4-2-4 所示。

将 IN1 引脚、IN2 引脚、IN3 引脚、IN4 引脚、ENA 引脚、ENB 引脚设置为高电平，电动机 M1 和电动机 M2 均不转动，如图 4-2-5 所示。

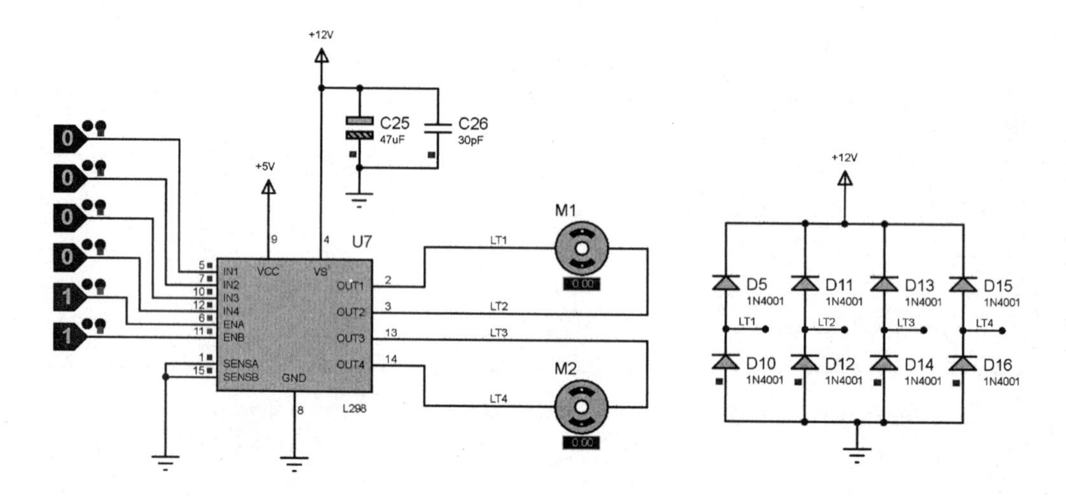

图 4-2-3　电动机驱动电路仿真结果 2

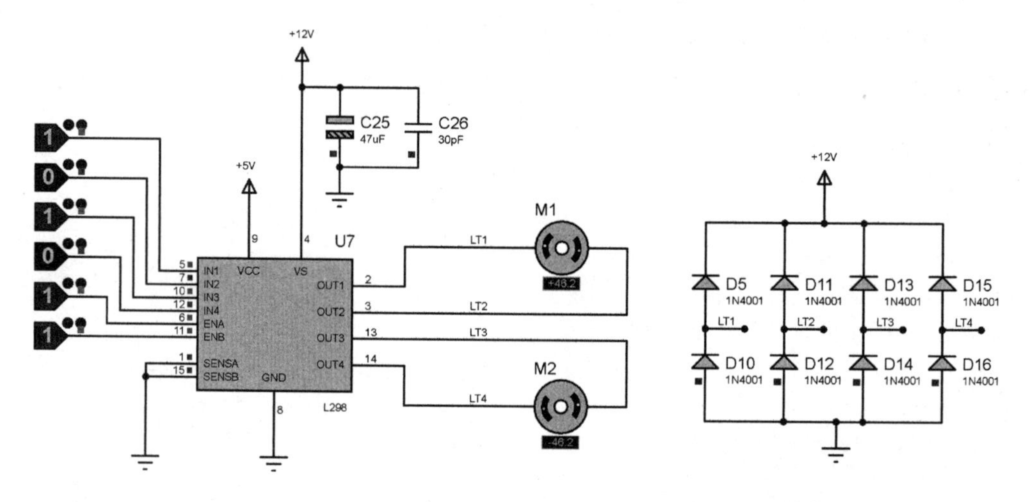

图 4-2-4　电动机驱动电路仿真结果 3

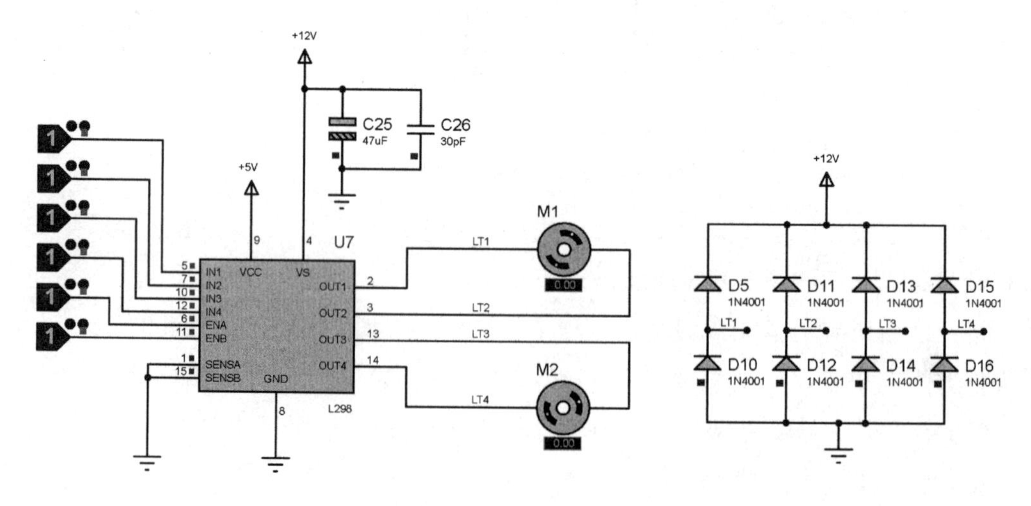

图 4-2-5　电动机驱动电路仿真结果 4

将 IN1 引脚、IN3 引脚设置为低电平，将 IN2 引脚、IN4 引脚、ENA 引脚、ENB 引脚设置为高电平，电动机 M1 反向转动，电动机 M2 正向转动，如图 4-2-6 所示。

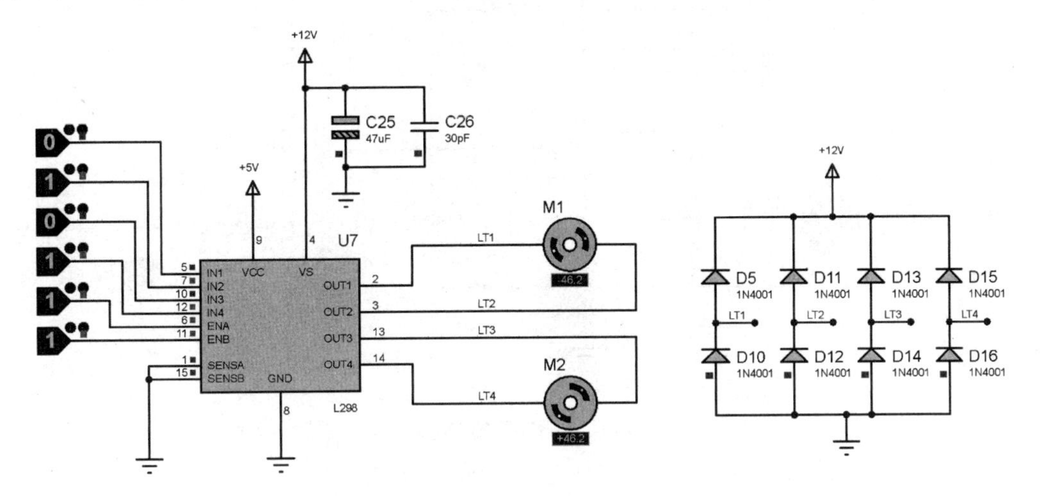

图 4-2-6 电动机驱动电路仿真结果 5

至此，电动机驱动电路仿真完毕。

小提示

◎扫描右侧二维码可观看电动机驱动电路仿真过程。

◎直流电动机正反转与直流电动机的接线方式有关。

4.3 循迹传感器电路

4.3.1 电路设计

在 Proteus 软件中绘制如图 4-3-1 所示的循迹传感器电路。每一路循迹传感器电路均由电阻、三极管、发光二极管、光电传感器、电压比较器构成。由于 Proteus 软件中没有光电传感器，因此本例中使用光敏电阻代替光电传感器。电路中加入直流电压表是为了测量高电平的电压值和低电平的电压值。调节光源与光敏电阻的距离，即可观测 LM358 芯片引脚 1 输出的电压。

至此，循迹传感器电路设计完毕。

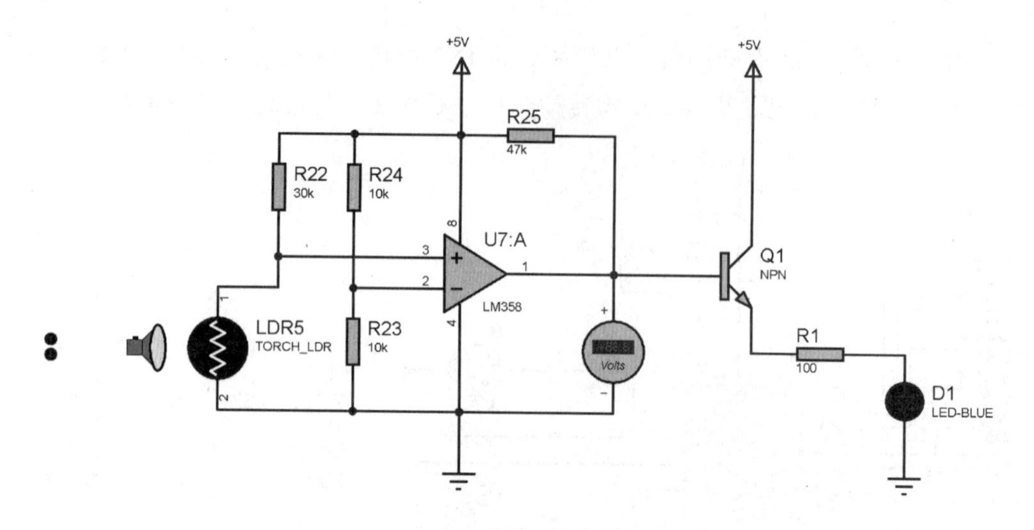

图 4-3-1 循迹传感器电路①

4.3.2 电路仿真

执行 Debug → Run Simulation 命令，仿真运行循迹传感器电路，调节光源与光敏电阻的距离，光源离光敏电阻最远的仿真结果如图 4-3-2 所示。可见循迹传感器电路在输出高电平时，直流电压表的示数为+4.00V，发光二极管 D1 亮。

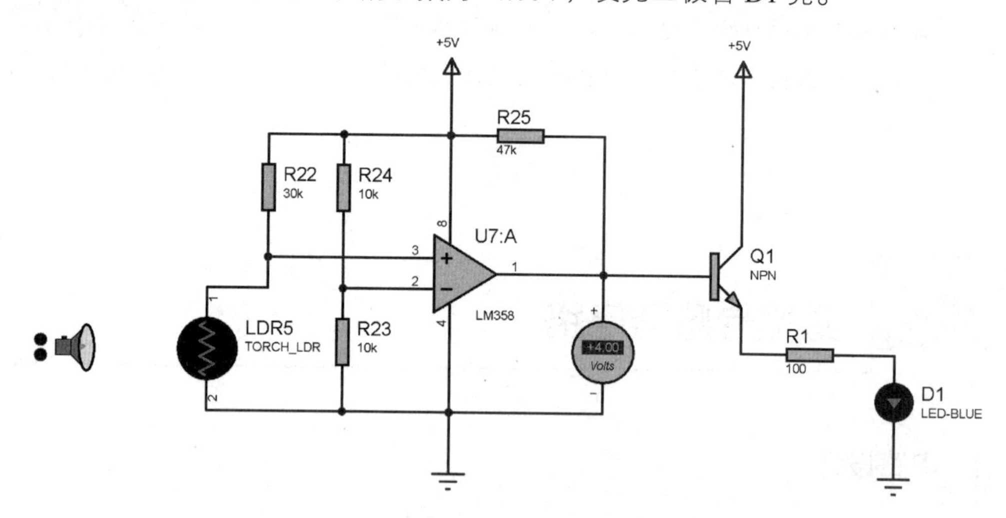

图 4-3-2 循迹传感器电路仿真结果 1

调节光源与光敏电阻的距离，光源离光敏电阻最近的仿真结果如图 4-3-3 所示。可见循迹传感器电路在输出低电平时，直流电压表的示数为+0.01V，发光二极管 D1 熄灭。

① 图中电阻的单位为 Ω。

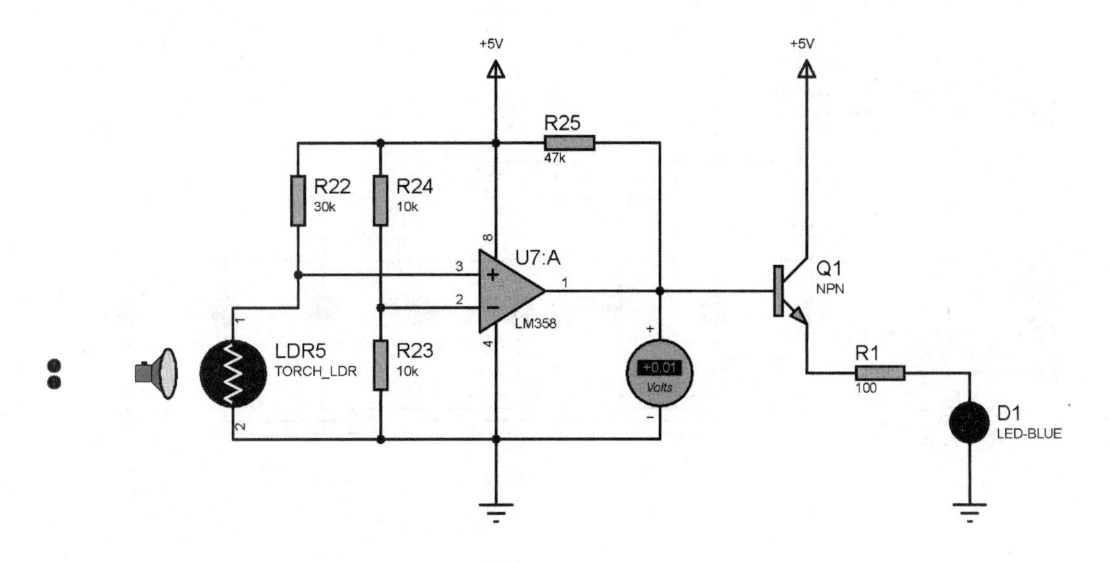

图 4-3-3　循迹传感器电路仿真结果 2

至此，循迹传感器电路仿真完毕。

小提示

◎扫描右侧二维码可观看循迹传感器电路仿真过程。

4.4 声光电路

4.4.1 电路设计

在 Proteus 软件中绘制如图 4-4-1 所示的声光电路。声光电路由蜂鸣器、三极管、发光二极管、二极管、电阻、74HC138 译码器组成。

三极管驱动蜂鸣器，当输入低电平时，蜂鸣器响；当输入高电平时，蜂鸣器不响。1 个 74HC138 译码器可以驱动 8 个发光二极管，通过向 A 引脚、B 引脚、C 引脚输入逻辑高低电平，可以控制 Y0 引脚、Y1 引脚、Y2 引脚、Y3 引脚、Y4 引脚、Y5 引脚、Y6 引脚、Y7 引脚输出电平的高低，逻辑关系如表 4-4-1 所示。

至此，声光电路设计完毕。

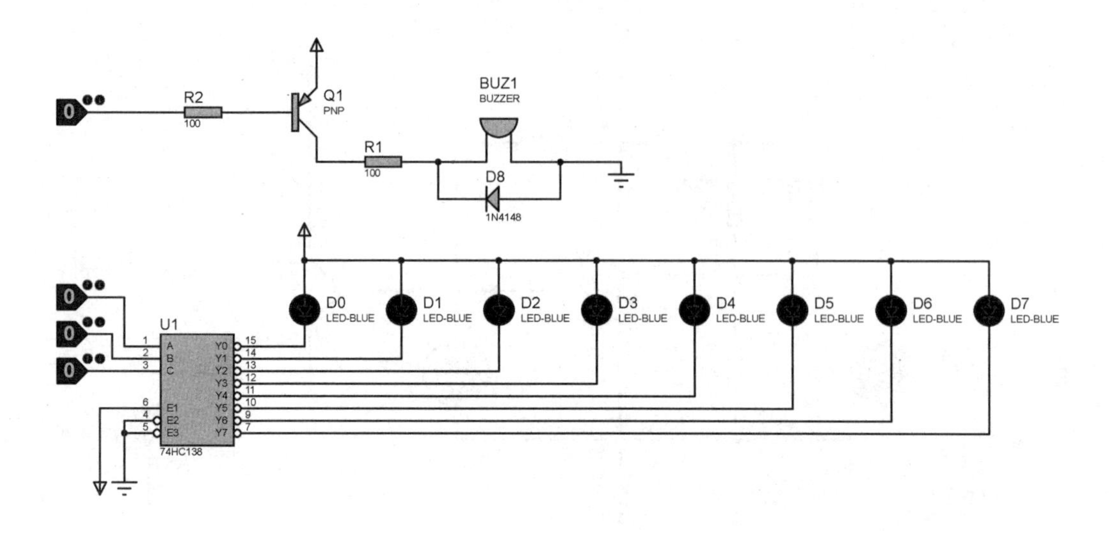

图 4-4-1　声光电路

表 4-4-1　74HC138 芯片的输入/输出关系

类型	输入			输出							
引脚名称	C	B	A	Y0	Y1	Y2	Y3	Y4	Y5	Y6	Y7
电平	0	0	0	0	1	1	1	1	1	1	1
电平	0	0	1	1	0	1	1	1	1	1	1
电平	0	1	0	1	1	0	1	1	1	1	1
电平	0	1	1	1	1	1	0	1	1	1	1
电平	1	0	0	1	1	1	1	0	1	1	1
电平	1	0	1	1	1	1	1	1	0	1	1
电平	1	1	0	1	1	1	1	1	1	0	1
电平	1	1	1	1	1	1	1	1	1	1	0

4.4.2　电路仿真

执行 Debug → Run Simulation 命令，仿真运行声光电路。将 74HC138 译码器的输入端全部连接低电平，即 A 引脚、B 引脚、C 引脚，均为低电平，模拟输入“000”：Y0 引脚输出低电平，发光二极管 D0 亮；Y1 引脚输出高电平，发光二极管 D1 不亮；Y2 引脚输出高电平，发光二极管 D2 不亮；Y3 引脚输出高电平，发光二极管 D3 不亮；Y4 引脚输出高电平，发光二极管 D4 不亮；Y5 引脚输出高电平，发光二极管 D5 不亮；Y6 引脚输出高电平，发光二极管 D6 不亮；Y7 引脚输出高电平，发光二极管 D7 不亮，如图 4-4-2 所示。

将 A 引脚设置为高电平，B 引脚设置为低电平，C 引脚设置为低电平，模拟输入“001”：Y0 引脚输出高电平，发光二极管 D0 不亮；Y1 引脚输出低电平，发光二极管

D1 亮；Y2 引脚输出高电平，发光二极管 D2 不亮；Y3 引脚输出高电平，发光二极管 D3 不亮；Y4 引脚输出高电平，发光二极管 D4 不亮；Y5 引脚输出高电平，发光二极管 D5 不亮；Y6 引脚输出高电平，发光二极管 D6 不亮；Y7 引脚输出高电平，发光二极管 D7 不亮，如图 4-4-3 所示。

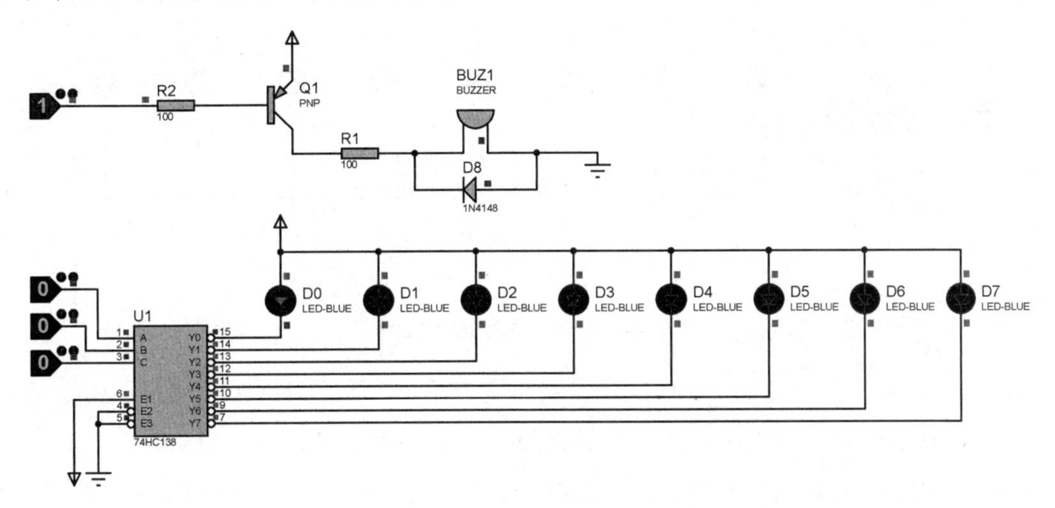

图 4-4-2　声光电路仿真结果 1

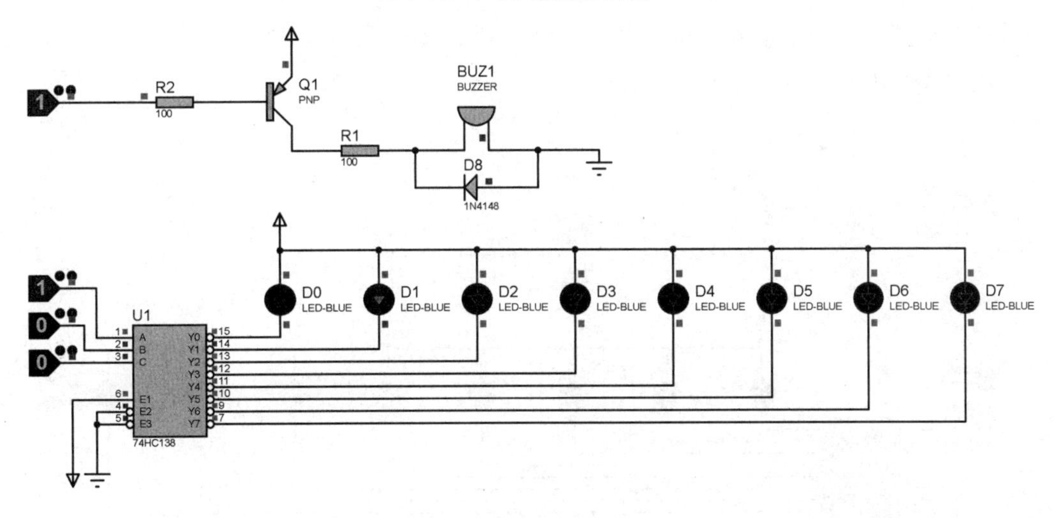

图 4-4-3　声光电路仿真结果 2

将 A 引脚设置为低电平，B 引脚设置为高电平，C 引脚设置为低电平，模拟输入“010”：Y0 引脚输出高电平，发光二极管 D0 不亮；Y1 引脚输出高电平，发光二极管 D1 不亮；Y2 引脚输出低电平，发光二极管 D2 亮；Y3 引脚输出高电平，发光二极管 D3 不亮；Y4 引脚输出高电平，发光二极管 D4 不亮；Y5 引脚输出高电平，发光二极管 D5 不亮；Y6 引脚输出高电平，发光二极管 D6 不亮；Y7 引脚输出高电平，发光二极管 D7 不亮，如图 4-4-4 所示。

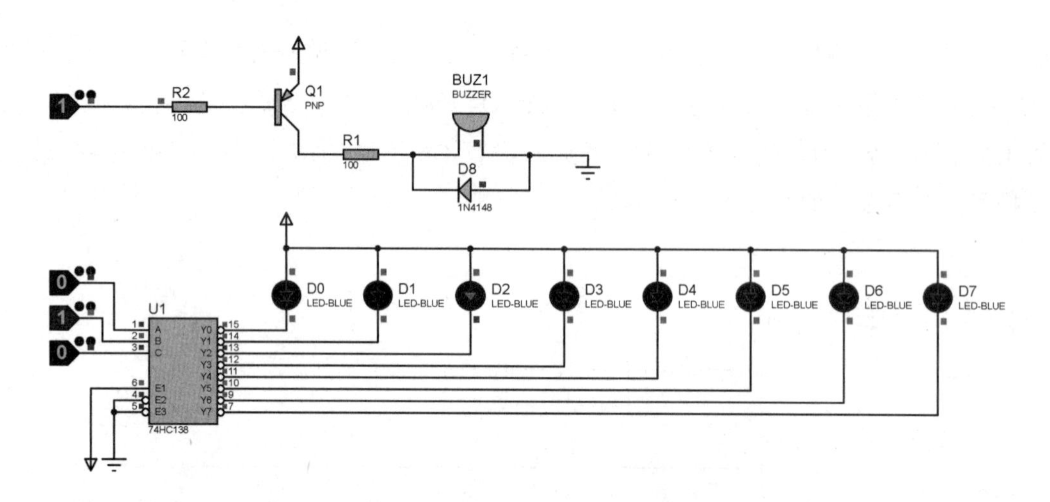

图 4-4-4 声光电路仿真结果 3

将 A 引脚设置为高电平，B 引脚设置为高电平，C 引脚设置为低电平，模拟输入“011”：Y0 引脚输出高电平，发光二极管 D0 不亮；Y1 引脚输出高电平，发光二极管 D1 不亮；Y2 引脚输出高电平，发光二极管 D2 不亮；Y3 引脚输出低电平，发光二极管 D3 亮；Y4 引脚输出高电平，发光二极管 D4 不亮；Y5 引脚输出高电平，发光二极管 D5 不亮；Y6 引脚输出高电平，发光二极管 D6 不亮；Y7 引脚输出高电平，发光二极管 D7 不亮，如图 4-4-5 所示。

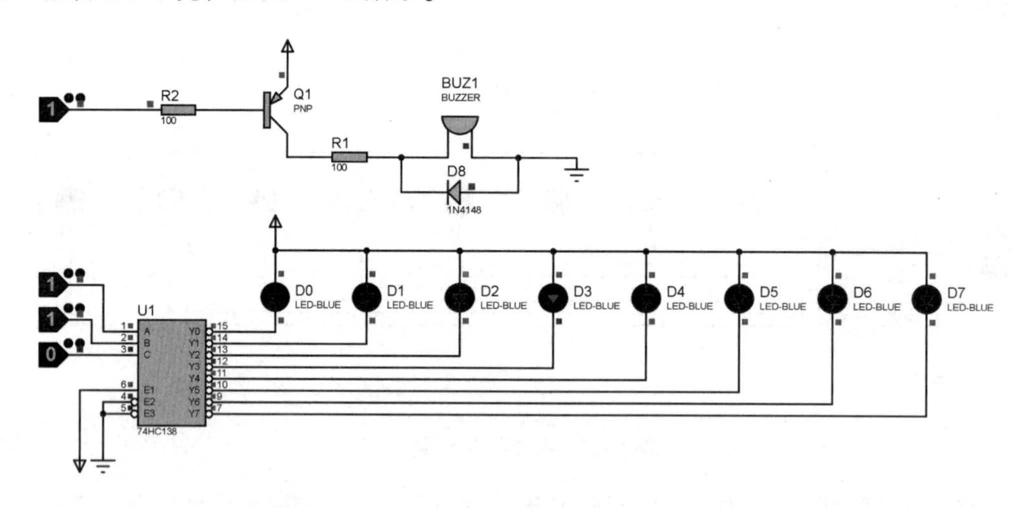

图 4-4-5 声光电路仿真结果 4

将 A 引脚设置为低电平，B 引脚设置为低电平，C 引脚设置为高电平，模拟输入“100”：Y0 引脚输出高电平，发光二极管 D0 不亮；Y1 引脚输出高电平，发光二极管 D1 不亮；Y2 引脚输出高电平，发光二极管 D2 不亮；Y3 引脚输出高电平，发光二极管 D3 不亮；Y4 引脚输出低电平，发光二极管 D4 亮；Y5 引脚输出高电平，发光二极管 D5 不亮；Y6 引脚输出高电平，发光二极管 D6 不亮；Y7 引脚输出高电平，发光二极管 D7 不亮，如图 4-4-6 所示。

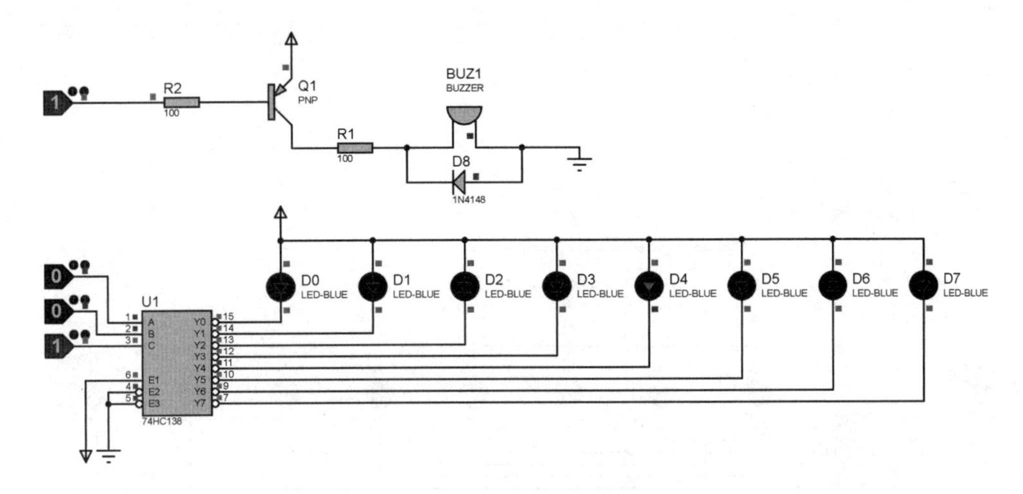

图 4-4-6　声光电路仿真结果 5

将 A 引脚设置为高电平，B 引脚设置为低电平，C 引脚设置为高电平，模拟输入“101”：Y0 引脚输出高电平，发光二极管 D0 不亮；Y1 引脚输出高电平，发光二极管 D1 不亮；Y2 引脚输出高电平，发光二极管 D2 不亮；Y3 引脚输出高电平，发光二极管 D3 不亮；Y4 引脚输出高电平，发光二极管 D4 不亮；Y5 引脚输出低电平，发光二极管 D5 亮；Y6 引脚输出高电平，发光二极管 D6 不亮；Y7 引脚输出高电平，发光二极管 D7 不亮，如图 4-4-7 所示。

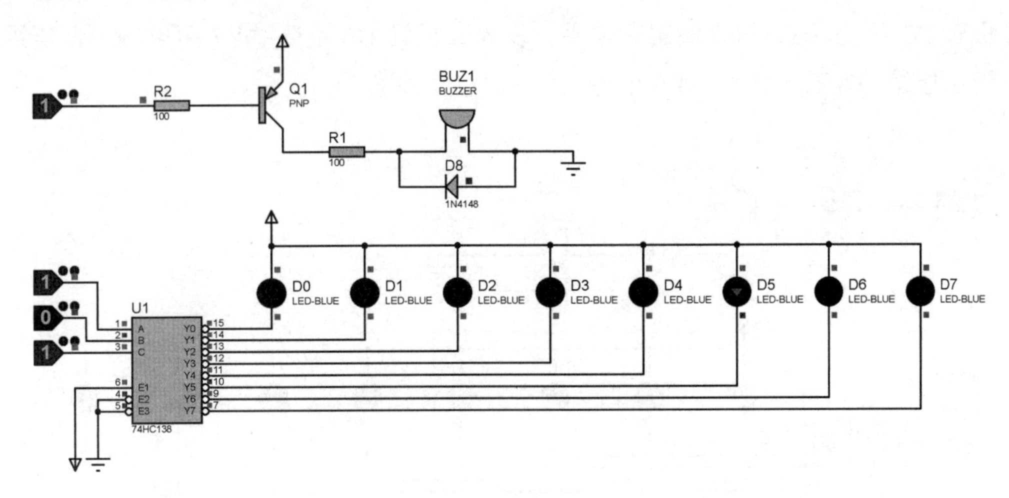

图 4-4-7　声光电路仿真结果 6

将 A 引脚设置为低电平，B 引脚设置为高电平，C 引脚设置为接高电平，模拟输入“110”：Y0 引脚输出高电平，发光二极管 D0 不亮；Y1 引脚输出高电平，发光二极管 D1 不亮；Y2 引脚输出高电平，发光二极管 D2 不亮；Y3 引脚输出高电平，发光二极管 D3 不亮；Y4 引脚输出高电平，发光二极管 D4 不亮；Y5 引脚输出高电平，发光二极管 D5 不亮；Y6 引脚输出低电平，发光二极管 D6 亮；Y7 引脚输出高电平，发光二极管 D7 不亮，如图 4-4-8 所示。

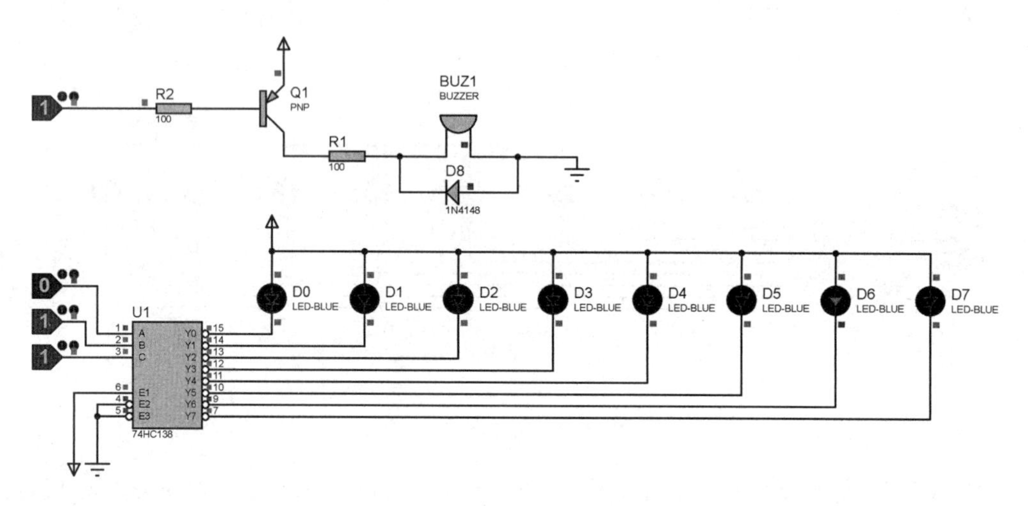

图 4-4-8　声光电路仿真结果 7

将 A 引脚设置为高电平，B 引脚设置为高电平，C 引脚设置为高电平，模拟输入“111”：Y0 引脚输出高电平，发光二极管 D0 不亮；Y1 引脚输出高电平，发光二极管 D1 不亮；Y2 引脚输出高电平，发光二极管 D2 不亮；Y3 引脚输出高电平，发光二极管 D3 不亮；Y4 引脚输出高电平，发光二极管 D4 不亮；Y5 引脚输出高电平，发光二极管 D5 不亮；Y6 引脚输出高电平，发光二极管 D6 不亮；Y7 引脚输出低电平，发光二极管 D7 亮，如图 4-4-9 所示。

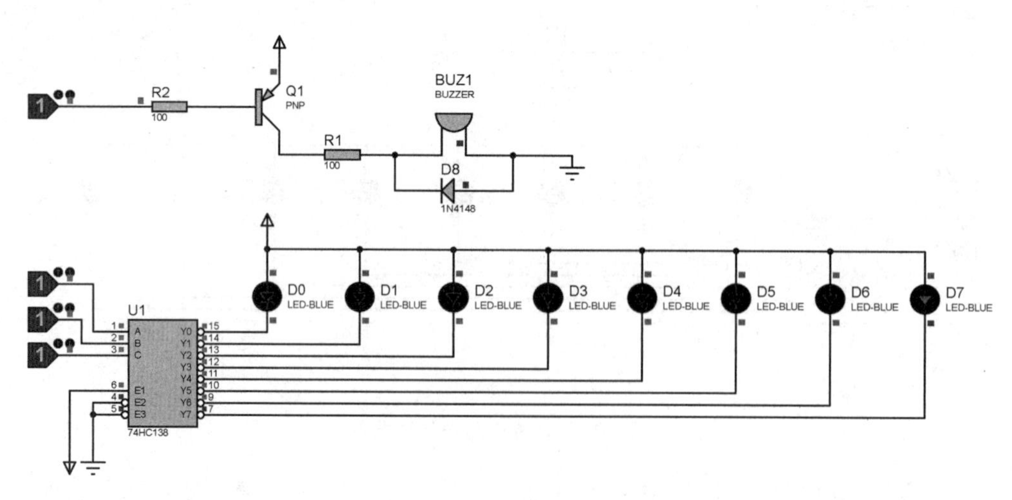

图 4-4-9　声光电路仿真结果 8

向三极管输入低电平，蜂鸣器响起，如图 4-4-10 所示。

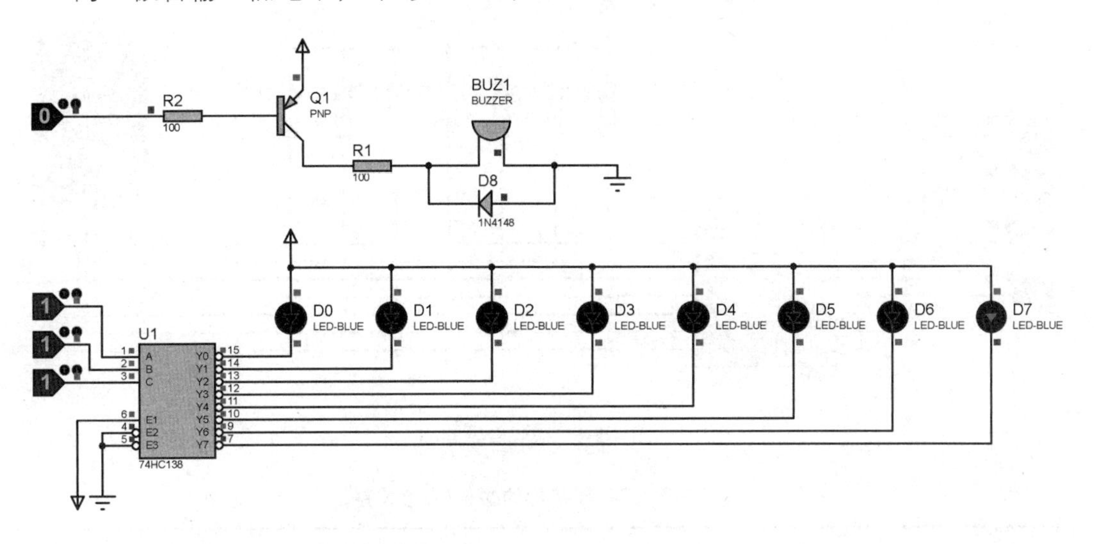

图 4-4-10　声光电路仿真结果 9

至此，声光电路仿真完毕。

小提示

◎扫描右侧二维码可观看声光电路仿真。

4.5 数码管电路

4.5.1 电路设计

在 Proteus 软件中绘制如图 4-5-1 所示的数码管电路。数码管电路由 7448 芯片、电阻和数码管组成。

1 个 7448 芯片可以驱动 1 个数码管，通过向 A 引脚、B 引脚、C 引脚、D 引脚输入逻辑高低电平，可以控制 QA 引脚、QB 引脚、QC 引脚、QD 引脚、QE 引脚、QF 引脚、QG 引脚输出电平的高低，逻辑关系如表 4-5-1 所示。

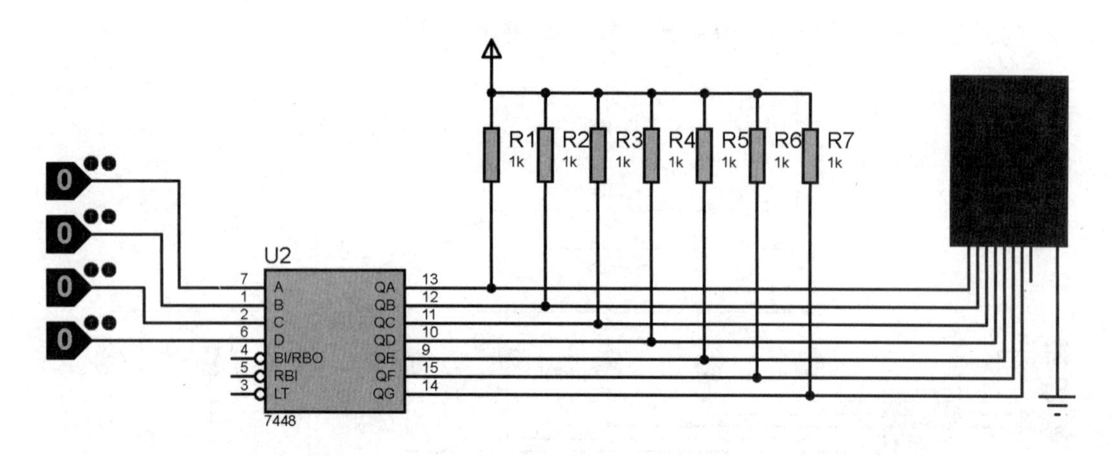

图 4-5-1　数码管电路

表 4-5-1　7448 芯片的输入/输出关系

类型	输入				输出						
引脚名称	A	B	C	D	QA	QB	QC	QD	QE	QF	QG
电平	0	0	0	0	1	1	1	1	1	1	0
电平	1	0	0	0	0	1	1	0	0	0	0
电平	0	1	0	0	1	1	0	1	1	0	1
电平	1	1	0	0	1	1	1	1	0	0	1
电平	0	0	1	0	0	1	1	0	0	1	1
电平	1	0	1	0	1	0	1	1	0	1	1
电平	0	1	1	0	0	0	1	1	1	1	1
电平	1	1	1	0	1	1	1	0	0	0	0
电平	0	0	0	1	1	1	1	1	1	1	1
电平	1	0	0	1	1	1	1	0	0	1	1

至此，数码管电路设计完毕。

4.5.2　电路仿真

执行 Debug → Run Simulation 命令，仿真运行数码管电路。将 A 引脚设置为低电平，B 引脚设置为低电平，C 引脚设置为低电平，D 引脚设置为低电平，模拟输入“0000”，代表十进制数字 0，QA 引脚输出高电平，QB 引脚输出高电平，QC 引脚输出高电平，QD 引脚输出高电平，QE 引脚输出高电平，QF 引脚输出高电平，QG 引脚输出低电平，七段数码管显示“0”，如图 4-5-2 所示。

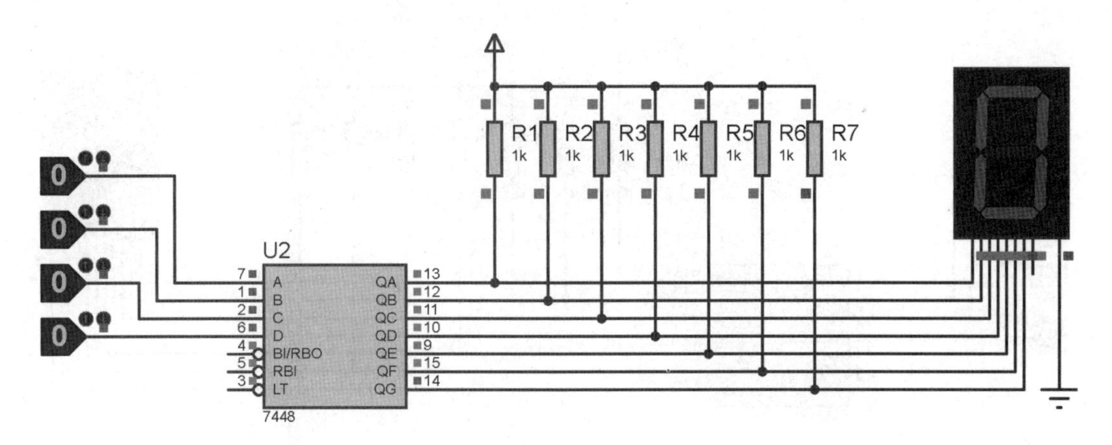

图 4-5-2 数码管电路仿真结果 1

将 A 引脚设置为高电平，B 引脚设置为低电平，C 引脚设置为低电平，D 引脚设置为低电平，模拟输入“0001”，代表十进制数字 1，QA 引脚输出低电平，QB 引脚输出高电平，QC 引脚输出高电平，QD 引脚输出低电平，QE 引脚输出低电平，QF 引脚输出低电平，QG 引脚输出低电平，七段数码管显示“1”，如图 4-5-3 所示。

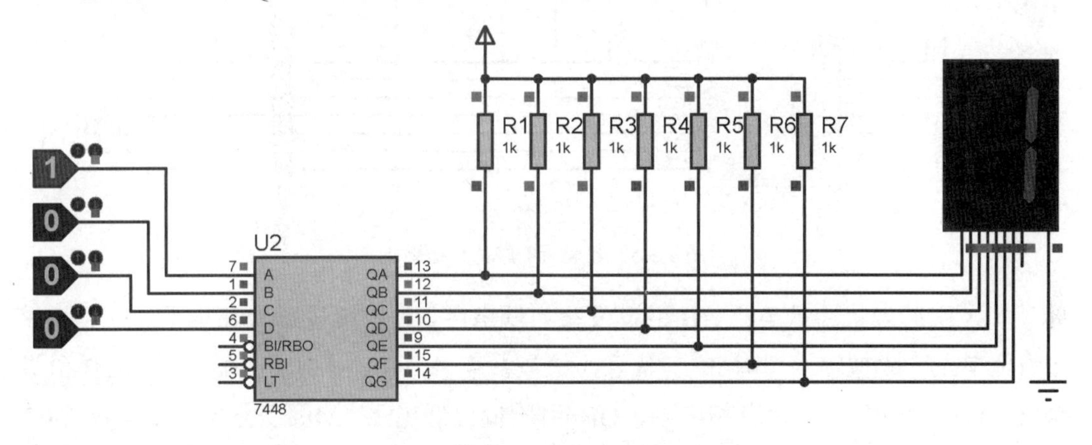

图 4-5-3　数码管电路仿真结果 2

将 A 引脚设置为低电平，B 引脚设置为高电平，C 引脚设置为低电平，D 引脚设置为低电平，模拟输入“0010”，代表十进制数字 2，QA 引脚输出高电平，QB 引脚输出高电平，QC 引脚输出低电平，QD 引脚输出高电平，QE 引脚输出高电平，QF 引脚输出低电平，QG 引脚输出高电平，七段数码管中显示“2”，如图 4-5-4 所示。

将 A 引脚设置为高电平，B 引脚设置为高电平，C 引脚设置为低电平，D 引脚设置为低电平，模拟输入“0011”，代表十进制数字 3，QA 引脚输出高电平，QB 引脚输出高电平，QC 引脚输出高电平，QD 引脚输出高电平，QE 引脚输出低电平，QF 引脚输出低电平，QG 引脚输出高电平，七段数码管显示“3”，如图 4-5-5 所示。

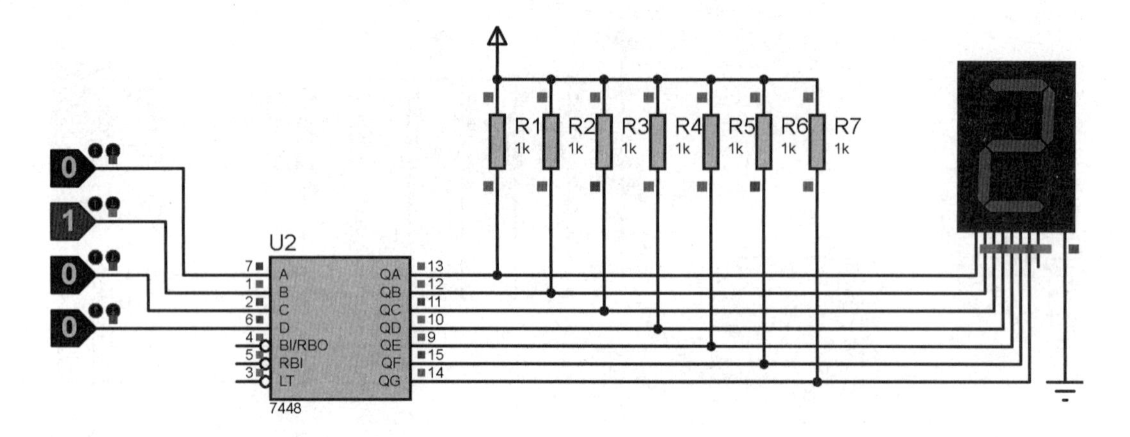

图 4-5-4　数码管电路仿真结果 3

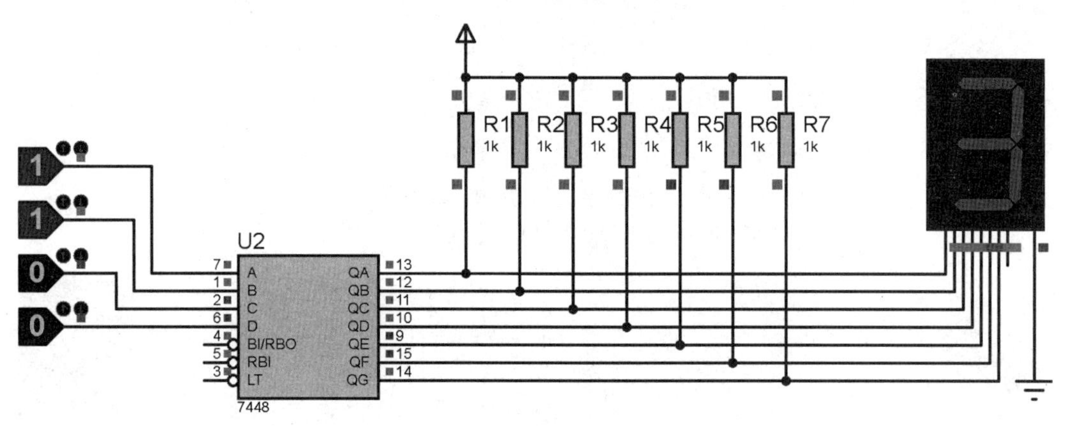

图 4-5-5　数码管电路仿真结果 4

将 A 引脚设置为低电平，B 引脚设置为低电平，C 引脚设置为高电平，D 引脚设置为低电平，模拟输入“0100”，代表十进制数字 4，QA 引脚输出低电平，QB 引脚输出高电平，QC 引脚输出高电平，QD 引脚输出低电平，QE 引脚输出低电平，QF 引脚输出高电平，QG 引脚输出高电平，七段数码管显示“4”，如图 4-5-6 所示。

将 A 引脚设置为高电平，B 引脚设置为低电平，C 引脚设置为高电平，D 引脚设置为低电平，模拟输入“0101”，代表十进制数字 5，QA 引脚输出高电平，QB 引脚输出低电平，QC 引脚输出高电平，QD 引脚输出高电平，QE 引脚输出低电平，QF 引脚输出高电平，QG 引脚输出高电平，七段数码管显示“5”，如图 4-5-7 所示。

将 A 引脚设置为低电平，B 引脚设置为高电平，C 引脚设置为高电平，D 引脚设置为低电平，模拟输入“0110”，代表十进制数字 6，QA 引脚输出低电平，QB 引脚输出低电平，QC 引脚输出高电平，QD 引脚输出高电平，QE 引脚输出高电平，QF 引脚输出高电平，QG 引脚输出高电平，七段数码管显示“6”，如图 4-5-8 所示。

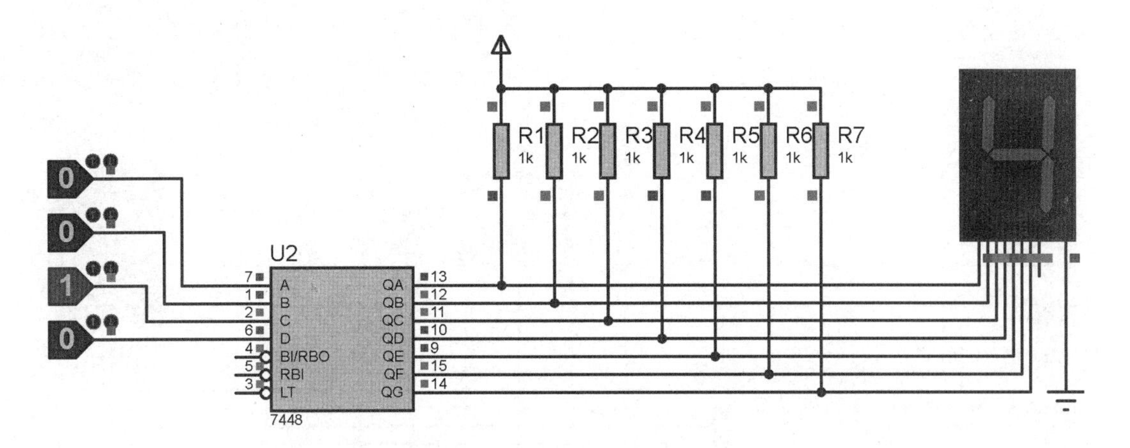

图 4-5-6　数码管电路仿真结果 5

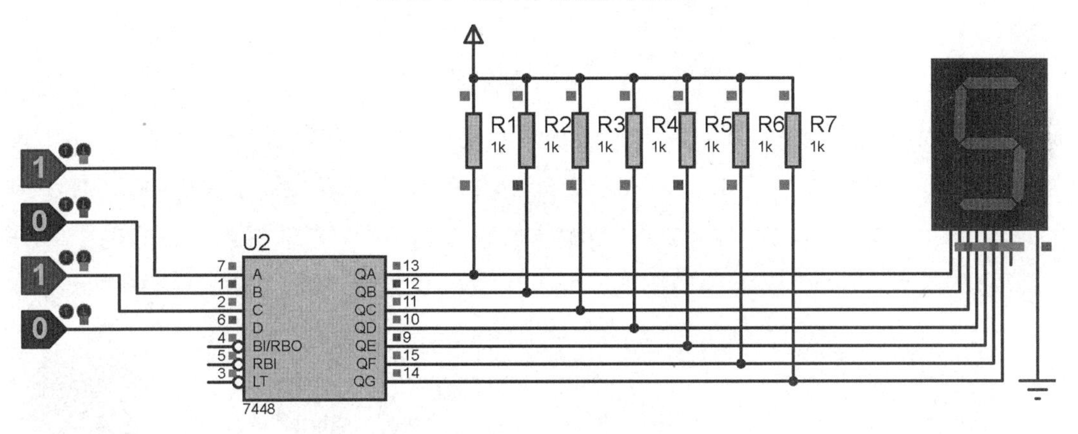

图 4-5-7　数码管电路仿真结果 6

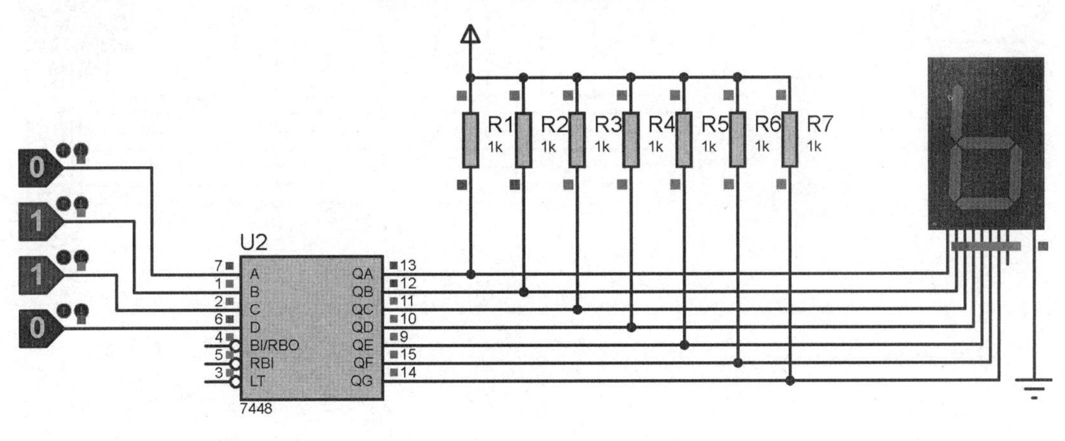

图 4-5-8　数码管电路仿真结果 7

将 A 引脚设置为高电平，B 引脚设置为高电平，C 引脚设置为高电平，D 引脚设置为低电平，模拟输入“0111”，代表十进制数字 7，QA 引脚输出高电平，QB 引脚输出高电平，QC 引脚输出高电平，QD 引脚输出低电平，QE 引脚输出低电平，QF 引脚输出低电平，QG 引脚输出低电平，七段数码管显示“7”，如图 4-5-9 所示。

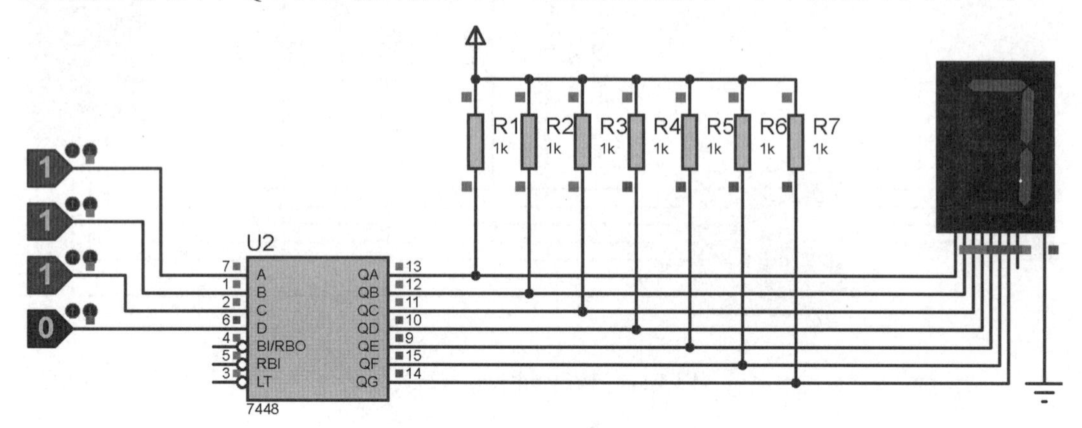

图 4-5-9　数码管电路仿真结果 8

将 A 引脚设置为低电平，B 引脚设置为低电平，C 引脚设置为低电平，D 引脚设置为高电平，模拟输入“1000”，代表十进制数字 8，QA 引脚输出高电平，QB 引脚输出高电平，QC 引脚输出高电平，QD 引脚输出高电平，QE 引脚输出高电平，QF 引脚输出高电平，QG 引脚输出高电平，七段数码管显示“8”，如图 4-5-10 所示。

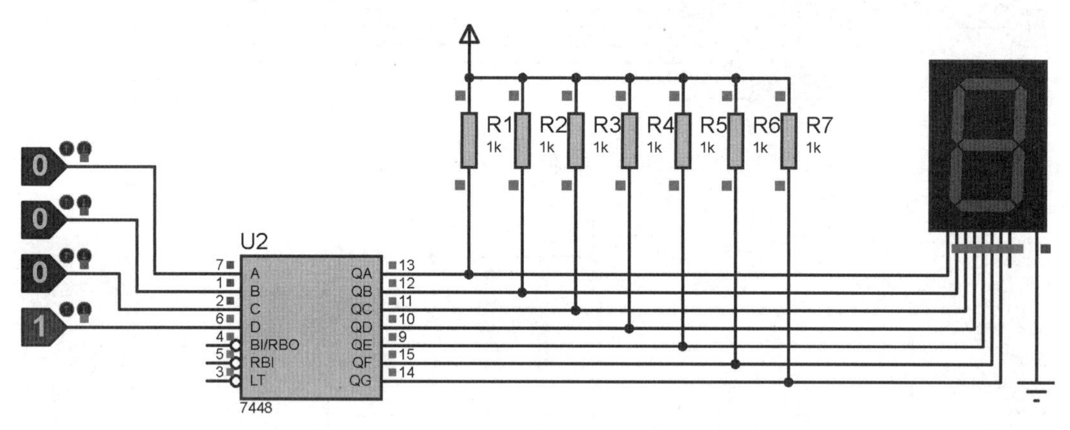

图 4-5-10　数码管电路仿真结果 9

将 A 引脚设置为高电平，B 引脚设置为低电平，C 引脚设置为低电平，D 引脚设置为高电平，模拟输入“1001”，代表十进制数字 9，QA 引脚输出高电平，QB 引脚输出高电平，QC 引脚输出高电平，QD 引脚输出低电平，QE 引脚输出低电平，QF 引脚输出高电平，QG 引脚输出高电平，七段数码管显示“9”，如图 4-5-11 所示。

至此，数码管电路仿真完毕。

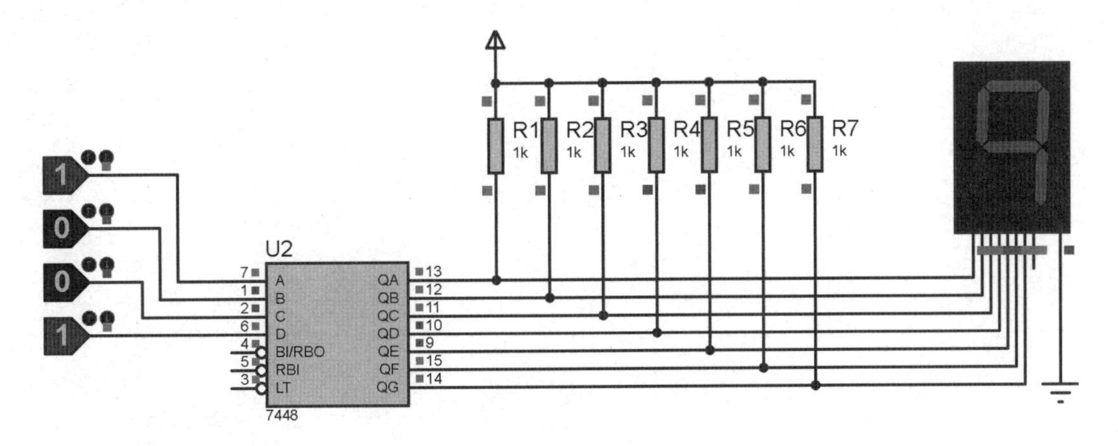

图 4-5-11　数码管电路仿真结果 10

小提示

◎扫描右侧二维码可观看数码管电路仿真过程。

第5章

基于51单片机的智能小车机器人仿真

5.1 电路设计

5.1.1 硬件系统框图

智能小车机器人电路硬件系统主要包括单片机最小系统电路、循迹传感器电路、电动机驱动电路、电源网络，图 5-1-1 所示。

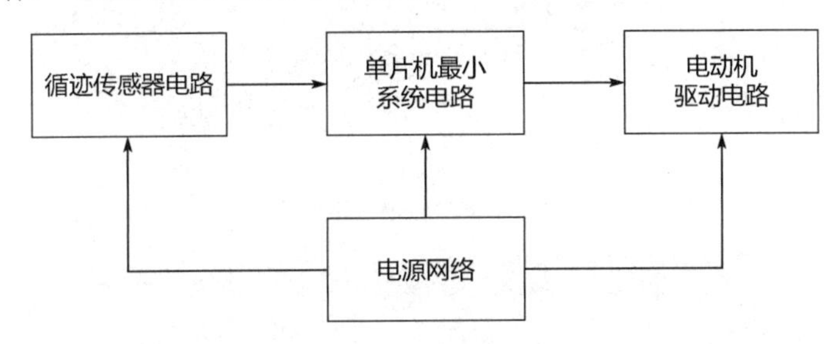

图 5-1-1　智能小车机器人电路最简硬件系统框图

小提示

◎本章采用最简智能小车机器人电路。

◎电源电路用 Proteus 软件中的电源网络即可。

5.1.2 整体电路

整体电路包含单片机最小系统电路、循迹传感器电路和电动机驱动电路。其中，单片机最小系统电路包含单片机电路、晶振电路和复位电路。单片机最小系统电路的主要作用是对传感器电路采集到的信息进行加工处理，并根据信息处理结果驱动电动机驱动电路。绘制出的单片机最小系统电路如图 5-1-2 所示。

复位电路采用上电复位的形式。双击晶振，弹出“Edit Component”对话框，将 Frequency 设置为“12MHz”，其他参数保持默认设置，如图 5-1-3 所示。晶振参数设置完毕后，单击“Edit Component”对话框中的 OK 按钮。

智能小车机器人共包含 4 路循迹传感器电路。在 Proteus 软件中绘制出的 4 路循迹传感器电路如图 5-1-4 所示。

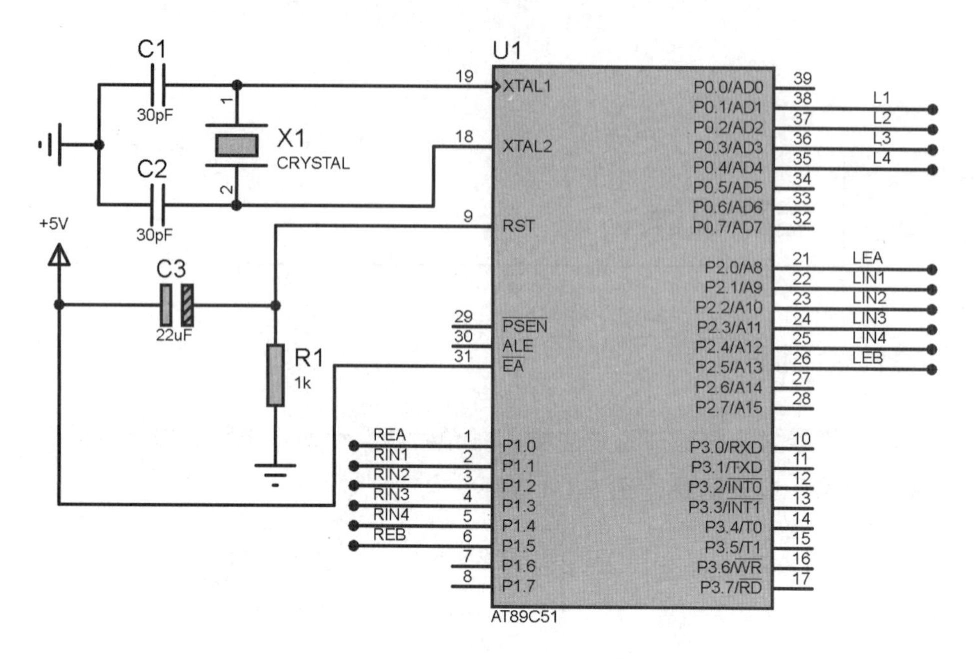

图 5-1-2　单片机最小系统电路

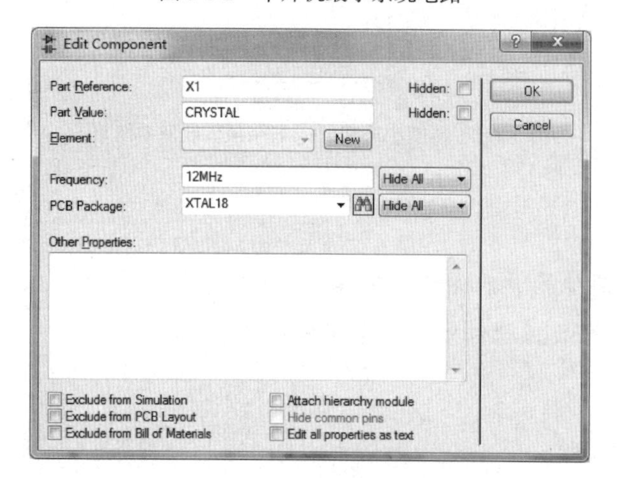

图 5-1-3　“Edit Component”对话框

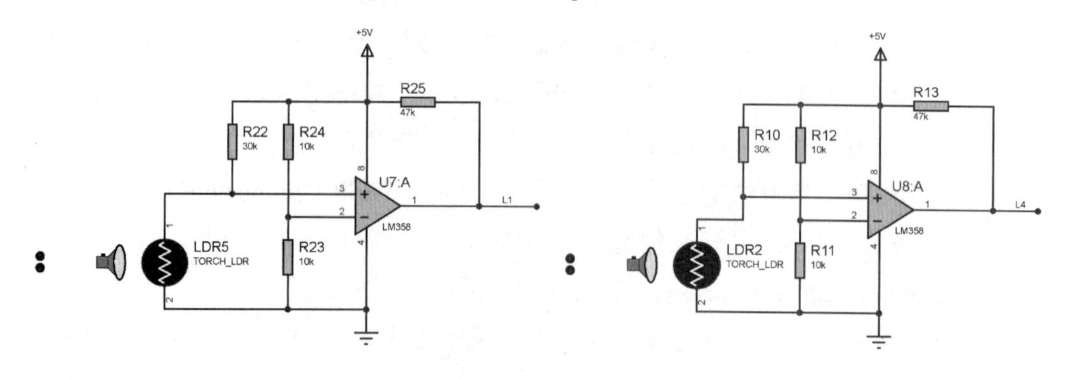

图 5-1-4　循迹传感器电路

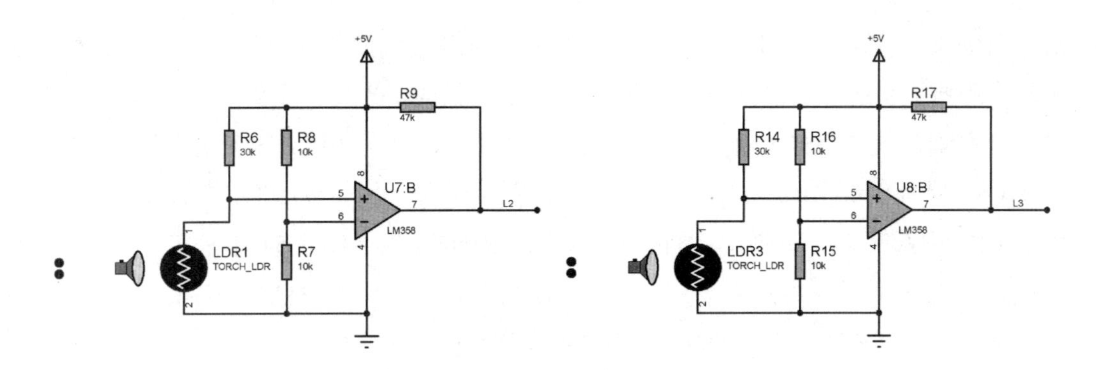

图 5-1-4　循迹传感器电路（续）

元件 U7:A 和元件 U7:B 构成一个 LM358 电压比较器，元件 U8:A 和元件 U8:B 构成另一个 LM358 电压比较器。第 1 路循迹传感器电路中的元件 U7:A 的引脚 1 通过网络标号“L1”与 AT89C51 单片机的 P0.1 引脚相连，第 2 路循迹传感器电路中的元件 U7:B 的引脚 7 通过网络标号“L2”与 AT89C51 单片机的 P0.2 引脚相连，第 3 路循迹传感器电路中的元件 U8:B 的引脚 7 通过网络标号“L3”与 AT89C51 单片机的 P0.3 引脚相连，第 4 路循迹传感器电路中的元件 U8:A 的引脚 1 通过网络标号“L4”与 AT89C51 单片机的 P0.4 引脚相连。

本例中的电动机驱动电路可以驱动 4 个电动机。在 Proteus 软件中绘制出的电动机驱动电路如图 5-1-5 所示。

元件 U3 是 L298 电动机驱动芯片，用来驱动智能小车机器人左侧的直流电动机；二极管 D5、二极管 D10、二极管 D11、二极管 D12、二极管 D13、二极管 D14、二极管 D15、二极管 D16 的作用是防止直流电动机 M1 和直流电动机 M2 转动时产生的电动势击穿元件 U3。元件 U3 的引脚 9 接+5V 电源网络，引脚 4 接+12V 电源网络，引脚 1、引脚 15 和引脚 8 接 GND 网络，引脚 2 和引脚 3 分别接直流电动机 M1 的两个引脚，引脚 13 和引脚 14 分别接直流电动机 M2 的两个引脚，引脚 5 通过网络标号“LIN1”与 AT89C51 单片机的 P2.1 引脚相连，引脚 7 通过网络标号“LIN2”与 AT89C51 单片机的 P2.2 引脚相连，引脚 10 通过网络标号“LIN3”与 AT89C51 单片机的 P2.3 引脚相连，引脚 12 通过网络标号“LIN4”与 AT89C51 单片机的 P2.4 引脚相连，引脚 6 通过网络标号“LEA”与 AT89C51 单片机的 P2.0 引脚相连，引脚 11 通过网络标号“LEB”与 AT89C51 单片机的 P2.5 引脚相连。

元件 U6 也是 L298 电动机驱动芯片，用来驱动智能小车机器人右侧的直流电动机，二极管 D17、二极管 D18、二极管 D19、二极管 D20、二极管 D21、二极管 D22、二极管 D23 和二极管 D24 的作用是防止直流电动机 M3 和直流电动机 M4 转动时产生的电动势击穿元件 U6。元件 U6 的引脚 9 接+5V 电源网络，引脚 4 接+12V 电源网络，引脚 1、引脚 15 和引脚 8 接 GND 网络，引脚 2 和引脚 3 分别接直流电动机 M3 的两个引脚，引脚 13 和引脚 14 分别接直流电动机 M4 的两个引脚，引脚 5 通过网络标号“RIN1”与 AT89C51 单片机的 P1.1 引脚相连，引脚 7 通过网络标号“RIN2”与 AT89C51 单片机的 P1.2 引脚相连，引脚 10 通过网络标号“RIN3”与 AT89C51 单片机的 P1.3 引脚相连，引脚 12 通过网络标号“RIN4”与 AT89C51 单片机的 P1.4 引脚相连，引脚 6 通过网络标号“REA”与 AT89C51 单片机的 P1.0 引脚相连，引脚 11 通过网络标号“REB”与 AT89C51 单片机的 P1.5 引脚相连。

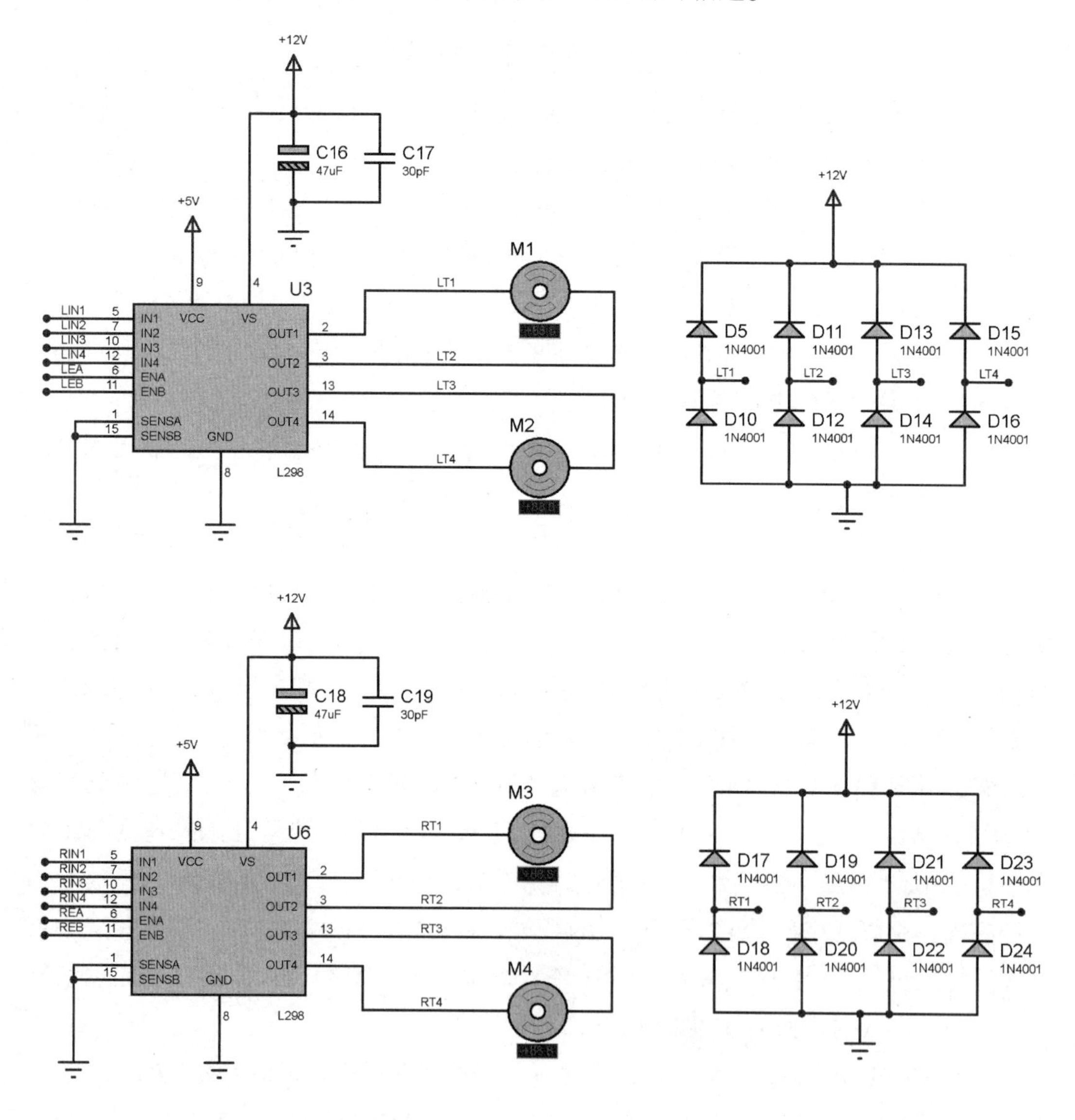

图 5-1-5　电动机驱动电路

至此，智能小车机器人整体电路设计完毕。

5.2 单片机程序设计

5.2.1 主要程序功能

启动 Keil μVision4 软件，在主界面中执行 Project→ New μVision Project... 命令，如图 5-2-1 所示，弹出“Create New Project”对话框，将文件命名为“SmartCar”，并选择合适的存储路径，如图 5-2-2 所示。

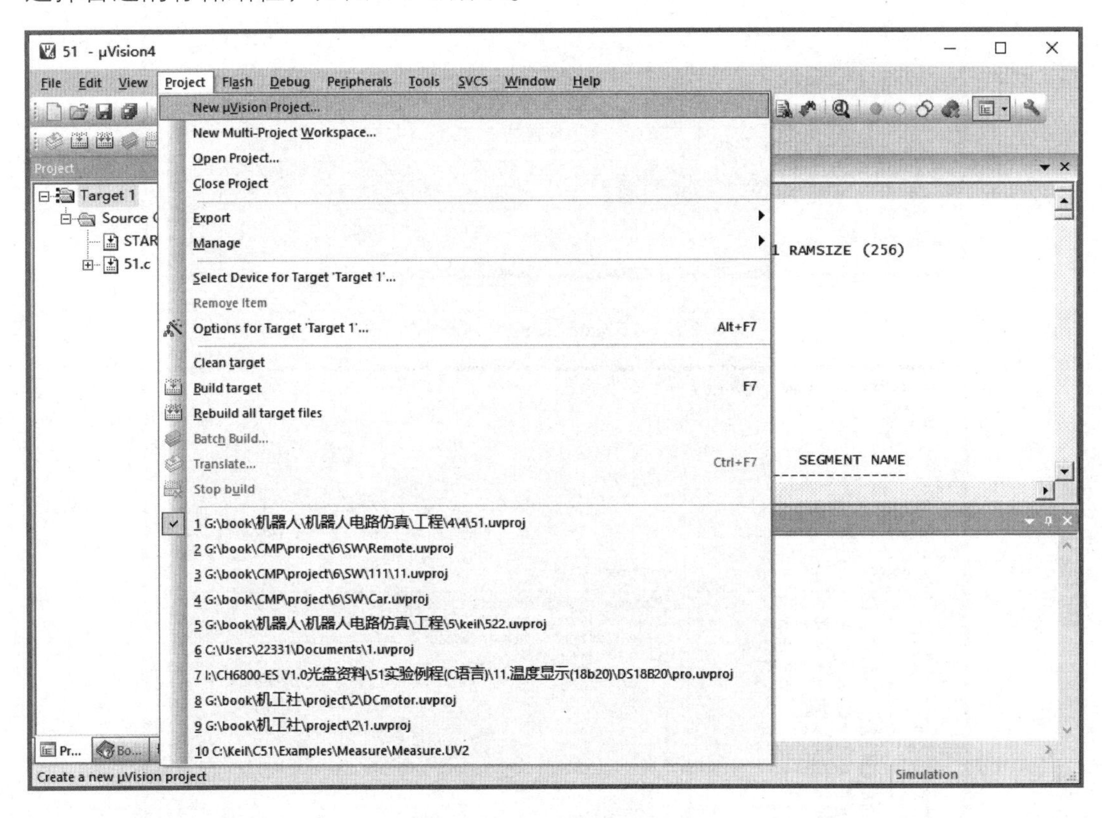

图 5-2-1　新建项目命令

单击“Create New Project”对话框中的 保存(S) 按钮，弹出“Select Device for Target 'Target1'...”对话框，在“Data base”列表框中选择“AT89C52”选项，如图 5-2-3 所示。

单击“Select Device for Target 'Target1'...”对话框中的 OK 按钮，进入 Keil μVision4 软件的主界面，执行 File → New... 命令，自动创建新文件，如图 5-2-4 所示。

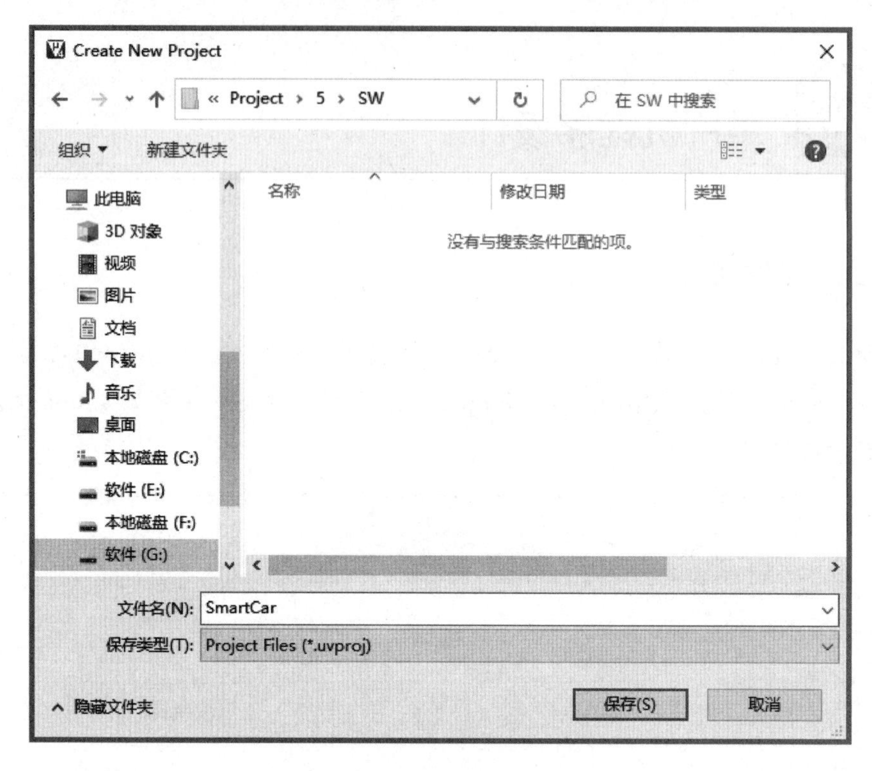

图 5-2-2 “Create New Project”对话框

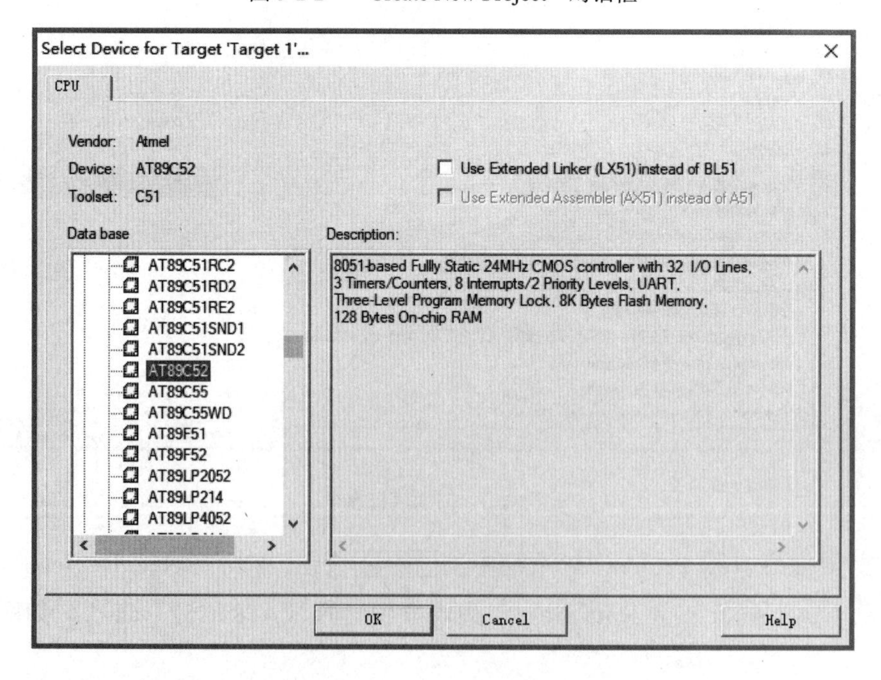

图 5-2-3 “Select Device for Target 'Target1'...”对话框

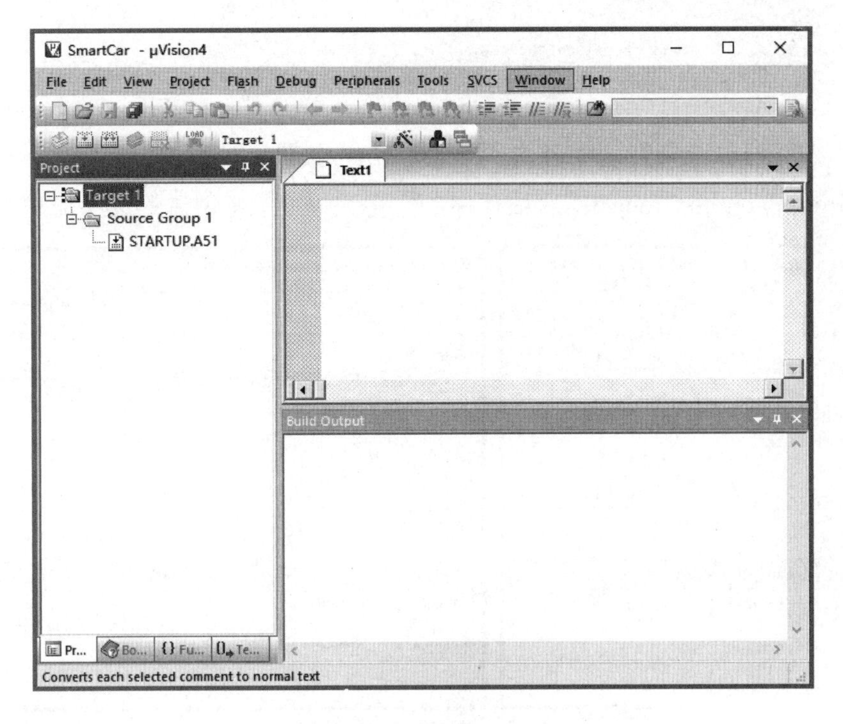

图 5-2-4　创建新文件

执行 File ⟶ Save 命令，弹出“Save As”对话框，将文件命名为“SmartCar.c”，与上面的工程文件保存在同一路径，如图 5-2-5 所示。

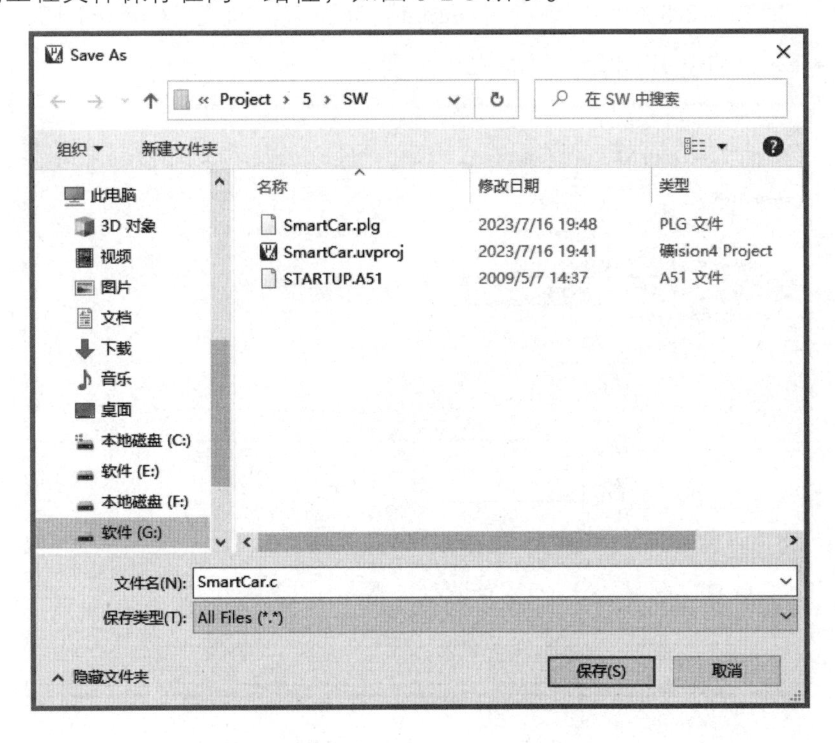

图 5-2-5　“Save As”对话框

右击“Project”窗格中的 Source Group 1 文件夹，弹出如图 5-2-6 所示的快捷键菜单。选择 **Add Files to Group 'Source Group 1'...** 选项，弹出“Add Files to Group 'Source Group 1'”对话框，选择刚刚保存的“SmartCar.c”文件，如图 5-2-7 所示。单击“Add Files to Group 'Source Group 1'”对话框中的 Add 按钮，将创建的文件加入工程项目。

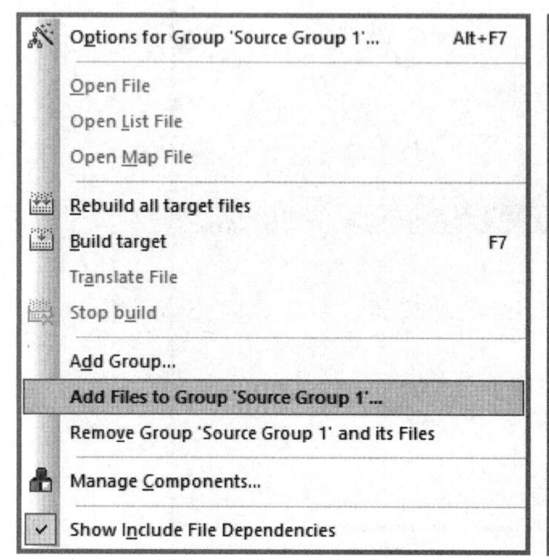

图 5-2-6 弹出的快捷菜单

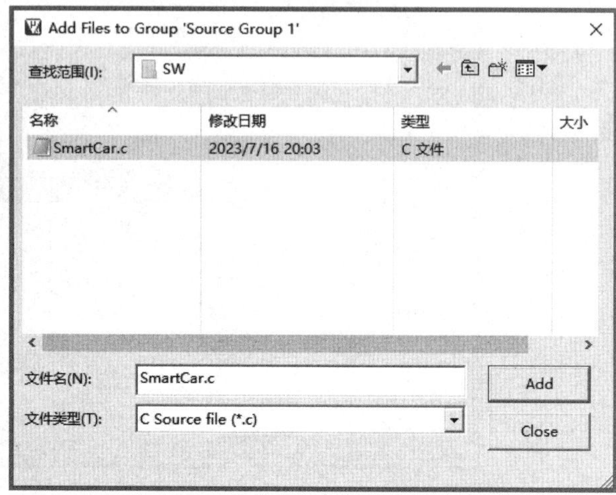

图 5-2-7 “Add Files to Group 'Source Group 1'”对话框

单击图标，弹出“Options for Target 'Target 1'”对话框，将晶振的工作频率设置为“12”，如图 5-2-8 所示。单击“Output”选项卡，勾选“Create HEX File”复选框，创建 HEX 文件，如图 5-2-9 所示。

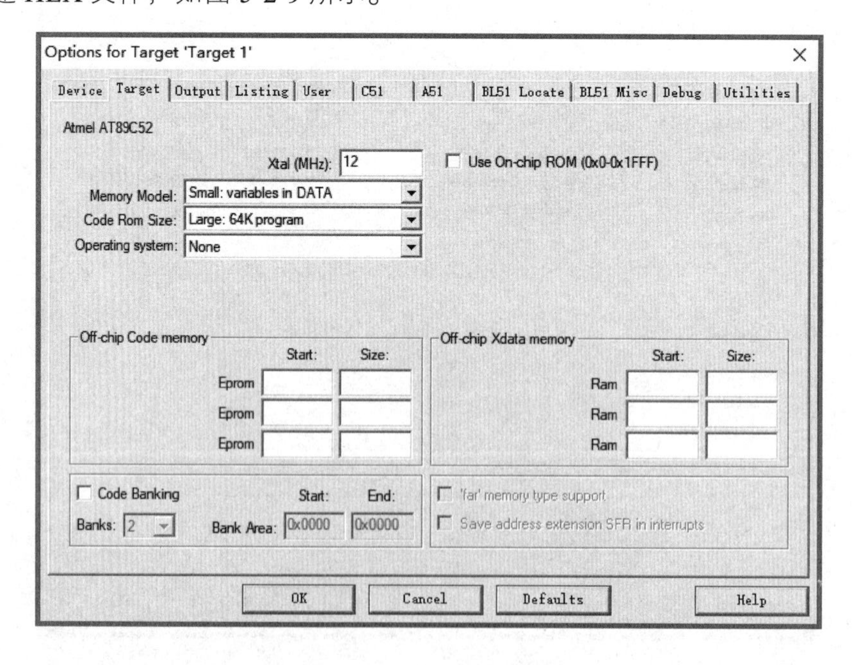

图 5-2-8 设置晶振参数

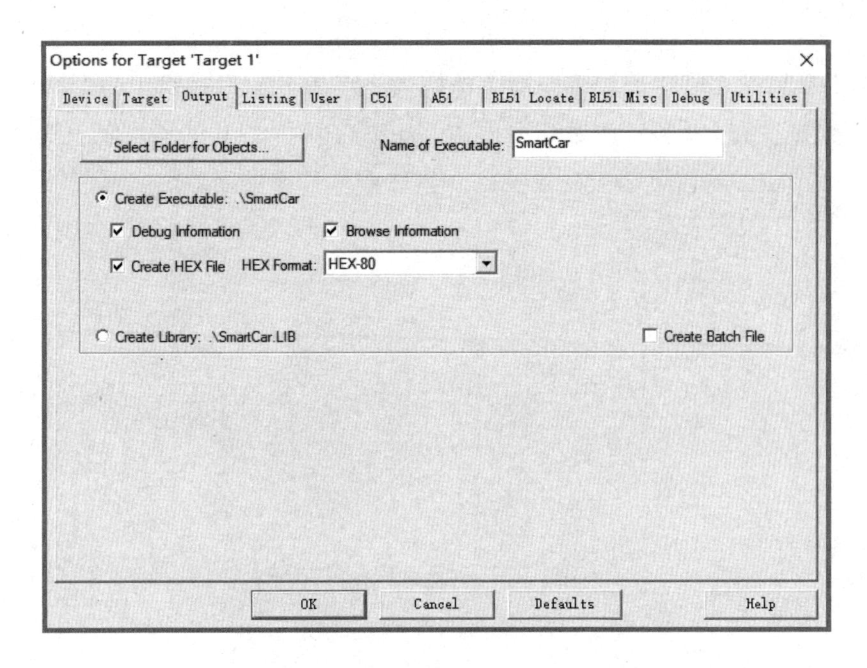

图 5-2-9　创建 HEX 文件

新建工程完毕后，在主界面编写相关程序。定义单片机引脚，将单片机的 P1.0 引脚定义为“REA”，P1.1 引脚定义为“RIN1”，P1.2 引脚定义为“RIN2”，P1.3 引脚定义为“RIN3”，P1.4 引脚定义为“RIN4”，P1.5 引脚定义为“REB”，P0.1 引脚定义为“L1”，P0.2 引脚定义为“L2”，P0.3 引脚定义为“L3”，P0.4 引脚定义为“L4”，P2.0 引脚定义为“LEA”，P2.1 引脚定义为“LIN1”，P2.2 引脚定义为“LIN2”，P2.3 引脚定义为“LIN3”，P2.4 引脚定义为“LIN4”，P2.5 引脚定义为“LEB”，具体程序如下所示。

```
sbit REA = P1^0;
sbit RIN1 = P1^1;
sbit RIN2 = P1^2;
sbit RIN3 = P1^3;
sbit RIN4 = P1^4;
sbit REB = P1^5;
sbit L1 = P0^1;
sbit L2 = P0^2;
sbit L3 = P0^3;
sbit L4 = P0^4;
sbit LEA = P2^0;
sbit LIN1 = P2^1;
sbit LIN2 = P2^2;
sbit LIN3 = P2^3;
sbit LIN4 = P2^4;
sbit LEB = P2^5;
```

智能小车机器人的内部时钟中断子函数用来产生 PWM 信号。time1、time2、flag1、flag2 均为全局变量，所有子函数均可调用。修改 TH0 和 TL0 的值可以改变脉冲周期；修改 flag1 和 flag2 的值可以改变占空比。具体程序如下所示。

```
void tim0() interrupt 1
{
    TR0=0;
    TH0=(65536-100)/256;
    TL0=(65536-100)%256;
    TR0=1;

    time1++;
    time2++;

    if(time1 >= 100)
    {
        time1 = 0;
    }

    if(time2 >= 100)
    {
        time2 = 0;
    }

    if(time1 <= flag1)
    {
        REA = 1;
        REB = 1;
    }
    else
    {
        REA = 0;
        REB = 0;
    }

    if(time2 <= flag2)
    {
        LEA = 1;
        LEB = 1;
    }
    else
    {
```

```
        LEA = 0;
        LEB = 0;
    }
}
```

前进模式子函数的主要功能是驱动智能小车机器人前进。智能小车机器人的前进速度分为 4 个等级，具体程序如下。

```
void forward_100()
{
    flag1 = 100;
    flag2 = 100;

    LIN1 = 1;
    LIN2 = 0;
    LIN3 = 0;
    LIN4 = 1;

    RIN1 = 0;
    RIN2 = 1;
    RIN3 = 1;
    RIN4 = 0;
}

void forward_75()
{
    flag1 = 75;
    flag2 = 75;

    LIN1 = 1;
    LIN2 = 0;
    LIN3 = 0;
    LIN4 = 1;

    RIN1 = 0;
    RIN2 = 1;
    RIN3 = 1;
    RIN4 = 0;
}

void forward_50()
{
    flag1 = 50;
```

```
    flag2 = 50;

    LIN1 = 1;
    LIN2 = 0;
    LIN3 = 0;
    LIN4 = 1;

    RIN1 = 0;
    RIN2 = 1;
    RIN3 = 1;
    RIN4 = 0;
}

void forward_25()
{
    flag1 = 25;
    flag2 = 25;

    LIN1 = 1;
    LIN2 = 0;
    LIN3 = 0;
    LIN4 = 1;

    RIN1 = 0;
    RIN2 = 1;
    RIN3 = 1;
    RIN4 = 0;
}
```

后退模式子函数的主要功能是驱动智能小车机器人后退。智能小车机器人的后退速度分为 4 个等级，具体程序如下。

```
void goback_100()
{
    flag1 = 100;
    flag2 = 100;

    LIN1 = 0;
    LIN2 = 1;
    LIN3 = 1;
    LIN4 = 0;

    RIN1 = 1;
```

```
    RIN2 = 0;
    RIN3 = 0;
    RIN4 = 1;
}

void goback_75()
{
    flag1 = 75;
    flag2 = 75;

    LIN1 = 0;
    LIN2 = 1;
    LIN3 = 1;
    LIN4 = 0;

    RIN1 = 1;
    RIN2 = 0;
    RIN3 = 0;
    RIN4 = 1;
}

void goback_50()
{
    flag1 = 50;
    flag2 = 50;

    LIN1 = 0;
    LIN2 = 1;
    LIN3 = 1;
    LIN4 = 0;

    RIN1 = 1;
    RIN2 = 0;
    RIN3 = 0;
    RIN4 = 1;
}

void goback_25()
{
    flag1 = 25;
    flag2 = 25;

    LIN1 = 0;
```

```
    LIN2 = 1;
    LIN3 = 1;
    LIN4 = 0;

    RIN1 = 1;
    RIN2 = 0;
    RIN3 = 0;
    RIN4 = 1;
}
```

左转模式子函数的主要功能是驱动智能小车机器人左转。智能小车机器人右侧驱动电动机的转速要大于左侧驱动电动机的转速才能实现左转，左、右两侧的转速差越大，智能小车机器人的转弯半径越小，具体程序如下。

```
void turnLeft_100()
{
    flag1 = 100;
    flag2 = 0;

    LIN1 = 1;
    LIN2 = 0;
    LIN3 = 0;
    LIN4 = 1;

    RIN1 = 0;
    RIN2 = 1;
    RIN3 = 1;
    RIN4 = 0;
}

void turnLeft_75()
{
    flag1 = 100;
    flag2 = 25;

    LIN1 = 1;
    LIN2 = 0;
    LIN3 = 0;
    LIN4 = 1;

    RIN1 = 0;
    RIN2 = 1;
    RIN3 = 1;
```

```
    RIN4 = 0;
}

void turnLeft_50()
{
    flag1 = 100;
    flag2 = 50;

    LIN1 = 1;
    LIN2 = 0;
    LIN3 = 0;
    LIN4 = 1;

    RIN1 = 0;
    RIN2 = 1;
    RIN3 = 1;
    RIN4 = 0;

}

void turnLeft_25()
{
    flag1 = 100;
    flag2 = 50;

    LIN1 = 1;
    LIN2 = 0;
    LIN3 = 0;
    LIN4 = 1;

    RIN1 = 0;
    RIN2 = 1;
    RIN3 = 1;
    RIN4 = 0;
}
```

右转模式子函数的主要功能是驱动智能小车机器人右转。智能小车机器人左侧驱动电动机的转速要大于右侧驱动电动机的转速才能实现右转，左、右两侧的转速差越大，智能小车机器人的转弯半径越小，具体程序如下。

```
void turnRight_100()
{
    flag1 = 0;
```

```
    flag2 = 100;

    LIN1 = 1;
    LIN2 = 0;
    LIN3 = 0;
    LIN4 = 1;

    RIN1 = 0;
    RIN2 = 1;
    RIN3 = 1;
    RIN4 = 0;
}

void turnRight_75()
{

    flag1 = 25;
    flag2 = 100;

    LIN1 = 1;
    LIN2 = 0;
    LIN3 = 0;
    LIN4 = 1;

    RIN1 = 0;
    RIN2 = 1;
    RIN3 = 1;
    RIN4 = 0;
}

void turnRight_50()
{
    flag1 = 50;
    flag2 = 100;

    LIN1 = 1;
    LIN2 = 0;
    LIN3 = 0;
    LIN4 = 1;

    RIN1 = 0;
    RIN2 = 1;
    RIN3 = 1;
```

```
    RIN4 = 0;
}

void turnRight_25()
{
    flag1 = 75;
    flag2 = 100;

    LIN1 = 1;
    LIN2 = 0;
    LIN3 = 0;
    LIN4 = 1;

    RIN1 = 0;
    RIN2 = 1;
    RIN3 = 1;
    RIN4 = 0;
}
```

主函数中循环程序的主要功能是根据循迹传感器电路发送的反馈信号来调用其他函数。本例中主函数中的循环程序如下所示，读者可以根据实际跑道情况进行修改和选择合适的速度。

```
    while(1)
        {

        A: if( (L1 == 0) && (L2 == 0) && (L3 == 0) && (L4 == 0) )
            {
                forward_100();
            }

            if( (L1 == 1) && (L2 == 1) && (L3 == 1) && (L4 == 1) )
            {
                stop();
                Delay10ms( );
                Delay10ms( );
                Delay10ms( );
                Delay10ms( );
                Delay10ms( );
            B: goback_50();
                Delay10ms( );
                Delay10ms( );
                if((L1 == 0) && (L2 == 0) && (L3 == 0) && (L4 == 0))
                    {
```

```
                goto A;
            }
        else
            {
                goto B;
            }
    }

    if( (L1 == 1) && (L2 == 0) && (L3 == 0) && (L4 == 0) )
    {
        turnRight_50();
    }

    if( (L1 == 1) && (L2 == 1) && (L3 == 0) && (L4 == 0) )
    {
        turnRight_75();
    }

    if( (L1 == 1) && (L2 == 1) && (L3 == 1) && (L4 == 0) )
    {
        turnRight_100();
    }

     if( (L1 == 0) && (L2 == 0) && (L3 == 0) && (L4 == 1) )
    {
        turnLeft_50();
    }

     if( (L1 == 0) && (L2 == 0) && (L3 == 1) && (L4 == 1) )
    {
        turnLeft_75();
    }

    if( (L1 == 0) && (L2 == 1) && (L3 == 1) && (L4 == 1) )
    {
        turnLeft_100();
    }
}
```

5.2.2 整体程序

智能小车机器人的整体程序如下所示。

```
#include<reg51.h>
```

```
sbit REA = P1^0;
sbit RIN1 = P1^1;
sbit RIN2 = P1^2;
sbit RIN3 = P1^3;
sbit RIN4 = P1^4;
sbit REB = P1^5;
sbit L1 = P0^1;
sbit L2 = P0^2;
sbit L3 = P0^3;
sbit L4 = P0^4;
sbit LEA = P2^0;
sbit LIN1 = P2^1;
sbit LIN2 = P2^2;
sbit LIN3 = P2^3;
sbit LIN4 = P2^4;
sbit LEB = P2^5;
unsigned int time1;
unsigned int time2;
unsigned char flag1;
unsigned char flag2;
void forward_100();
void forward_75();
void forward_50();
void forward_25();
void goback_100();
void goback_75();
void goback_50();
void goback_25();
void stop();
void turnLeft_100();
void turnLeft_75();
void turnLeft_50();
void turnLeft_25();
void turnRight_100();
void turnRight_75();
void turnRight_50();
void turnRight_25();
void Delay10ms( );
void main()
{
   time1 = 0;
```

```
    time2 = 0;
    flag1 = 0;
    flag2 = 0;

    REA = 0;
    REB = 0;
    LEA = 0;
    LEB = 0;

    LIN1 = 0;
    LIN2 = 0;
    LIN3 = 0;
    LIN4 = 0;

    RIN1 = 0;
    RIN2 = 0;
    RIN3 = 0;
    RIN4 = 0;

//  Left1 = 0;
//  Left2 = 0;
//  Right1 = 0;
//  Right2 = 0;

    TMOD=0x01;
    TH0=(65536-100)/256;
    TL0=(65536-100)%256;
    EA=1;
    ET0=1;
    TR0=1;

    while(1)
        {

         A: if( (L1 == 0) && (L2 == 0) && (L3 == 0) && (L4 == 0) )
            {
                forward_100();
            }

            if( (L1 == 1) && (L2 == 1) && (L3 == 1) && (L4 == 1) )
            {
```

```
        stop();
        Delay10ms( );
        Delay10ms( );
        Delay10ms( );
        Delay10ms( );
        Delay10ms( );
      B: goback_50();
        Delay10ms( );
        Delay10ms( );
        if((L1 == 0) && (L2 == 0) && (L3 == 0) && (L4 == 0))
            {
                goto A;
            }
        else
            {
                goto B;
            }
}

    if( (L1 == 1) && (L2 == 0) && (L3 == 0) && (L4 == 0) )
    {
        turnRight_50();
    }

    if( (L1 == 1) && (L2 == 1) && (L3 == 0) && (L4 == 0) )
    {
        turnRight_75();
    }

    if( (L1 == 1) && (L2 == 1) && (L3 == 1) && (L4 == 0) )
    {
        turnRight_100();
    }

    if( (L1 == 0) && (L2 == 0) && (L3 == 0) && (L4 == 1) )
    {
        turnLeft_50();
    }

    if( (L1 == 0) && (L2 == 0) && (L3 == 1) && (L4 == 1) )
    {
```

```
                turnLeft_75();
            }

            if( (L1 == 0) && (L2 == 1) && (L3 == 1) && (L4 == 1) )
            {
                turnLeft_100();
            }


        }


}

void forward_100()
{
    flag1 = 100;
    flag2 = 100;

    LIN1 = 1;
    LIN2 = 0;
    LIN3 = 0;
    LIN4 = 1;

    RIN1 = 0;
    RIN2 = 1;
    RIN3 = 1;
    RIN4 = 0;
}

void forward_75()
{
    flag1 = 75;
    flag2 = 75;

    LIN1 = 1;
    LIN2 = 0;
    LIN3 = 0;
    LIN4 = 1;

    RIN1 = 0;
```

```
    RIN2 = 1;
    RIN3 = 1;
    RIN4 = 0;
}

void forward_50()
{
    flag1 = 50;
    flag2 = 50;

    LIN1 = 1;
    LIN2 = 0;
    LIN3 = 0;
    LIN4 = 1;

    RIN1 = 0;
    RIN2 = 1;
    RIN3 = 1;
    RIN4 = 0;
}

void forward_25()
{
    flag1 = 25;
    flag2 = 25;

    LIN1 = 1;
    LIN2 = 0;
    LIN3 = 0;
    LIN4 = 1;

    RIN1 = 0;
    RIN2 = 1;
    RIN3 = 1;
    RIN4 = 0;
}

void goback_100()
{
    flag1 = 100;
    flag2 = 100;
```

```
    LIN1 = 0;
    LIN2 = 1;
    LIN3 = 1;
    LIN4 = 0;

    RIN1 = 1;
    RIN2 = 0;
    RIN3 = 0;
    RIN4 = 1;
}

void goback_75()
{
    flag1 = 75;
    flag2 = 75;

    LIN1 = 0;
    LIN2 = 1;
    LIN3 = 1;
    LIN4 = 0;

    RIN1 = 1;
    RIN2 = 0;
    RIN3 = 0;
    RIN4 = 1;
}

void goback_50()
{
    flag1 = 50;
    flag2 = 50;

    LIN1 = 0;
    LIN2 = 1;
    LIN3 = 1;
    LIN4 = 0;

    RIN1 = 1;
    RIN2 = 0;
    RIN3 = 0;
```

```
    RIN4 = 1;
}

void goback_25()
{
    flag1 = 25;
    flag2 = 25;

    LIN1 = 0;
    LIN2 = 1;
    LIN3 = 1;
    LIN4 = 0;

    RIN1 = 1;
    RIN2 = 0;
    RIN3 = 0;
    RIN4 = 1;

}

void stop()
{
    flag1 = 0;
    flag2 = 0;

    LIN1 = 0;
    LIN2 = 0;
    LIN3 = 0;
    LIN4 = 0;

    RIN1 = 0;
    RIN2 = 0;
    RIN3 = 0;
    RIN4 = 0;

}

void turnLeft_100()
{
    flag1 = 100;
    flag2 = 0;
```

```
    LIN1 = 1;
    LIN2 = 0;
    LIN3 = 0;
    LIN4 = 1;

    RIN1 = 0;
    RIN2 = 1;
    RIN3 = 1;
    RIN4 = 0;
}

void turnLeft_75()
{
    flag1 = 100;
    flag2 = 25;

    LIN1 = 1;
    LIN2 = 0;
    LIN3 = 0;
    LIN4 = 1;

    RIN1 = 0;
    RIN2 = 1;
    RIN3 = 1;
    RIN4 = 0;
}

void turnLeft_50()
{
    flag1 = 100;
    flag2 = 50;

    LIN1 = 1;
    LIN2 = 0;
    LIN3 = 0;
    LIN4 = 1;

    RIN1 = 0;
    RIN2 = 1;
    RIN3 = 1;
```

```
    RIN4 = 0;
}

void turnLeft_25()
{
    flag1 = 100;
    flag2 = 50;

    LIN1 = 1;
    LIN2 = 0;
    LIN3 = 0;
    LIN4 = 1;

    RIN1 = 0;
    RIN2 = 1;
    RIN3 = 1;
    RIN4 = 0;
}

void turnRight_100()
{
    flag1 = 0;
    flag2 = 100;

    LIN1 = 1;
    LIN2 = 0;
    LIN3 = 0;
    LIN4 = 1;

    RIN1 = 0;
    RIN2 = 1;
    RIN3 = 1;
    RIN4 = 0;

}

void turnRight_75()
{
    flag1 = 25;
    flag2 = 100;
```

```
    LIN1 = 1;
    LIN2 = 0;
    LIN3 = 0;
    LIN4 = 1;

    RIN1 = 0;
    RIN2 = 1;
    RIN3 = 1;
    RIN4 = 0;

}

void turnRight_50()
{
    flag1 = 50;
    flag2 = 100;

    LIN1 = 1;
    LIN2 = 0;
    LIN3 = 0;
    LIN4 = 1;

    RIN1 = 0;
    RIN2 = 1;
    RIN3 = 1;
    RIN4 = 0;

}

void turnRight_25()
{
    flag1 = 75;
    flag2 = 100;

    LIN1 = 1;
    LIN2 = 0;
    LIN3 = 0;
    LIN4 = 1;

    RIN1 = 0;
    RIN2 = 1;
```

```
    RIN3 = 1;
    RIN4 = 0;

}



void tim0() interrupt 1
{
    TR0=0;
    TH0=(65536-100)/256;
    TL0=(65536-100)%256;
    TR0=1;

    time1++;
    time2++;

    if(time1 >= 100)
    {
        time1 = 0;
    }

    if(time2 >= 100)
    {
        time2 = 0;
    }

    if(time1 <= flag1)
    {
        REA = 1;
        REB = 1;
    }
    else
    {
        REA = 0;
        REB = 0;
    }

    if(time2 <= flag2)
    {
        LEA = 1;
```

```
            LEB = 1;
        }
        else
        {
            LEA = 0;
            LEB = 0;
        }
    }

    void Delay10ms( )
    {
        unsigned char a,b,c;
        for(c=1;c>0;c--)
            for(b=38;b>0;b--)
                for(a=130;a>0;a--);
    }
```

执行 Project → Rebuild all target files 命令，进行编译。编译成功后将输出 HEX 文件。编译成功后的“Build Output”窗格如图 5-2-10 所示。

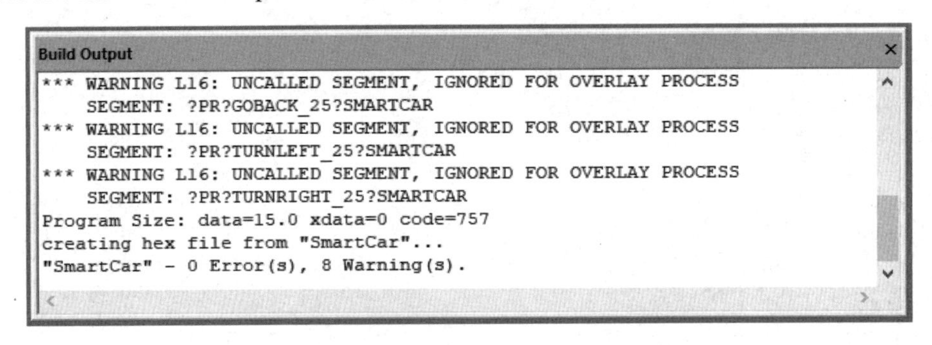

图 5-2-10 编译成功后的“Build Output”窗格

至此，智能小车机器人整体程序编写完毕。

5.3 整体仿真测试

双击 AT89C51 单片机，弹出“Edit Component”对话框，将 5.2.2 节创建的 HEX 文件加载到 AT89C51 单片机中，如图 5-3-1 所示。

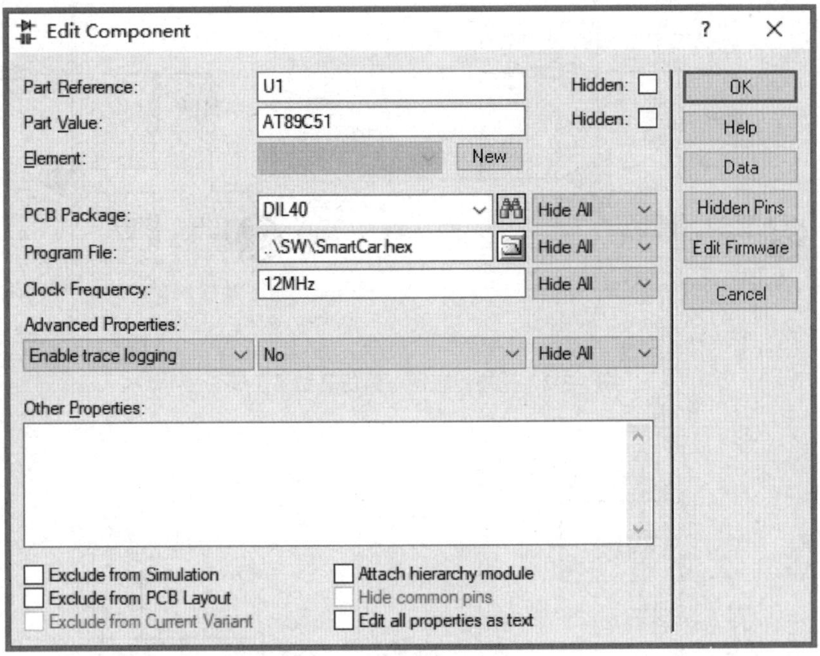

图 5-3-1　“Edit Component”对话框

执行 Debug→ Run Simulation 命令，仿真运行智能小车机器人。调节循迹传感器电路，使第 1 路循迹传感器电路向 AT89C51 单片机的 P0.1 引脚传入低电平，第 2 路循迹传感器电路向 AT89C51 单片机的 P0.2 引脚传入低电平，第 3 路循迹传感器电路向 AT89C51 单片机的 P0.3 引脚传入低电平，第 4 路循迹传感器电路向 AT89C51 单片机的 P0.4 引脚传入低电平，模拟智能小车机器人前进信号输入状态，如图 5-3-2 所示。此时，电动机驱动电路中左侧电动机的转速和右侧电动机的转速相同，没有转速差，表示智能小车机器人向前行驶，如图 5-3-3 所示。

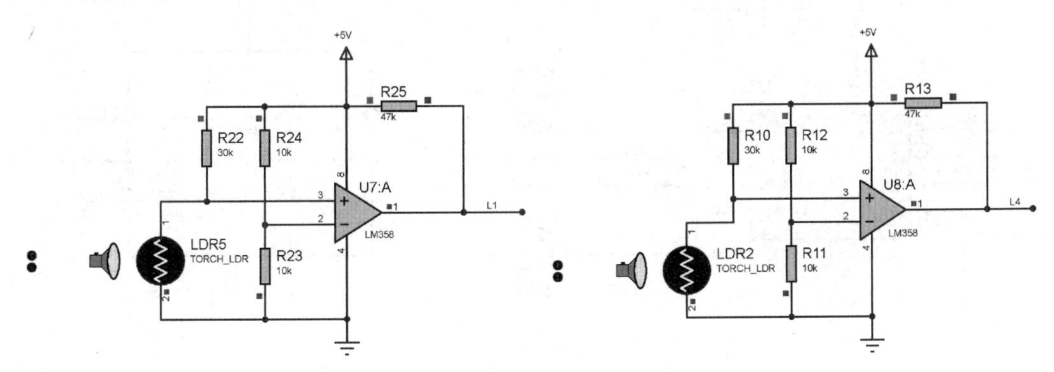

图 5-3-2　循迹传感器电路仿真结果

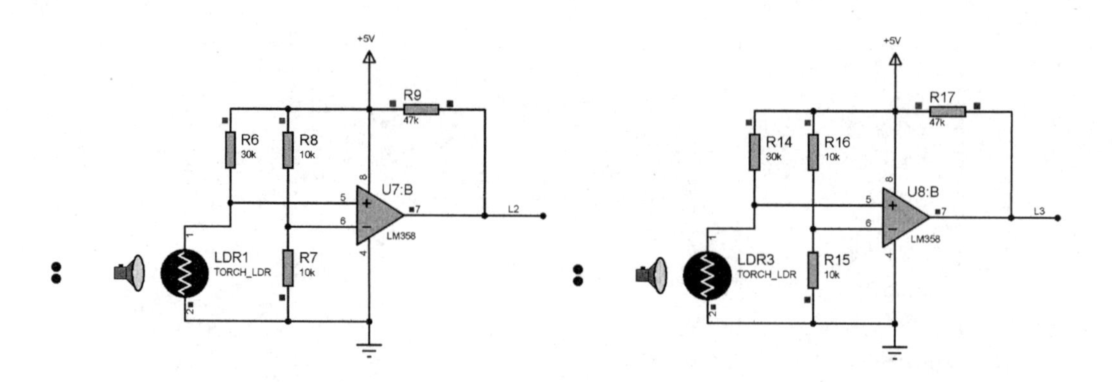

图 5-3-2　循迹传感器电路仿真结果（续）

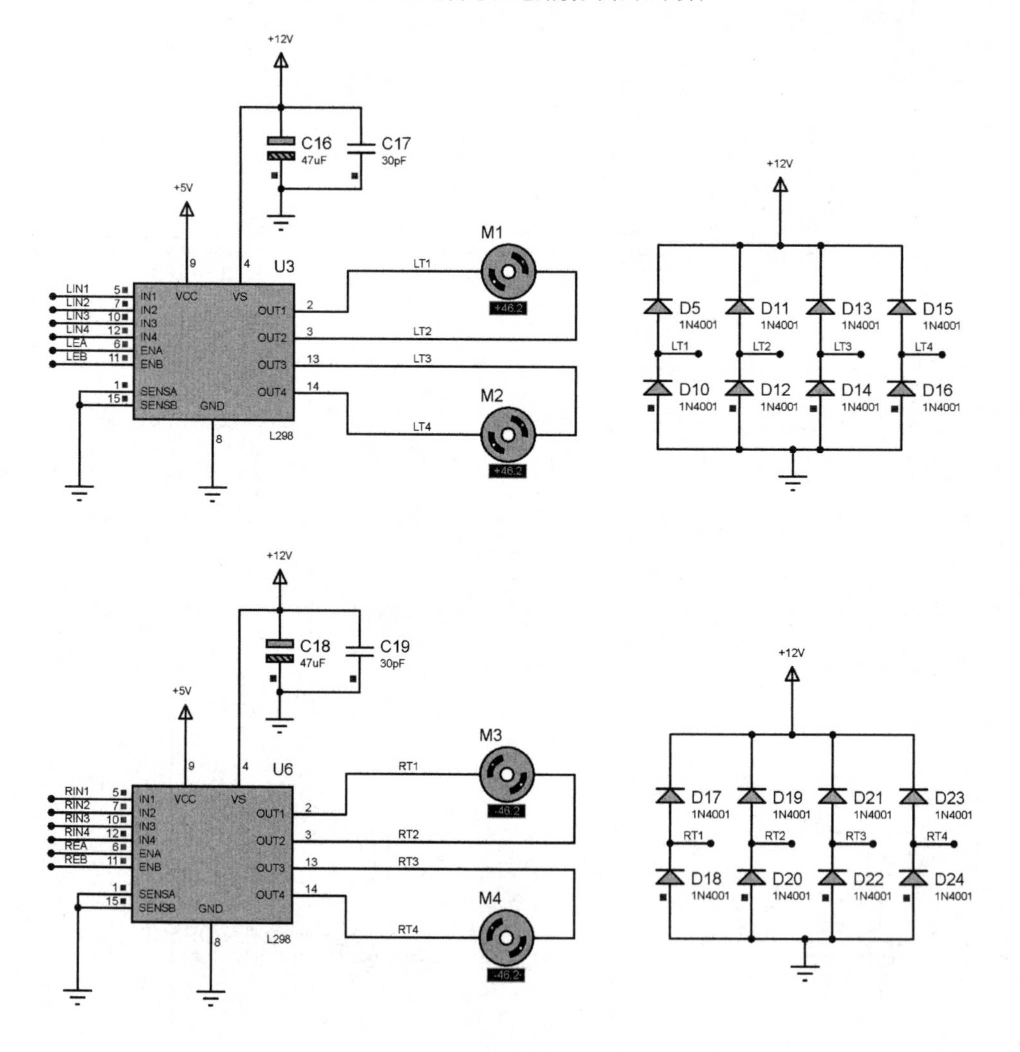

图 5-3-3　电动机驱动电路仿真结果

调节循迹传感器电路，使第 1 路循迹传感器电路向 AT89C51 单片机的 P0.1 引脚传入高电平，第 2 路循迹传感器电路向 AT89C51 单片机的 P0.2 引脚传入低电平，第

3 路循迹传感器引脚向 AT89C51 单片机的 P0.3 引脚传入低电平，第 4 路循迹传感器电路向 AT89C51 单片机的 P0.4 引脚传入低电平，模拟智能小车机器人右转且转弯半径较大信号输入状态，如图 5-3-4 所示。此时，电动机驱动电路中左侧电动机的转速大于右侧电动机的转速，但相差不大，表示智能小车机器人右转且转弯半径较大，如图 5-3-5 所示。

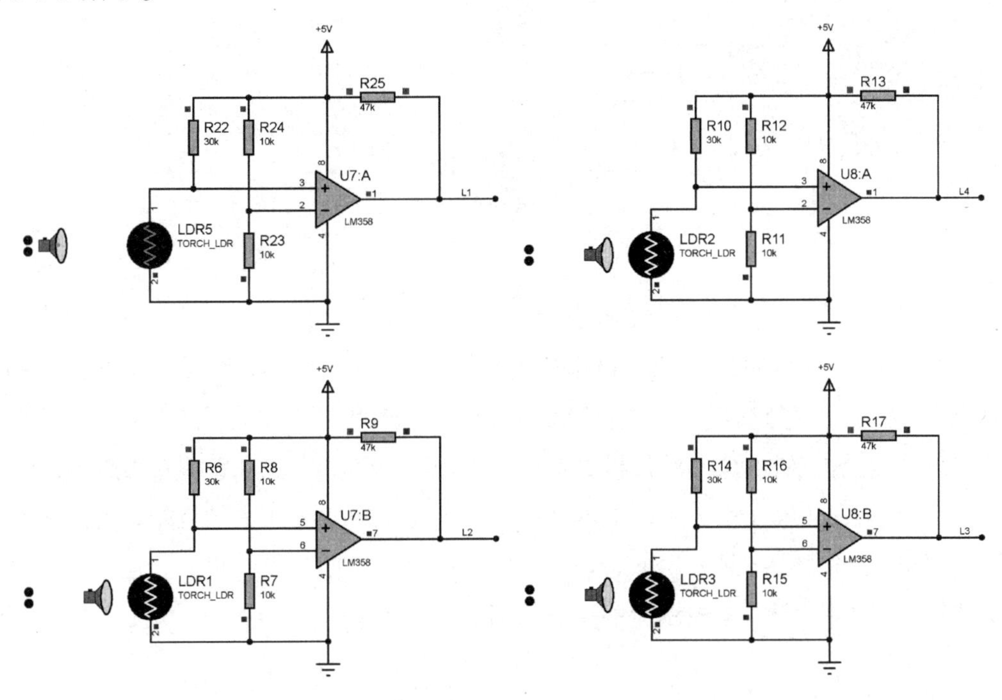

图 5-3-4　循迹传感器电路仿真结果

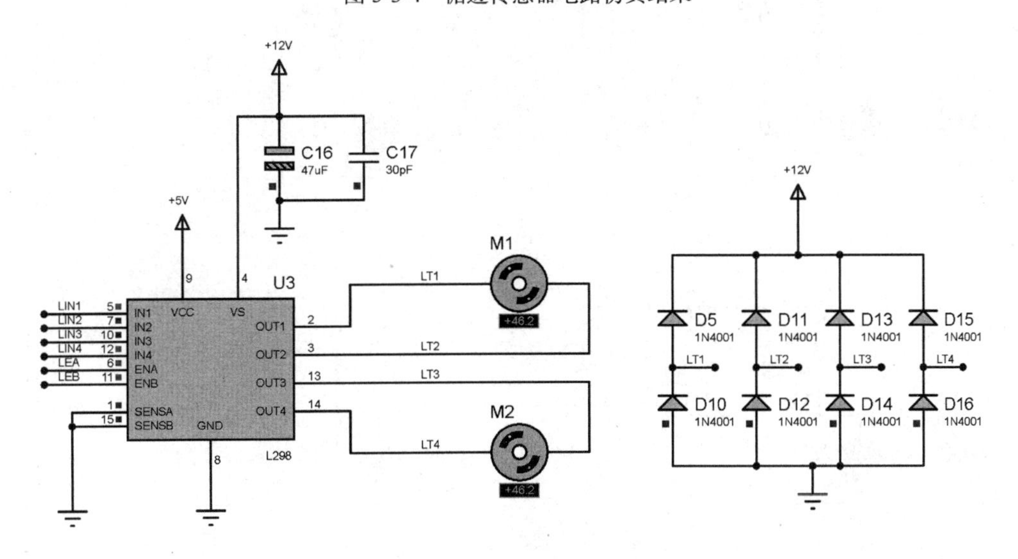

图 5-3-5　电动机驱动电路仿真结果

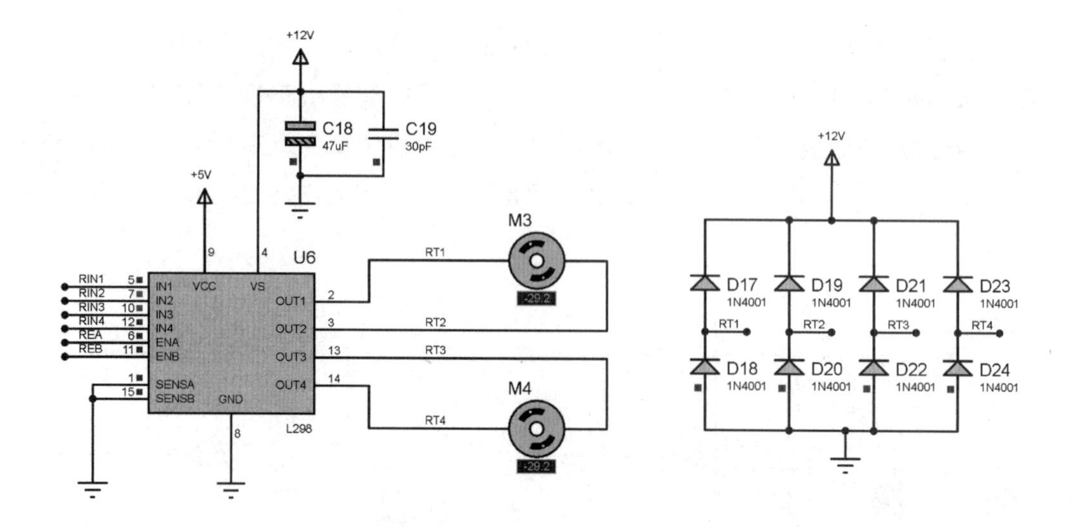

图 5-3-5　电动机驱动电路仿真结果（续）

调节循迹传感器电路，使第 1 路循迹传感器电路向 AT89C51 单片机的 P0.1 引脚传入高电平，第 2 路循迹传感器电路向 AT89C51 单片机的 P0.2 引脚传入高电平，第 3 路循迹传感器电路向 AT89C51 单片机的 P0.3 引脚传入低电平，第 4 路循迹传感器电路向 AT89C51 单片机的 P0.4 引脚传入低电平，模拟智能小车机器人右转且转弯半径适中信号输入状态，如图 5-3-6 所示。此时，电动机驱动电路中左侧电动机的转速大于右侧电动机的转速，且相差适中，表示智能小车机器人右转且转弯半径适中，如图 5-3-7 所示。

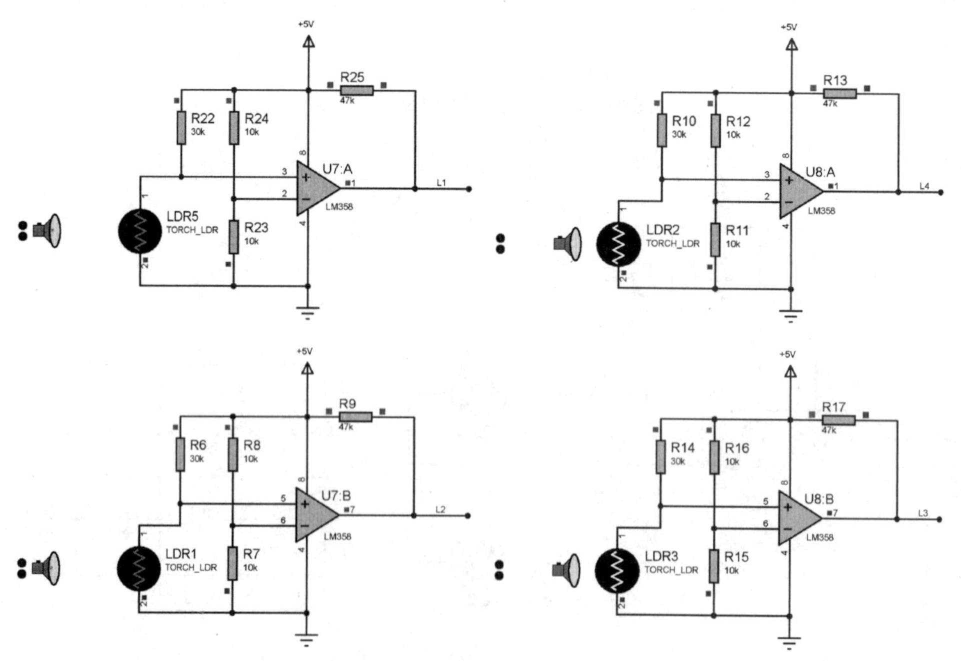

图 5-3-6　循迹传感器电路仿真结果

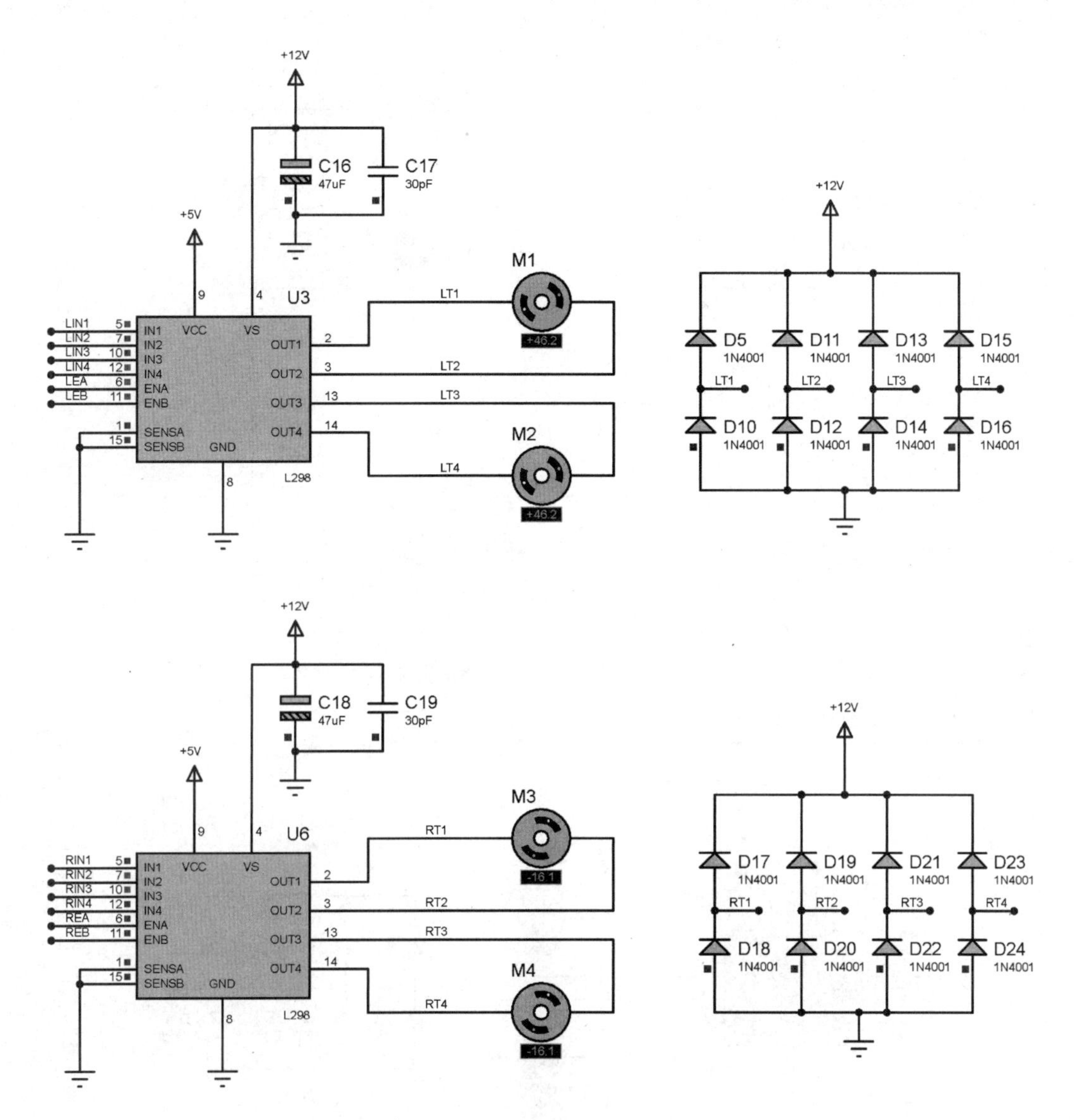

图 5-3-7　电动机驱动电路仿真结果

调节循迹传感器电路，使第 1 路循迹传感器电路向 AT89C51 单片机的 P0.1 引脚传入高电平，第 2 路循迹传感器电路向 AT89C51 单片机的 P0.2 引脚传入高电平，第 3 路循迹传感器电路向 AT89C51 单片机的 P0.3 引脚传入高电平，第 4 路循迹传感器电路向 AT89C51 单片机的 P0.4 引脚传入低电平，模拟智能小车机器人右转且转弯半径较小信号输入状态，如图 5-3-8 所示。此时，电动机驱动电路中左侧电动机的转速大于右侧电动机的转速，且相差较大，表示智能小车机器人右转且转弯半径较小，如图 5-3-9 所示。

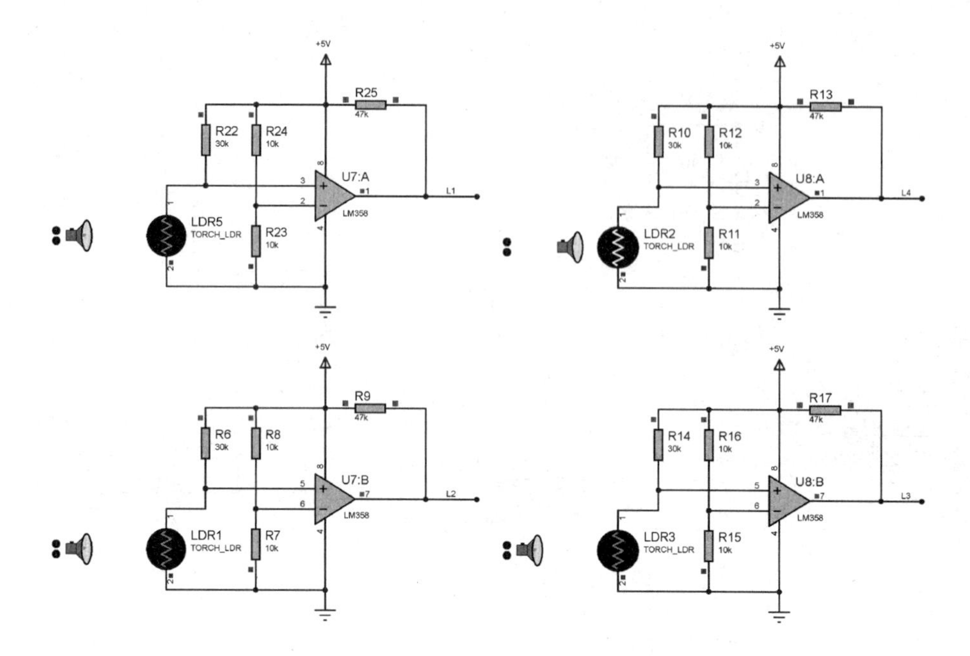

图 5-3-8　循迹传感器电路仿真结果

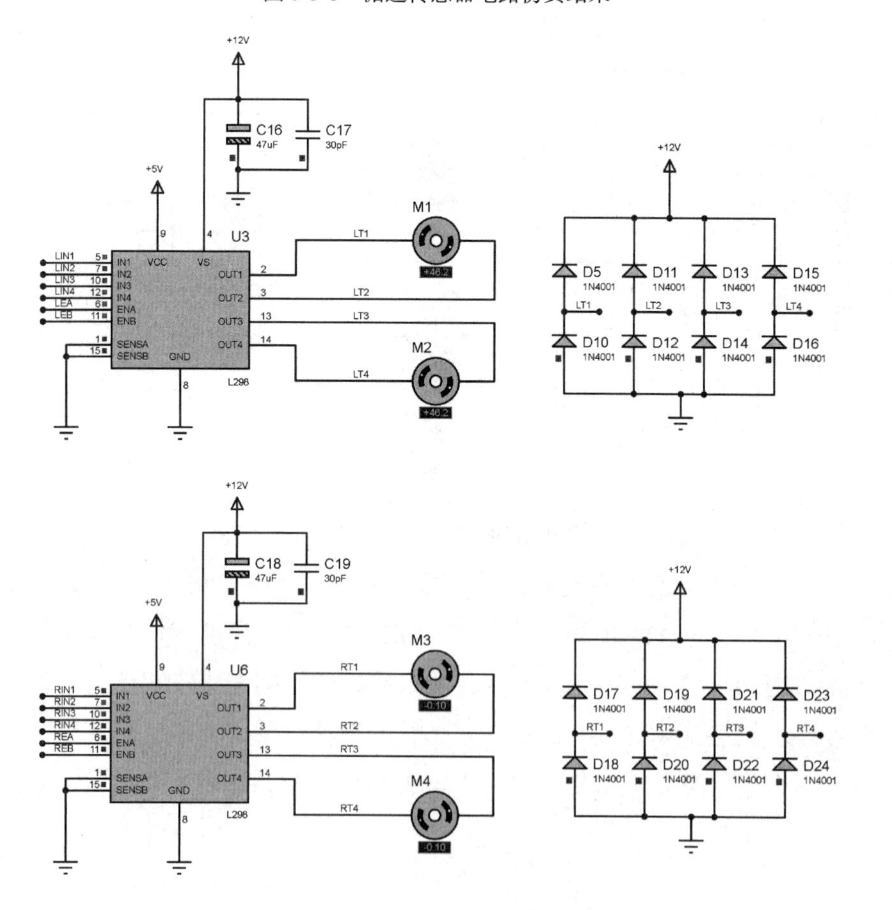

图 5-3-9　电动机驱动电路仿真结果

调节循迹传感器电路，使第 1 路循迹传感器电路向 AT89C51 单片机的 P0.1 引脚传入高电平，第 2 路循迹传感器电路向 AT89C51 单片机的 P0.2 引脚传入高电平，第 3 路循迹传感器电路向 AT89C51 单片机的 P0.3 引脚传入高电平，第 4 路循迹传感器电路向 AT89C51 单片机的 P0.4 引脚传入高电平，模拟智能小车机器人冲出跑道信号输入状态，如图 5-3-10 所示。此时，电动机驱动电路中左侧电动机的转速等于右侧电动机的转速，且速度较慢，表示智能小车机器人正在后退，如图 5-3-11 所示。

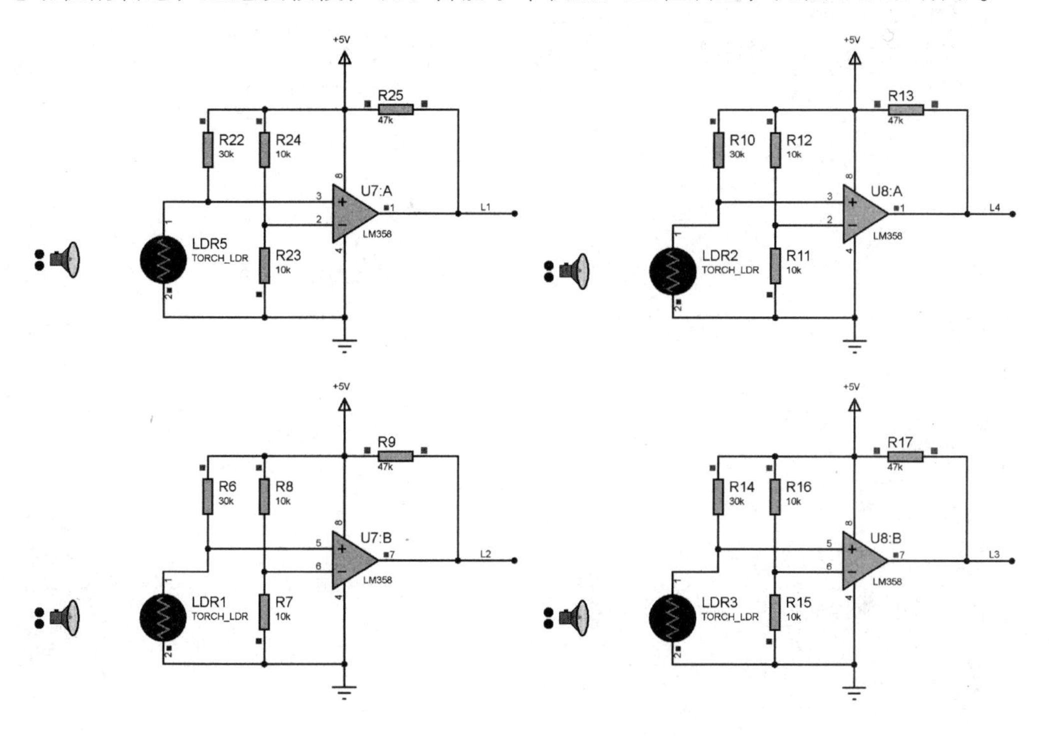

图 5-3-10　循迹传感器电路仿真结果

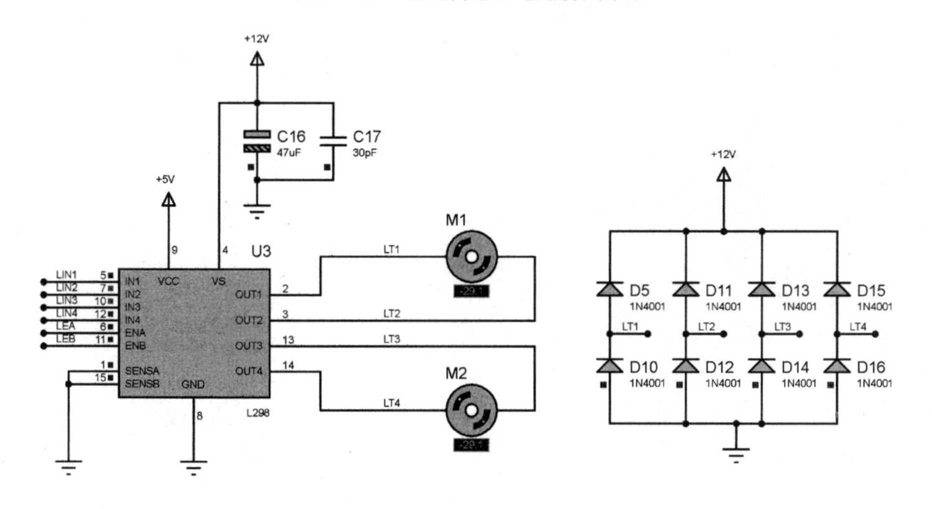

图 5-3-11　电动机驱动电路仿真结果

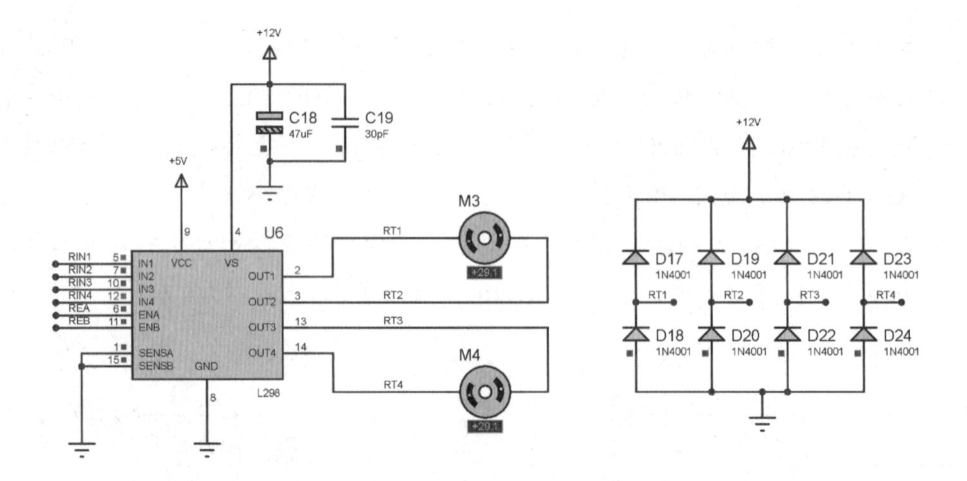

图 5-3-11　电动机驱动电路仿真结果（续）

读者可以根据智能小车机器人右转仿真步骤来仿真智能小车机器人左转，也可以仿真智能小车机器人的其他状态。根据整体仿真结果可知，智能小车机器人电路基本满足设计要求。

小提示

◎扫描右侧二维码可观看智能小车机器人仿真。

◎读者可以自行仿真智能小车机器人的其他状态。

◎智能小车机器人状态切换需要花费一定时间。

第6章

基于 Arduino 单片机的智能小车机器人仿真

6.1 原理图设计

6.1.1 新建工程

单击 Proteus 8 Professional 图标，启动 Proteus 8 Professional 软件，进入主窗口。执行 File → New Project 命令，弹出“New Project Wizard：Start”对话框，在“Name”栏中输入“Power.pdsprj”作为工程名，在“Path”栏选择储存路径“G:\book\DIYSmartCar\Project\6”，选择“New Project”单选按钮。单击“New Project Wizard：Start”对话框中的 Next 按钮，进入“New Project Wizard :Schematic Design”对话框，尽量选择较大的图纸，可在“Design Templates”栏中选择“LandspaceA2”选项。单击“New Project Wizard：Schematic Design”对话框中的 Next 按钮，进入“New Project Wizard：PCB Layout”对话框，选择“Do not create a PCB layout”单选按钮。单击“New Project Wizard：PCB Layout”对话框中的 Next 按钮，进入“New Project Wizard”对话框，选择“Create Flowchart Project”单选按钮，其余参数保持默认设置，如图 6-1-1 所示。

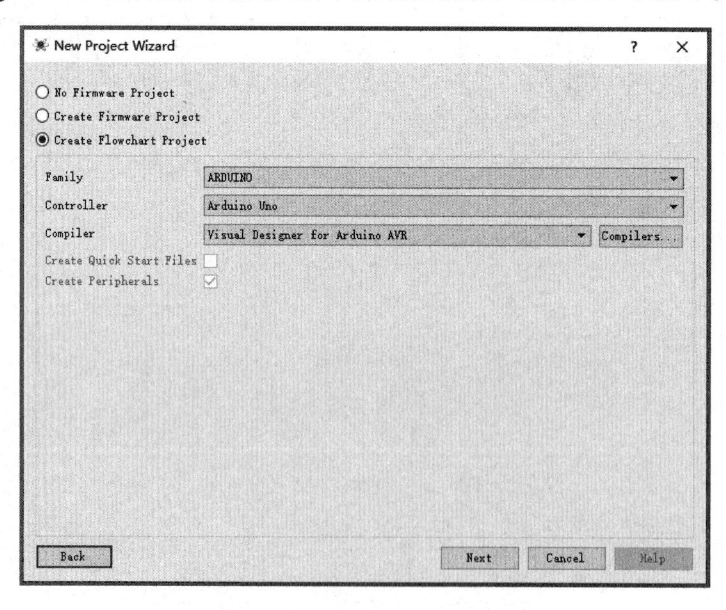

图 6-1-1 “New Project Wizard”对话框

单击“New Project Wizard”对话框中的 Next 按钮，进入“New Project Wizard：Summary”对话框，如图 6-1-2 所示。单击“New Project Wizard：Summary”对话框中的 Finish 按钮，即可完成新工程的创建，进入 Proteus 软件的绘制界面，如图 6-1-3 所示。

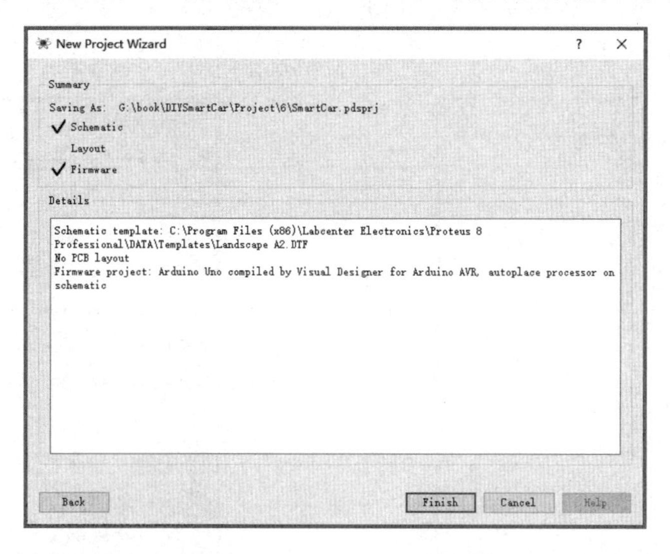

图 6-1-2　“New Project Wizard：Summary”对话框

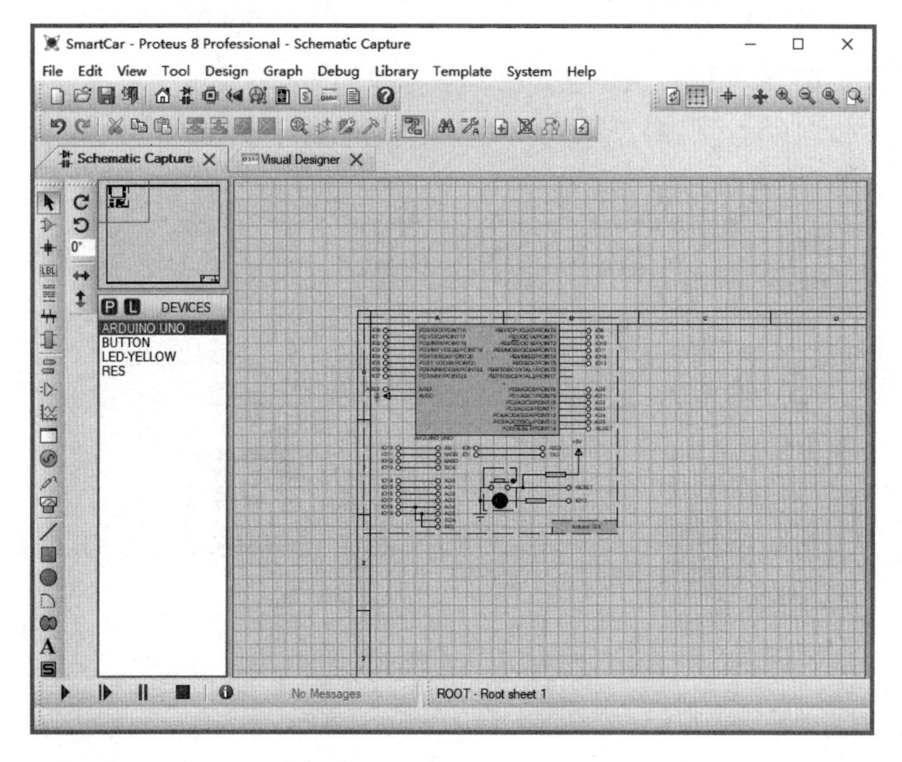

图 6-1-3　Proteus 软件的绘制界面

至此，可视化工程新建完毕。

6.1.2 电路设计

“Visual Designer”标签页中的“Projects”窗格如图 6-1-4 所示，右击工程树中的 ◢ ARDUINO UNO(U1) 文件夹，弹出如图 6-1-5 所示的快捷菜单。

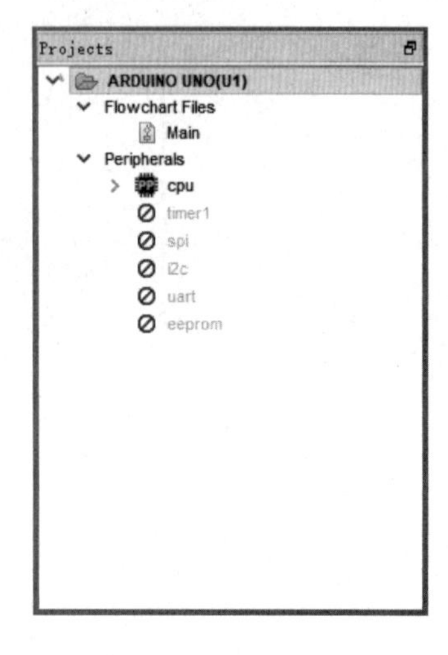

图 6-1-4 Projects 窗格

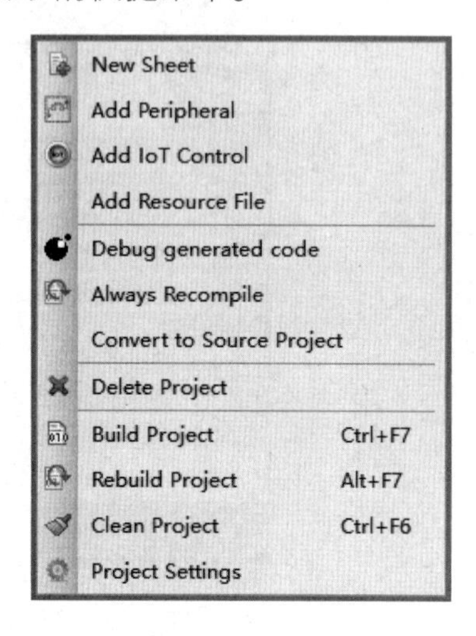

图 6-1-5 快捷菜单

选择快捷菜单中的  选项，弹出“Select Project Clip”对话框，将 Category 设置为“Motor Control”，并在其子库中选择“Arduino Zumo Robot”元件，如图 6-1-6 所示。

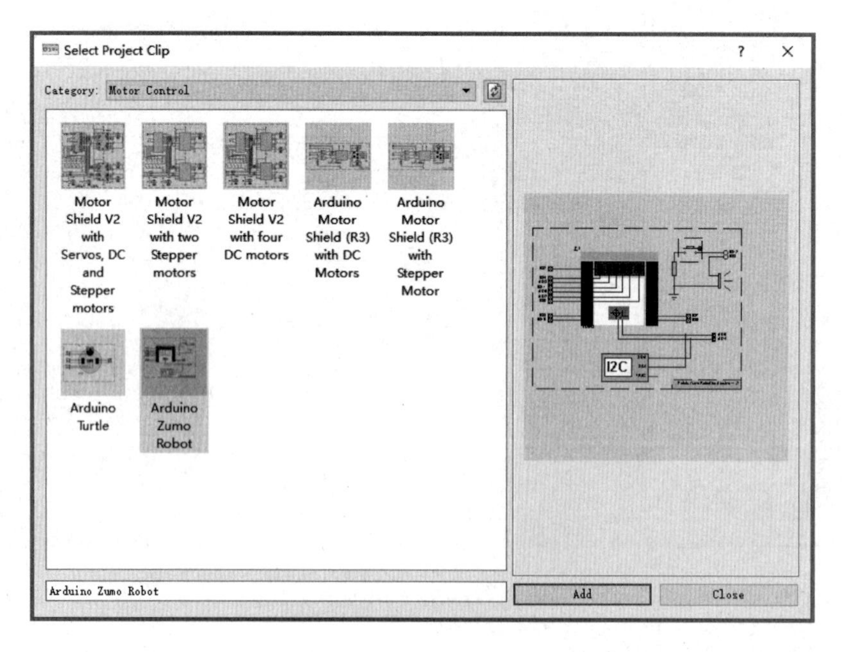

图 6-1-6 “Select Project Clip”对话框

单击“Select Project Clip”对话框中的 Add 按钮，即可将 Arduino Zumo Robot 元件放置在图纸上，放置完毕后，“Schematic Capture”标签页中的原理图如图 6-1-7 所示，“Visual Designer”标签页中的“Projects”窗格如图 6-1-8 所示，说明 Arduino Zumo Robot 元件已经成功添加到工程中。

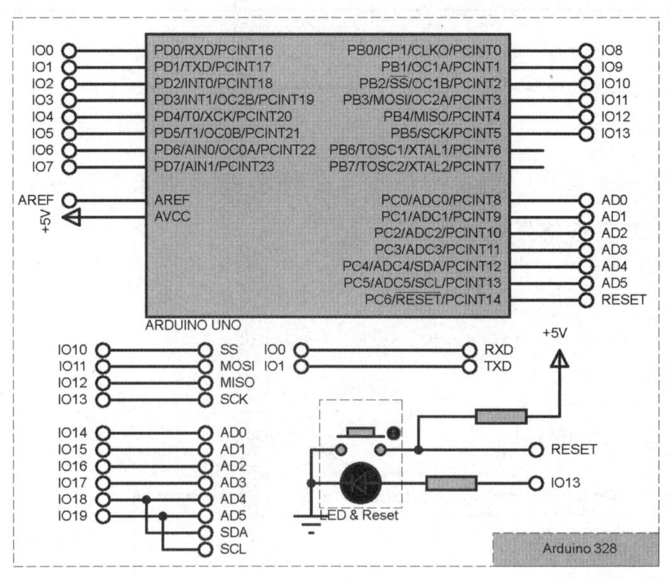

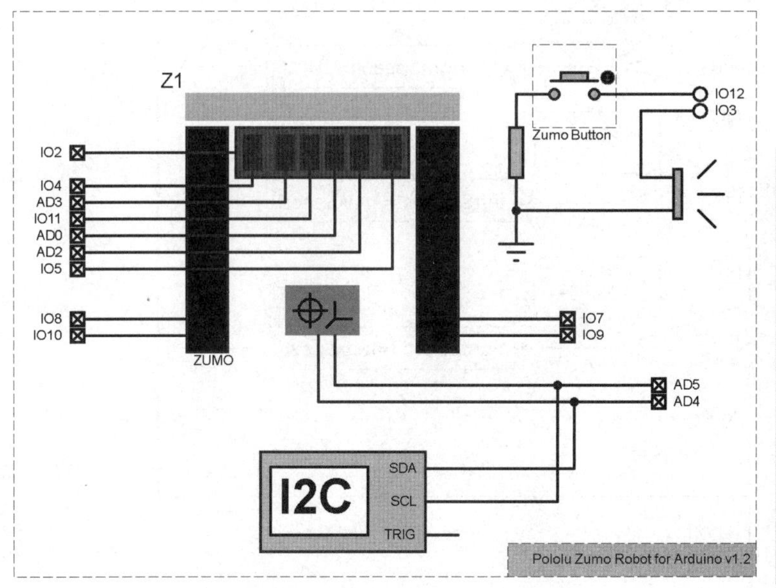

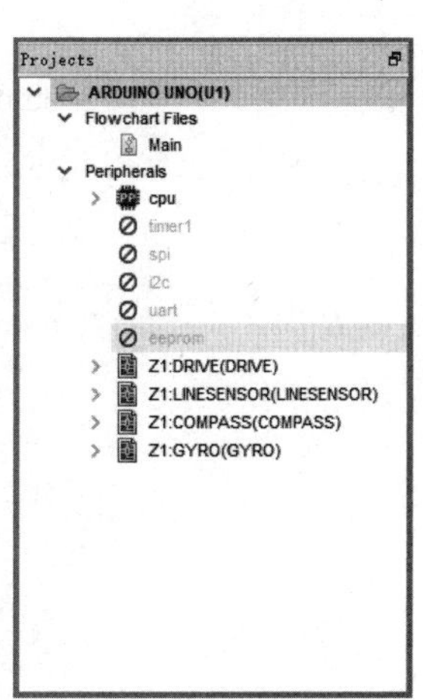

图 6-1-7　智能小车机器人原理图

图 6-1-8　“Projects”窗格

至此，智能小车机器人原理图设计完毕。

6.2 可视化流程图设计

6.2.1 子程序流程图设计

智能小车机器人电路中的子程序流程图主干包含 4 个判断框图和 4 个分支，且嵌套较多，文字不易描述，读者可以观察图 6-2-1。

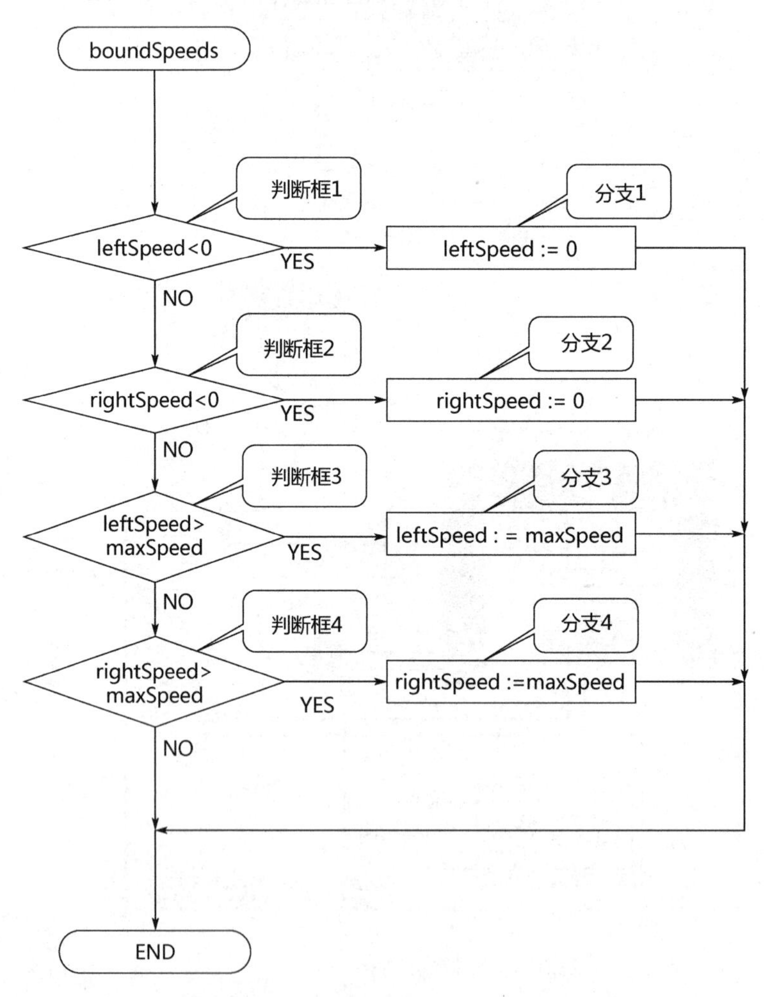

图 6-2-1　子程序流程图主干示意图

子程序流程图中依次放置的是 Event Block 框图、Decision Block 框图（判断框 1）、Decision Block 框图（判断框 2）、Decision Block 框图（判断框 3）、Decision Block 框

图（判断框 4）、Assignment Block 框图（分支 1）、Assignment Block 框图（分支 2）、Assignment Block 框图（分支 3）、Assignment Block 框图（分支 4）。

双击 Event Block 框图，弹出“Edit Event Block”对话框，在“Name”栏中输入“boundSpeeds”，如图 6-2-2 所示。

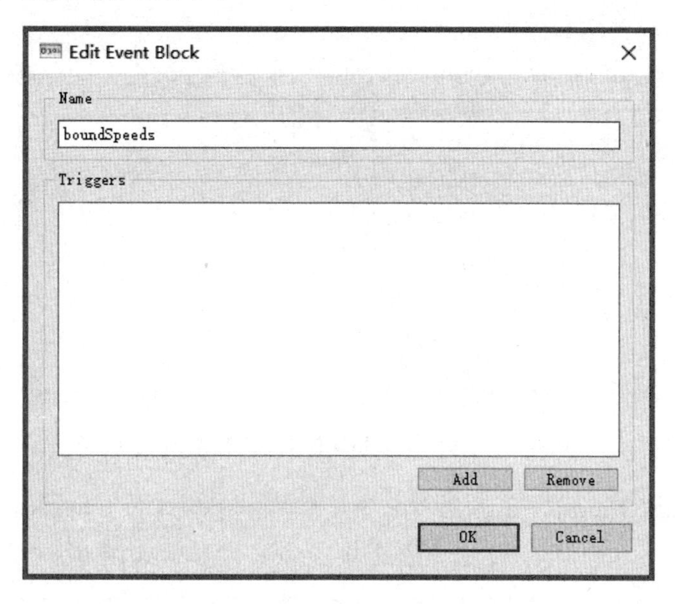

图 6-2-2　“Edit Event Block”对话框

双击 Decision Block 框图（判断框 1），弹出“Edit Decision Block”对话框，在“Condition”栏中输入“leftSpeed<0”，具体参数如图 6-2-3 所示。

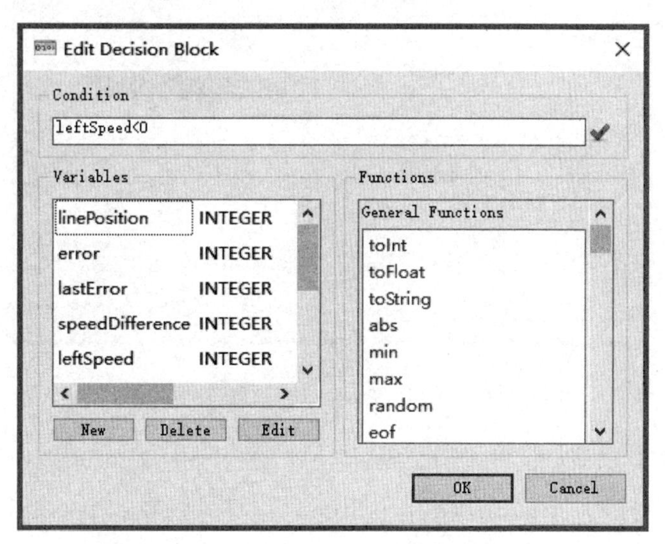

图 6-2-3　Decision Block 框图（判断框 1）参数

双击 Decision Block 框图（判断框 2），弹出“Edit Decision Block”对话框，在

“Condition”栏中输入“rightSpeed<0”，具体参数如图 6-2-4 所示。

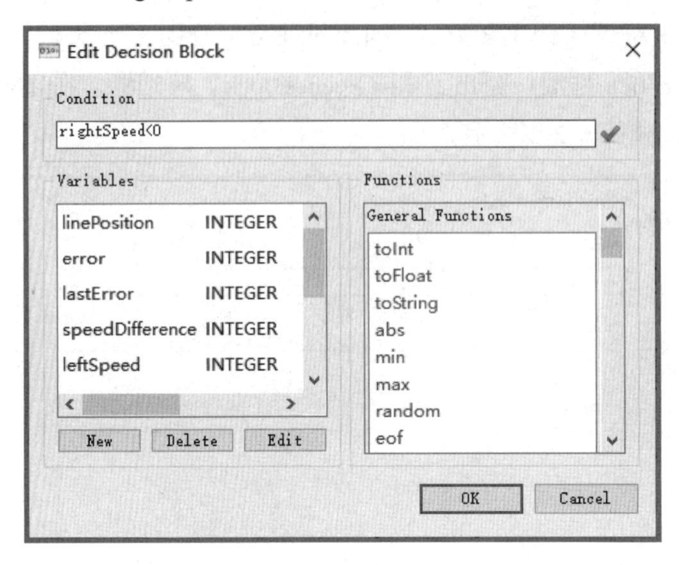

图 6-2-4　Decision Block 框图（判断框 2）参数

双击 Decision Block 框图（判断框 3），弹出“Edit Decision Block”对话框，在“Condition”栏中输入“leftSpeed>maxSpeed”，具体参数如图 6-2-5 所示。

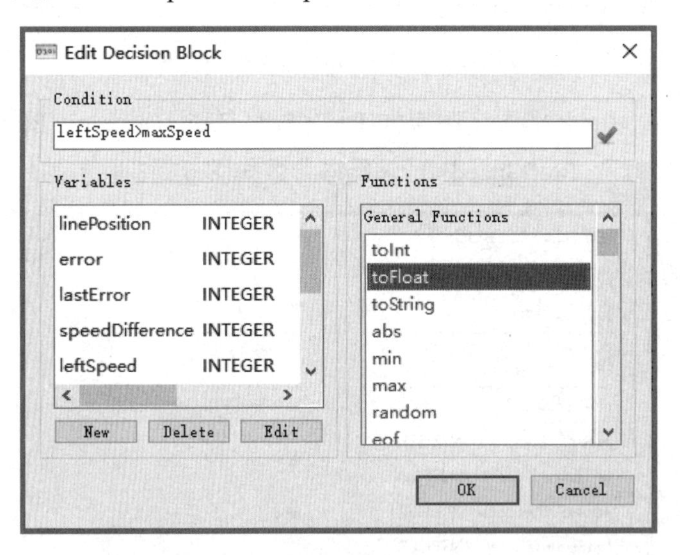

图 6-2-5　Decision Block 框图（判断框 3）参数

双击 Decision Block 框图（判断框 4），弹出“Edit Decision Block”对话框，在“Condition”栏中输入“rightSpeed>maxSpeed”，具体参数如图 6-2-6 所示。

双击 Assignment Block 框图（分支 1），弹出“Edit Assignment Block”对话框，在“Assignments”栏中设置“leftSpeed:=0”，具体参数如图 6-2-7 所示。

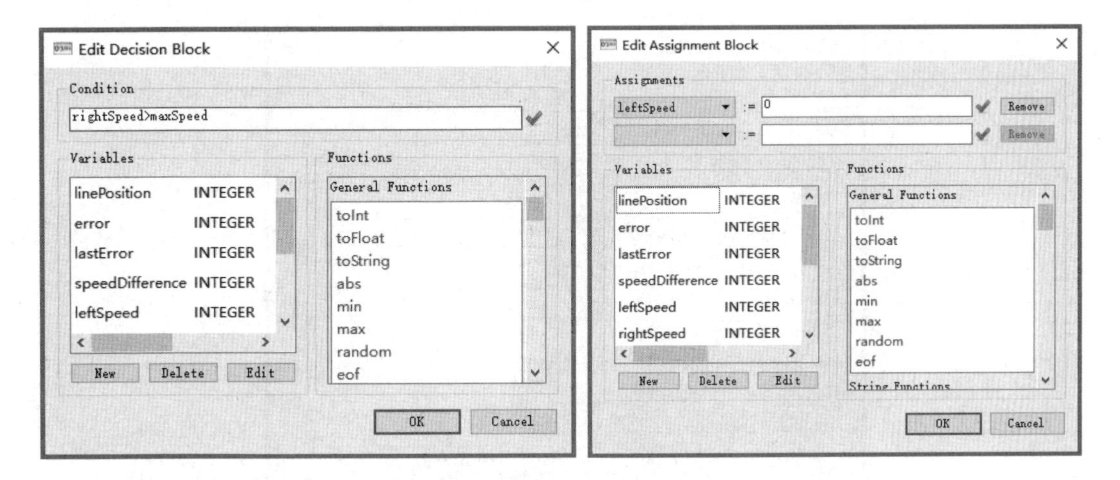

图 6-2-6　Decision Block 框图（判断框 4）参数　　图 6-2-7　Assignment Block 框图（分支 1）参数

双击 Assignment Block 框图（分支 2），弹出“Edit Assignment Block”对话框，在“Assignments”栏中设置“rightSpeed:=0”，具体参数如图 6-2-8 所示。

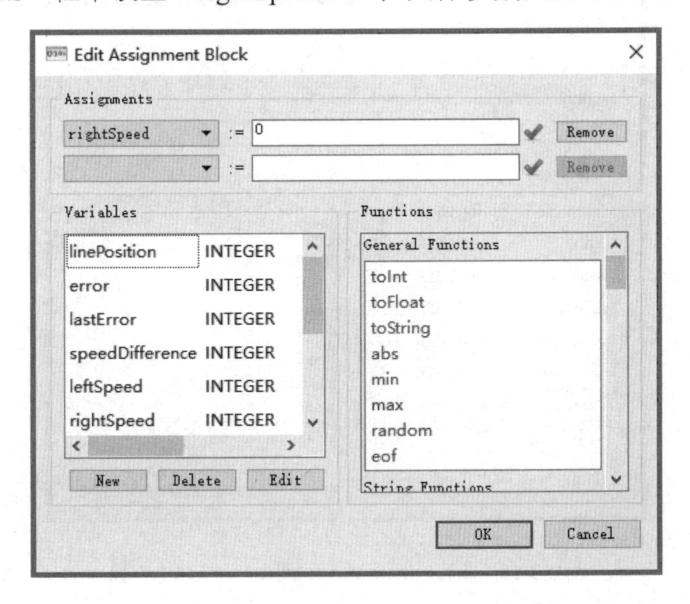

图 6-2-8　Assignment Block 框图（分支 2）参数

双击 Assignment Block 框图（分支 3），弹出“Edit Assignment Block”对话框，在“Assignments”栏中设置“leftSpeed:=maxSpeed”，具体参数如图 6-2-9 所示。

双击 Assignment Block 框图（分支 4），弹出“Edit Assignment Block”对话框，在“Assignments”栏中设置“rightSpeed:=maxSpeed”，具体参数如图 6-2-10 所示。

至此，子程序流程图设计完毕。

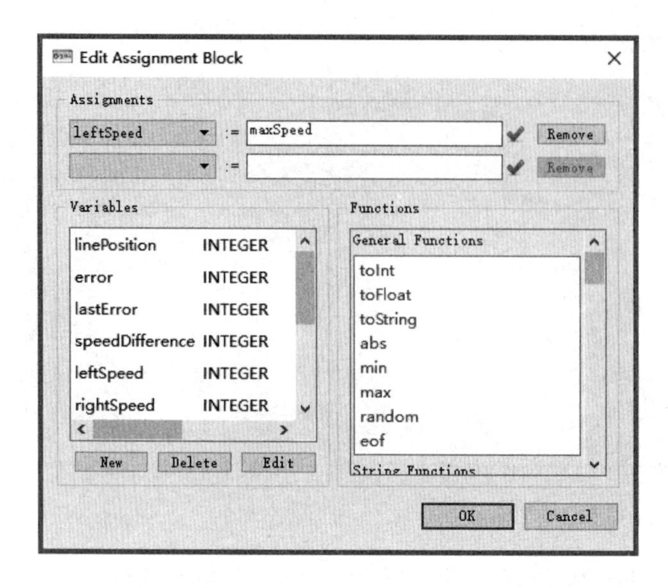

图 6-2-9　Assignment Block 框图（分支 3）参数

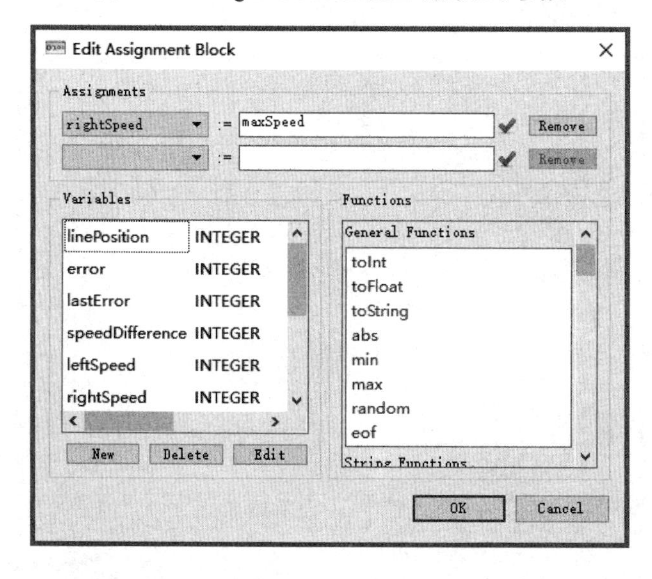

图 6-2-10　Assignment Block 框图（分支 4）参数

6.2.2　主程序流程图设计

智能小车机器人电路中的主程序流程图包含 SETUP 分支和 LOOP 分支。SETUP 分支包含 Assignment Block 框图；LOOP 分支包含 I/O（Peripheral）Operation 框图、Assignment Block 框图、Assignment Block 框图、Assignment Block 框图、Assignment Block 框图、Subroutine Call 框图、I/O（peripheral）Operation 框图和 I/O（Peripheral）Operation 框图，如图 6-2-11 所示。

双击 SETUP 分支中的 Assignment Block 框图，弹出“Edit Assignment Block”对

话框，在“Assignments”栏中设置“lastError:=0”和“maxSpeed:=255”，具体参数如图 6-2-12 所示。

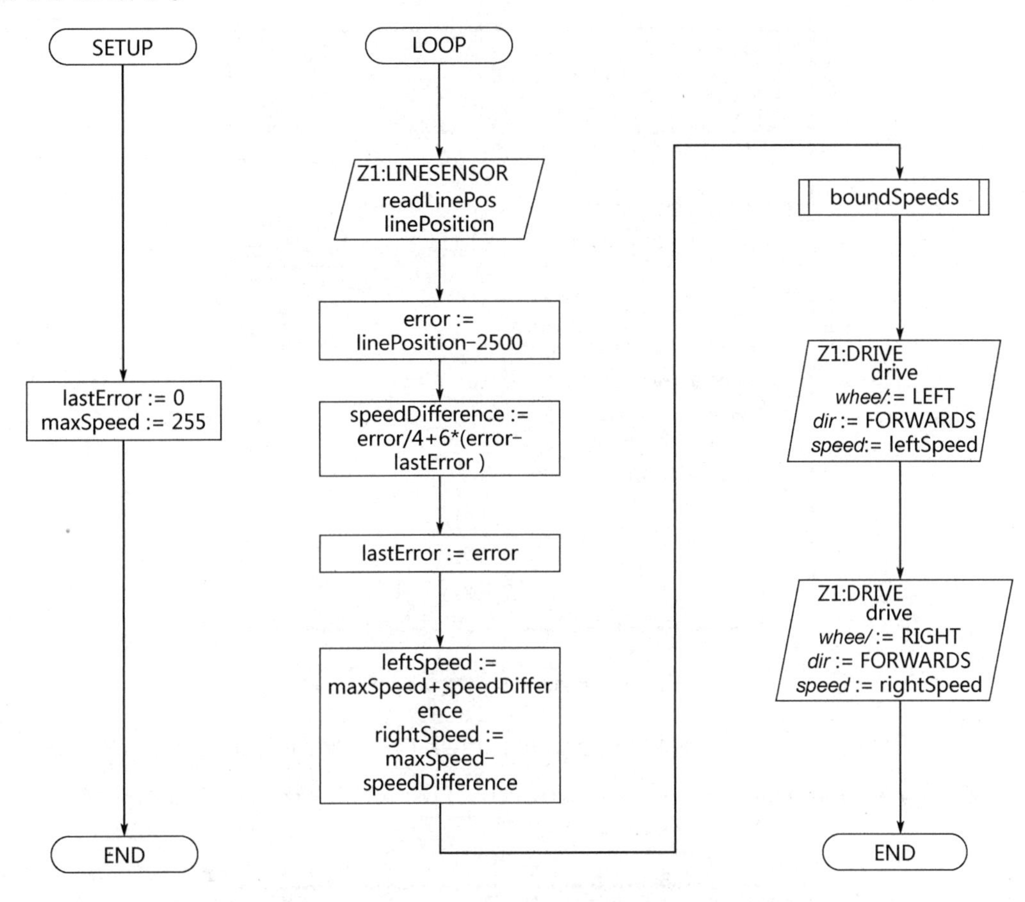

图 6-2-11　主程序流程图

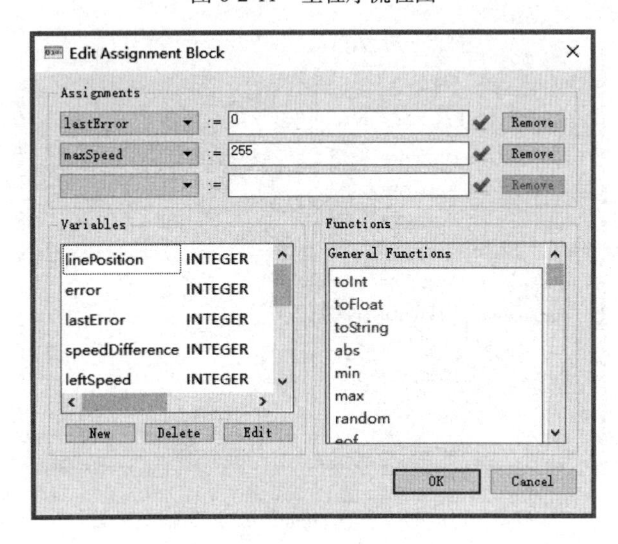

图 6-2-12　SETUP 分支中的 Assignment Block 框图参数

双击 LOOP 分支中的第一个 I/O(Peripheral)Operation 框图，弹出“Edit I/O Block”对话框，具体参数设置如图 6-2-13 所示。

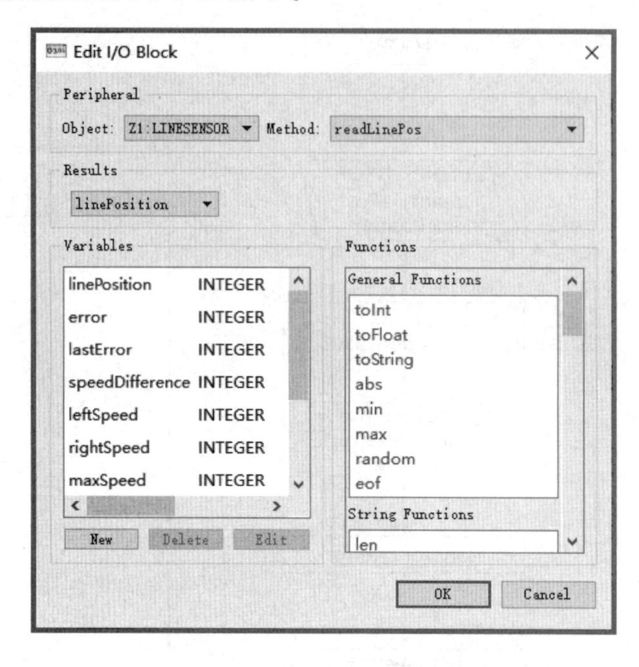

图 6-2-13　I/O（Peripheral）Operation 框图参数

双击 LOOP 分支中的第一个 Assignment Block 框图，弹出“Edit Assignment Block”对话框，在“Assignments”栏中设置“error:=linePosition-2500”，具体参数如图 6-2-14 所示。

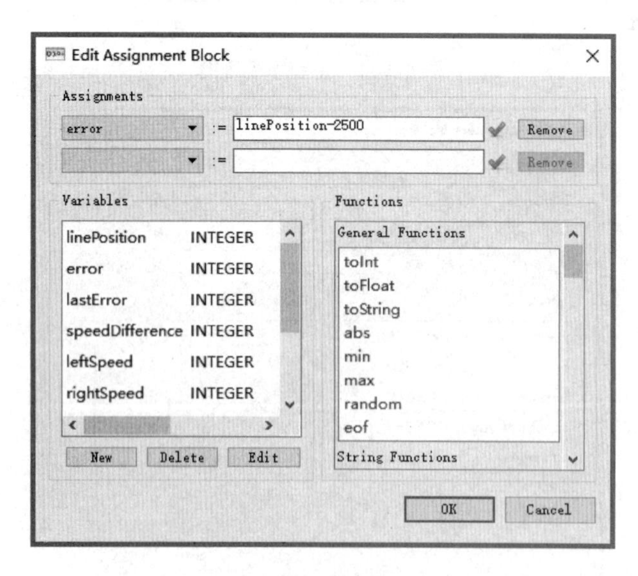

图 6-2-14　第一个 Assignment Block 框图参数

双击 LOOP 分支中的第二个 Assignment Block 框图，弹出"Edit Assignment Block"对话框，在"Assignments"栏中设置"speedDifference:=error/4+6*(error−lastError)"，具体参数如图 6-2-15 所示。

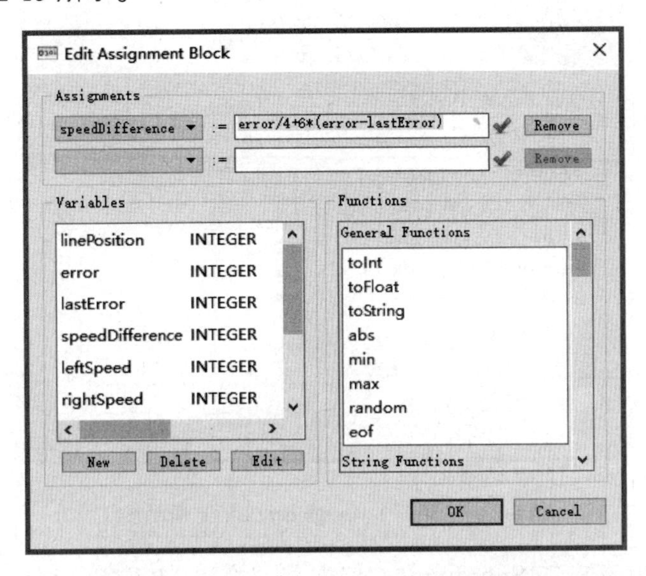

图 6-2-15　第二个 Assignment Block 框图参数

双击 LOOP 分支中的第三个 Assignment Block 框图，弹出"Edit Assignment Block"对话框，在"Assignments"栏中设置"lastError:=error"，具体参数如图 6-2-16 所示。

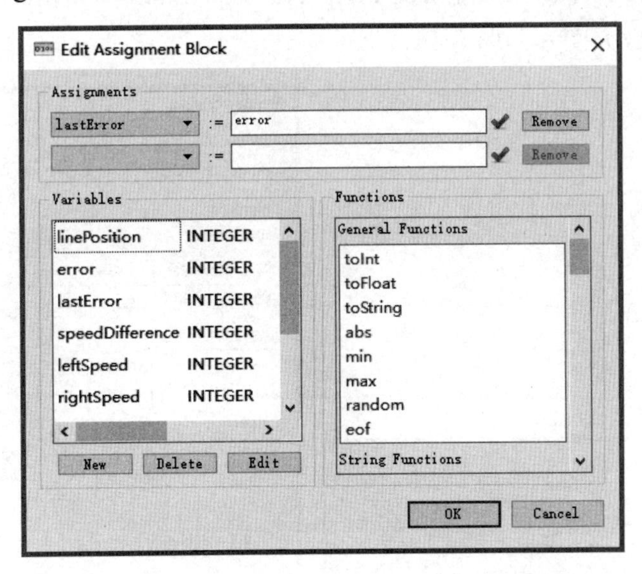

图 6-2-16　第三个 Assignment Block 框图参数

双击 LOOP 分支中的第四个 Assignment Block 框图，弹出"Edit Assignment Block"对话框，在"Assignments"栏中设置"leftSpeed:=maxSpeed+speedDifference"和"rightSpeed:=

maxSpeed-speedDifference”，具体参数如图 6-2-17 所示。

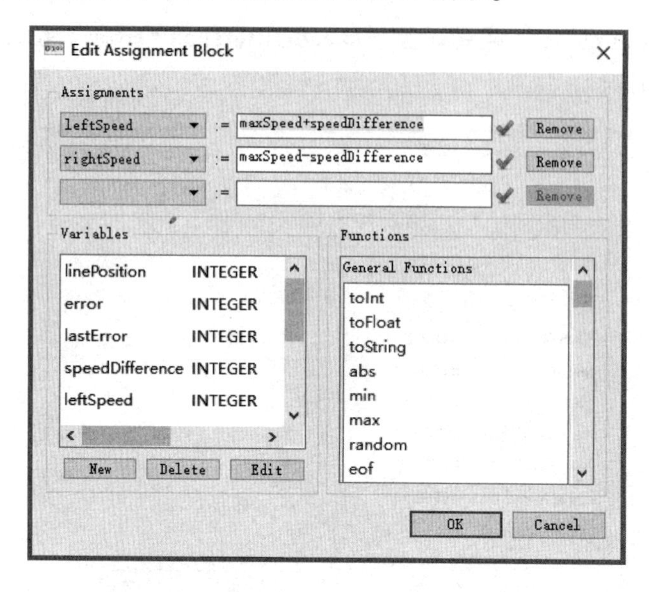

图 6-2-17　第四个 Assignment Block 框图参数

双击 LOOP 分支中的 Subroutine Call 框图，弹出“Edit Subroutine Call”对话框，在“Subroutine to Call”栏中将 Method 设置为“boundSpeeds”，具体参数如图 6-2-18 所示。

双击 LOOP 分支中的第二个 I/O(Peripheral)Operation 框图，弹出“Edit I/O Block”对话框，具体参数如图 6-2-19 所示。

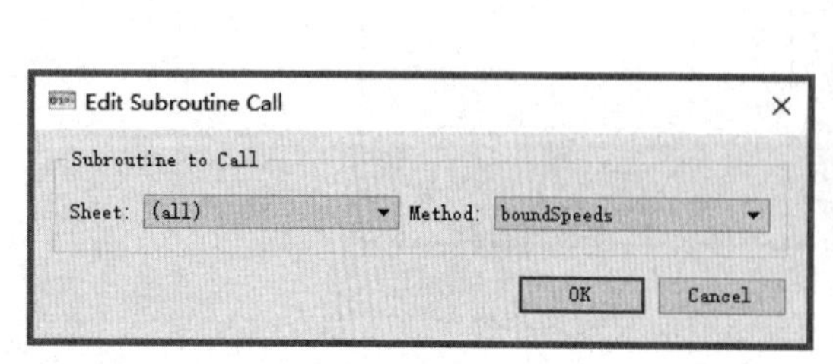

图 6-2-18　“Edit Subroutine Call”对话框

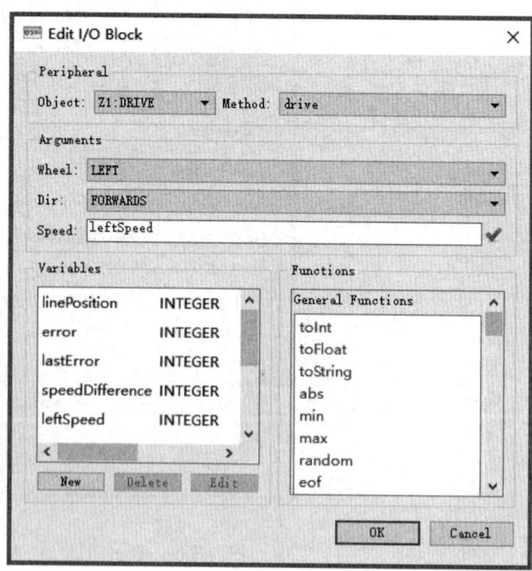

图 6-2-19　“Edit I/O Block”对话框 1

双击 LOOP 分支中的第三个 I/O(Peripheral)Operation 框图，弹出“Edit I/O Block”对话框，具体参数如图 6-2-20 所示。

右击工程树中的 ARDUINO UNO(U1) 文件夹，弹出如图 6-2-21 所示的快捷菜单，选择 Convert to Source Project 选项，即可将流程图转化为程序。

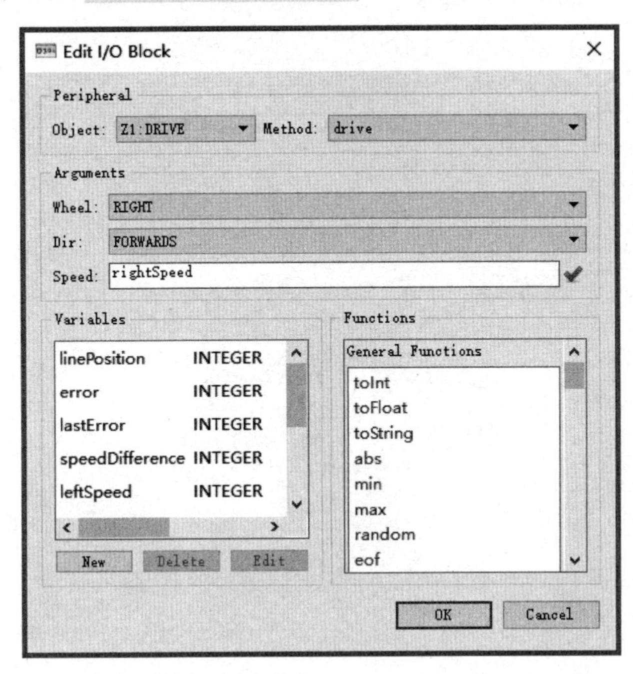

图 6-2-20　“Edit I/O Block”对话框 2

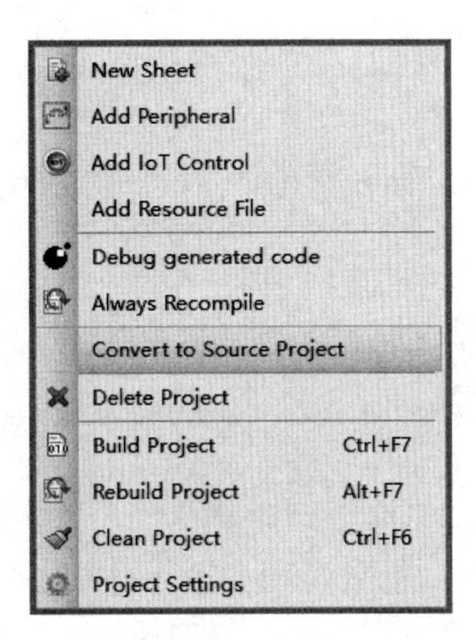

图 6-2-21　快捷菜单

至此，主程序流程图设计完毕。

程序如下所示。

```
#pragma GCC push_options
#pragma GCC optimize ("Os")

#include <core.h>
#include <cpu.h>
#include <L3G.h>
#include <LSM303.h>
#include <Wire.h>
#include <Servo.h>
#include <Zumo.h>

#pragma GCC pop_options

CPU &cpu = Cpu;
DRIVE Z1_DRIVE = DRIVE (8, 10, 7, 9);
```

```
    LINESENSOR Z1_LINESENSOR = LINESENSOR (4, A3, 11, A0, A2, 5, 2);
    COMPASS Z1_COMPASS = COMPASS ();
    GYRO Z1_GYRO = GYRO ();

    void peripheral_setup () {
     Z1_DRIVE.begin ();
     Z1_LINESENSOR.begin ();
     Z1_COMPASS.begin ();
     Z1_GYRO.begin ();
    }

    void peripheral_loop() {
    }
    long var_linePosition;
    long var_error;
    long var_lastError;
    long var_speedDifference;
    long var_leftSpeed;
    long var_rightSpeed;
    long var_maxSpeed;
    float var_magX;
    float var_magY;
    float var_magZ;

    void chart_SETUP() {
     var_lastError=0,var_maxSpeed=255;
    }

    void chart_LOOP() {
     var_linePosition=Z1_LINESENSOR.readLinePos();
     var_error=var_linePosition-2500;
     var_speedDifference=var_error/4+6*(var_error-var_lastError);
     var_lastError=var_error;
     var_leftSpeed=var_maxSpeed+var_speedDifference,var_rightSpeed=
var_maxSpeed-var_speedDifference;
     chart_boundSpeeds();
     Z1_DRIVE.drive(1,1,var_leftSpeed);
     Z1_DRIVE.drive(2,1,var_rightSpeed);
    }

    void chart_boundSpeeds() {
     if(var_leftSpeed<0) {
      var_leftSpeed=0;
```

```
    } else {
     if(var_rightSpeed<0) {
      var_rightSpeed=0;
     } else {
      if(var_leftSpeed>var_maxSpeed) {
       var_leftSpeed=var_maxSpeed;
      } else {
       if(var_rightSpeed>var_maxSpeed) {
        var_rightSpeed=var_maxSpeed;
       }
      }
     }
    }
   }
   void setup () { peripheral_setup();  chart_SETUP(); }
   void loop () { peripheral_loop();  chart_LOOP(); }
```

6.3 整体仿真

启动画图软件，绘制如图 6-3-1 所示的地图，黑色线条为循迹路径，名为 Map1。

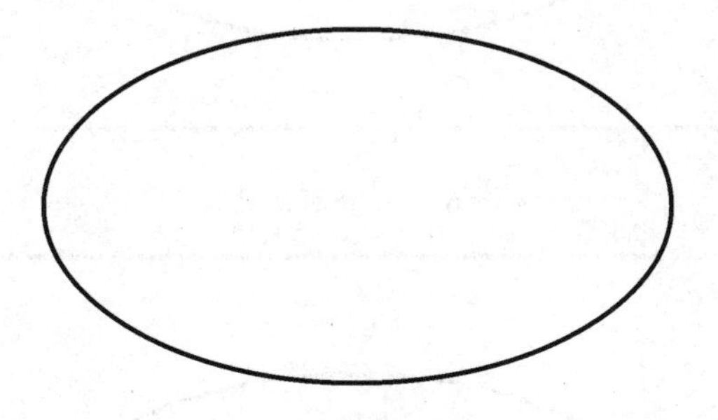

图 6-3-1　地图 Map1

双击图 6-1-7 中的 Z1 元件，弹出“Edit Component”对话框，将绘制的地图 Map1 加载至“Obstacle Map”栏中，其他参数保持默认设置，如图 6-3-2 所示。

执行 Debug → Run Simulation 命令，仿真运行智能小车机器人。大约等待 3s 之后，智能小车机器人开始运行，仿真结果如图 6-3-3 ~ 图 6-3-6 所示，地图 Map1 验证通过。

执行 Debug → Stop VSM Debugging 命令，停止智能小车机器人仿真运行。

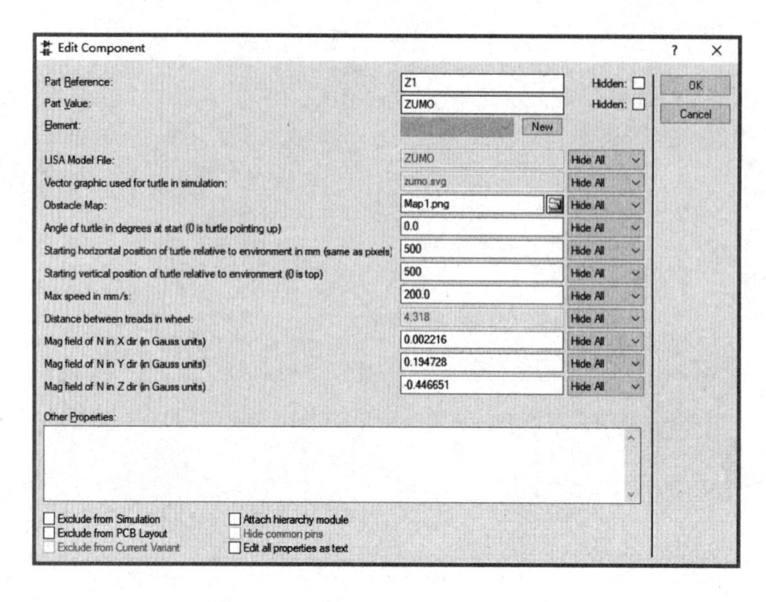

图 6-3-2 “Edit Component”对话框

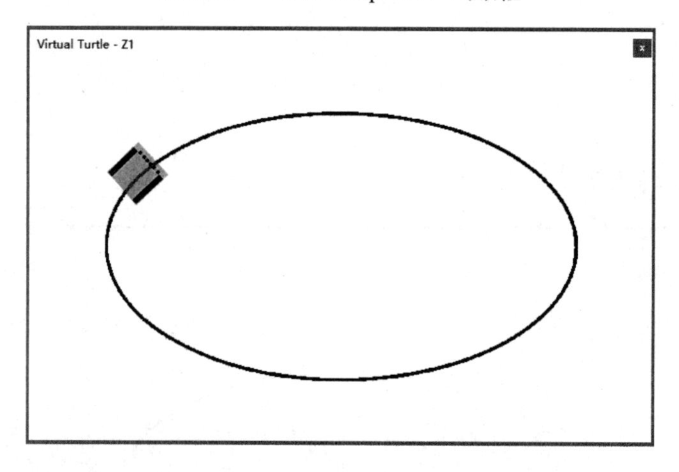

图 6-3-3 仿真结果 1

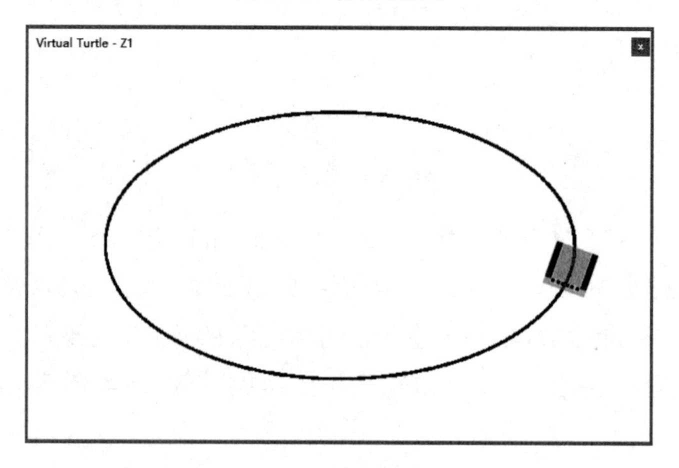

图 6-3-4 仿真结果 2

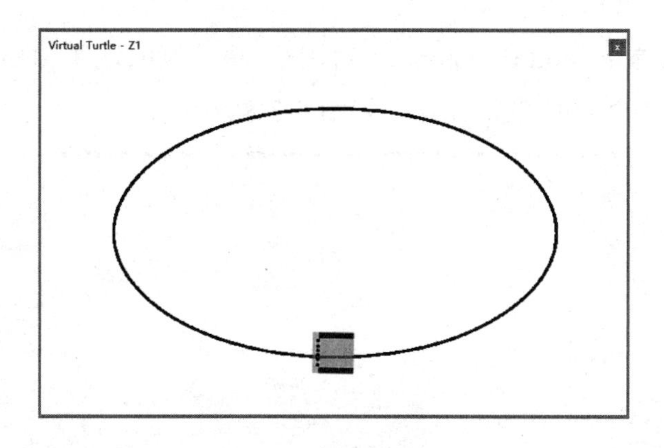

图 6-3-5　仿真结果 3

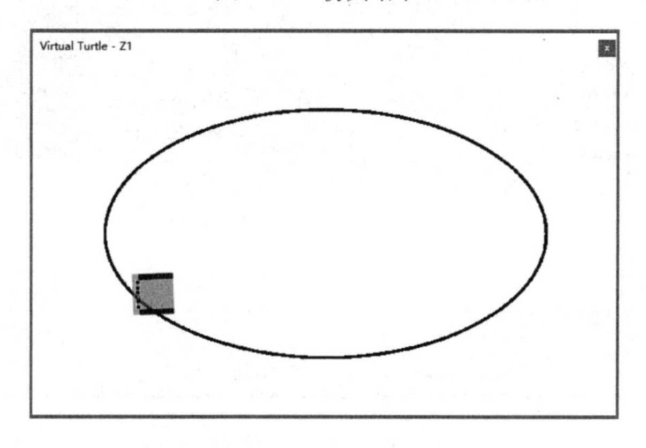

图 6-3-6　仿真结果 4

小提示

◎扫描右侧二维码可观看智能小车机器人在地图 Map1 上的仿真运行情况。

启动画图软件，绘制如图 6-3-7 所示的地图，黑色线条为循迹路径，名为 Map2。

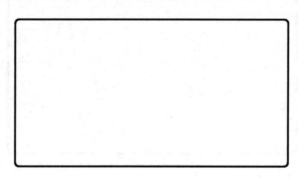

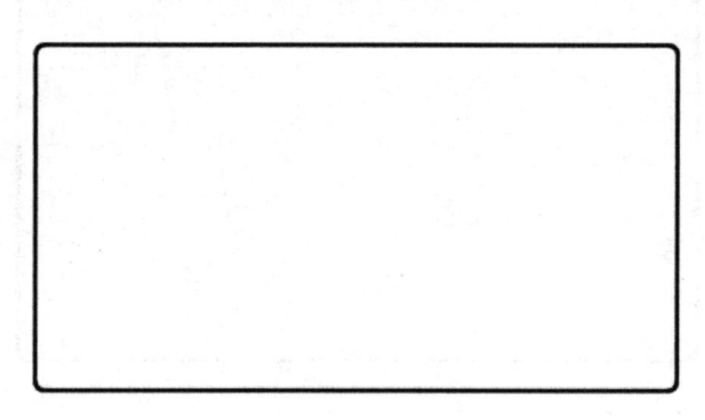

图 6-3-7　地图 Map2

双击 Z1 元件，弹出“Edit Component”对话框，将绘制的地图 Map2 加载至“Obstacle Map”栏中，其他参数保持默认设置，如图 6-3-8 所示。

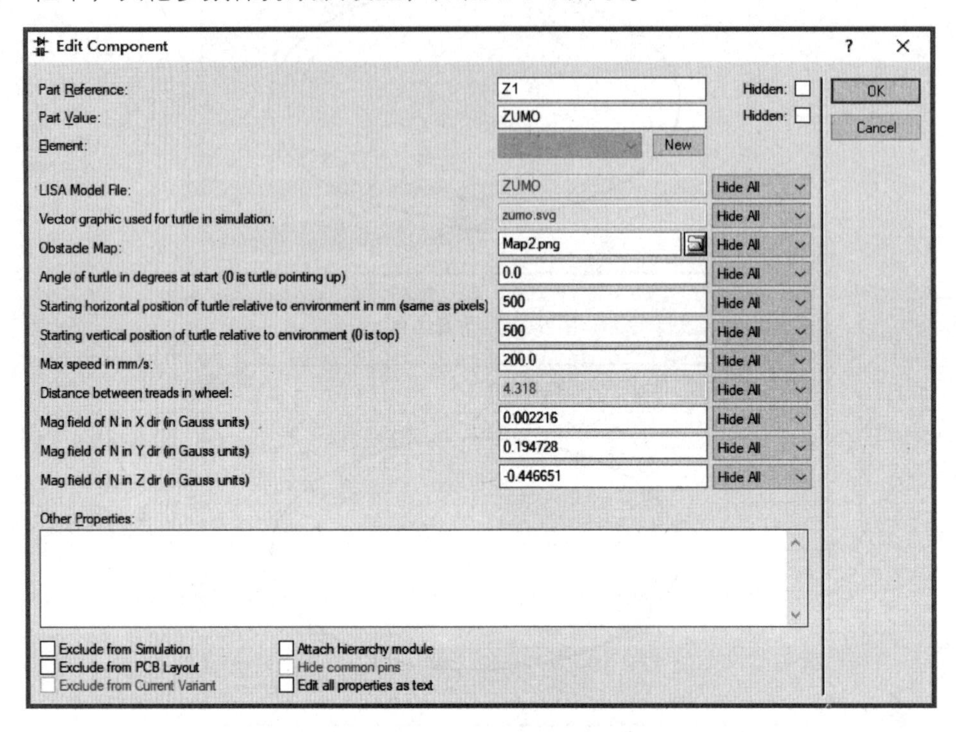

图 6-3-8　“Edit Component”对话框

执行 Debug → Run Simulation 命令，仿真运行智能小车机器人。大约等待 3s 之后，智能小车机器人开始运行，仿真结果如图 6-3-9～图 6-3-12 所示，地图 Map2 验证通过。

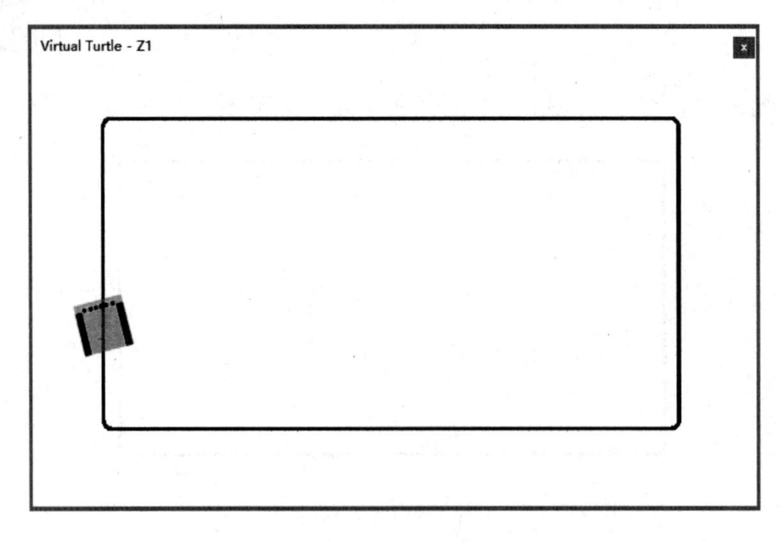

图 6-3-9　仿真结果 1

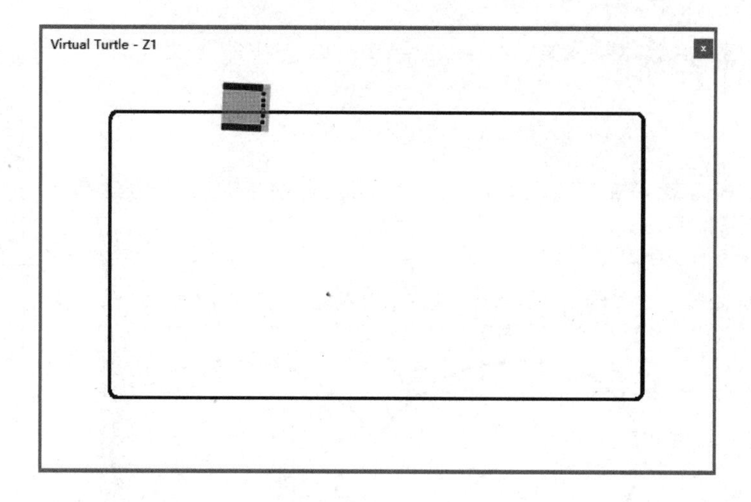

图 6-3-10　仿真结果 2

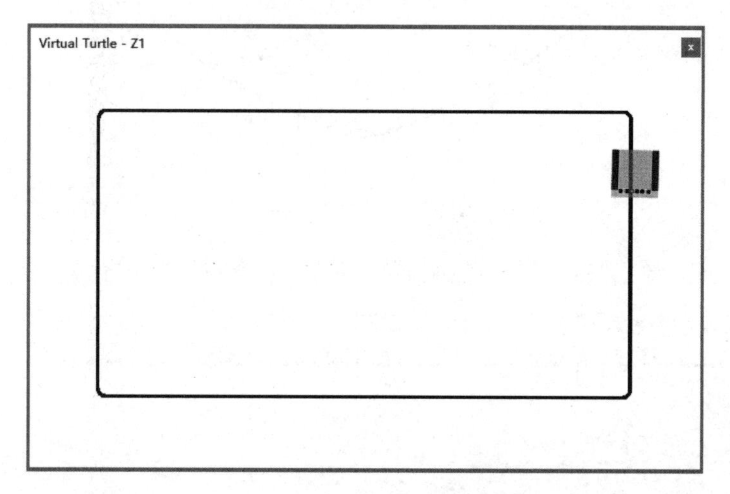

图 6-3-11　仿真结果 3

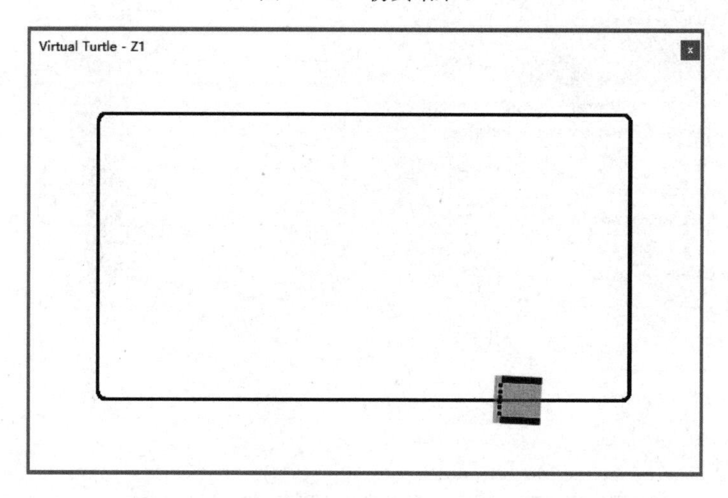

图 6-3-12　仿真结果 4

执行 Debug→■ Stop VSM Debugging 命令，停止智能小车机器人仿真运行。

小提示

◎扫描右侧二维码可观看智能小车机器人在地图 Map2 上的仿真运行情况。

启动画图软件，绘制如图 6-3-13 所示的地图，黑色线条为循迹路径，名为 Map3。

图 6-3-13　地图 Map3

双击 Z1 元件，弹出“Edit Component”对话框，将绘制的地图 Map3 加载至“Obstacle Map”栏中，其他参数保持默认设置，如图 6-3-14 所示。

Edit Component

Part Reference:	Z1	Hidden: ☐
Part Value:	ZUMO	Hidden: ☐
Element:		New
LISA Model File:	ZUMO	Hide All
Vector graphic used for turtle in simulation:	zumo.svg	Hide All
Obstacle Map:	Map3.png	Hide All
Angle of turtle in degrees at start (0 is turtle pointing up)	0.0	Hide All
Starting horizontal position of turtle relative to environment in mm (same as pixels)	500	Hide All
Starting vertical position of turtle relative to environment (0 is top)	500	Hide All
Max speed in mm/s:	200.0	Hide All
Distance between treads in wheel:	4.318	Hide All
Mag field of N in X dir (in Gauss units)	0.002216	Hide All
Mag field of N in Y dir (in Gauss units)	0.194728	Hide All
Mag field of N in Z dir (in Gauss units)	-0.446651	Hide All

OK　Cancel

Other Properties:

☐ Exclude from Simulation　☐ Attach hierarchy module
☐ Exclude from PCB Layout　☐ Hide common pins
☐ Exclude from Current Variant　☐ Edit all properties as text

图 6-3-14　“Edit Component”对话框

执行 Debug → Run Simulation 命令，仿真运行智能小车机器人。大约等待 3s 之后，智能小车机器人开始运行，仿真结果如图 6-3-15 ~ 图 6-3-18 所示，地图 Map3 验证通过。

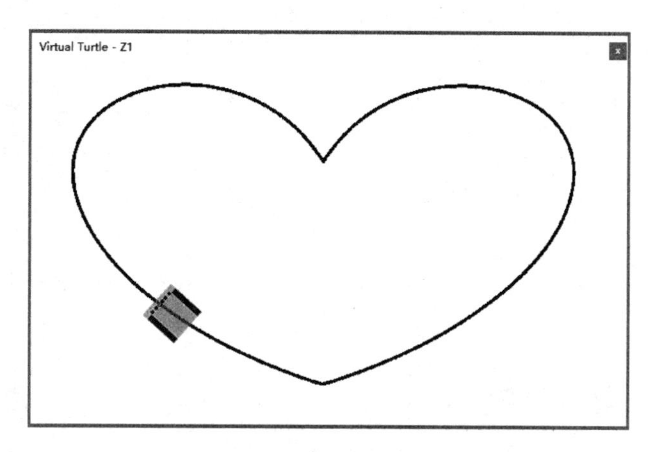

图 6-3-15　仿真结果 1

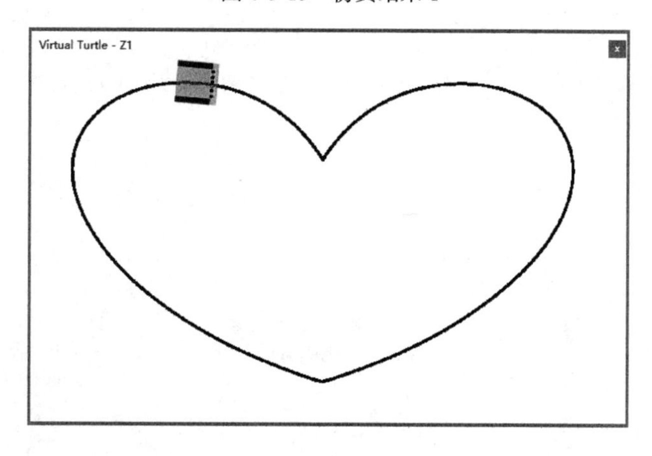

图 6-3-16　仿真结果 2

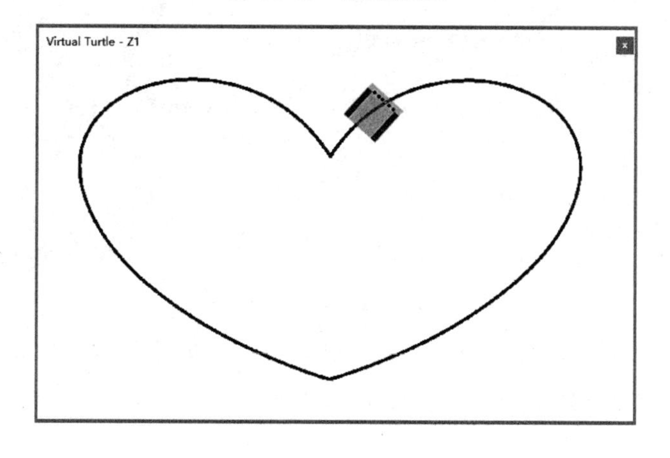

图 6-3-17　仿真结果 3

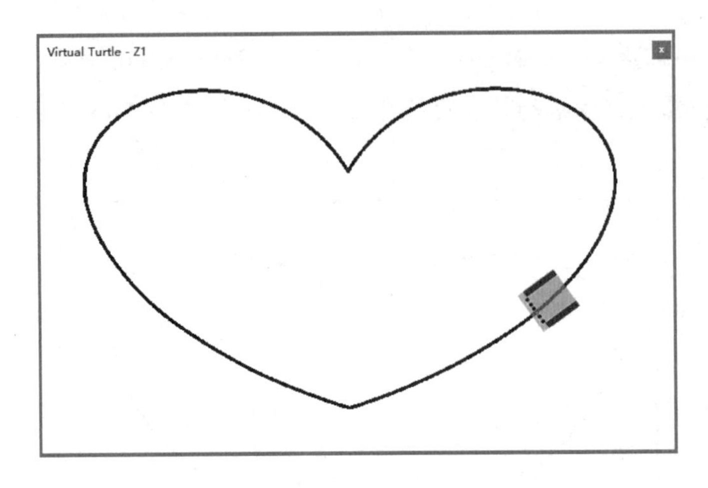

图 6-3-18　仿真结果 4

执行 Debug → Stop VSM Debugging 命令，停止智能小车机器人仿真运行。

小提示

◎扫描右侧二维码可观看智能小车机器人在地图 Map3 上的仿真运行情况。

启动画图软件，绘制如图 6-3-19 所示的地图，黑色线条为循迹路径，名为 Map4。

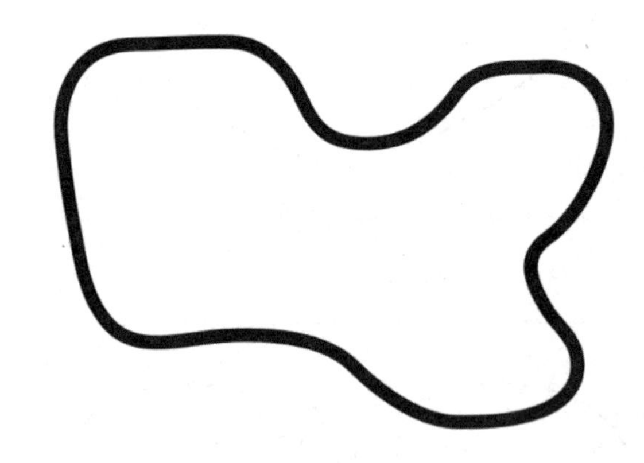

图 6-3-19　地图 Map4

双击 Z1 元件，弹出“Edit Component”对话框，将绘制的地图 Map4 加载至“Obstacle Map”栏中，其他参数保持默认设置，如图 6-3-20 所示。

执行 Debug → Run Simulation 命令，仿真运行智能小车机器人。大约等待 3s 之后，智能小车机器人开始运行，仿真结果如图 6-3-21 ~ 图 6-3-24 所示，地图 Map4 验证通过。

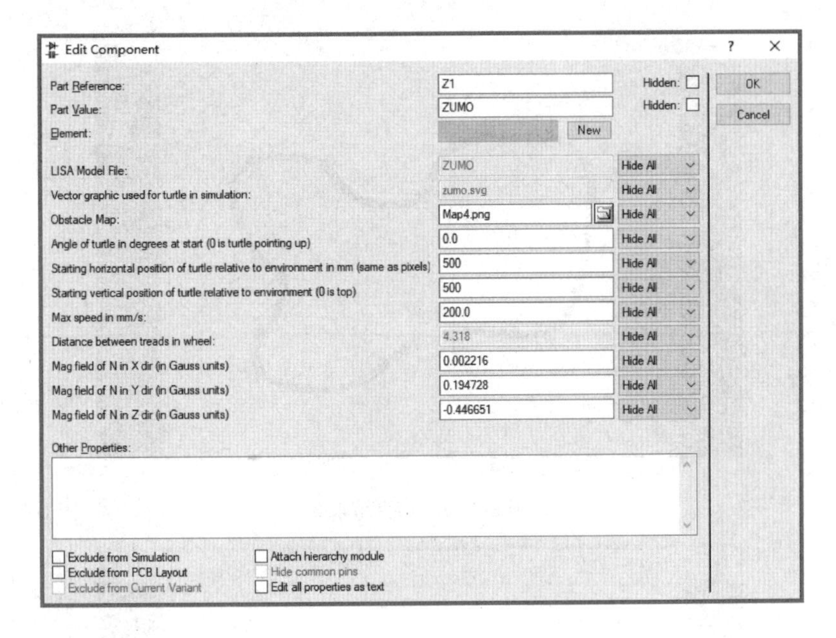

图 6-3-20　“Edit Component”对话框

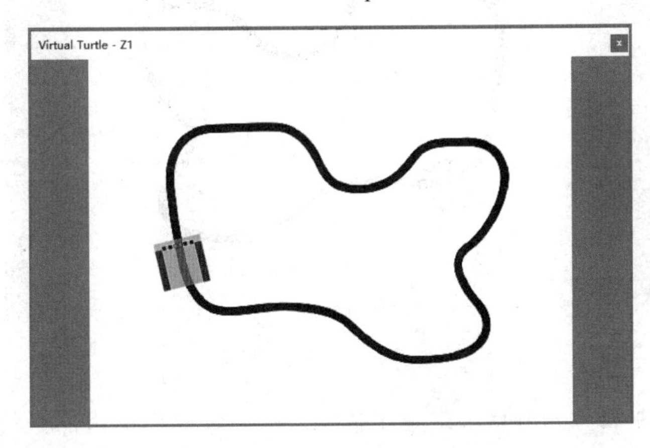

图 6-3-21　仿真结果 1

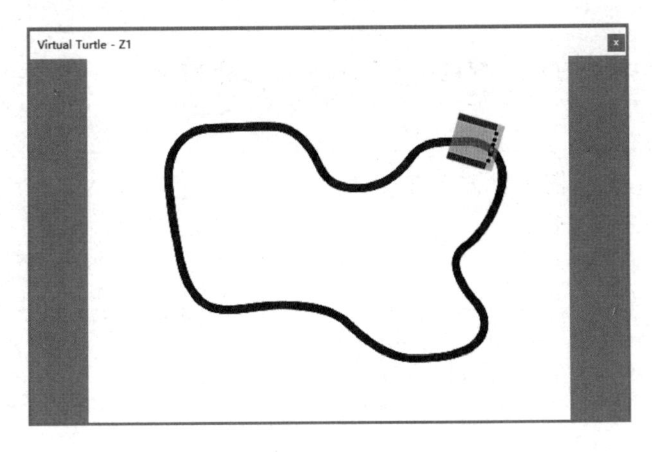

图 6-3-22　仿真结果 2

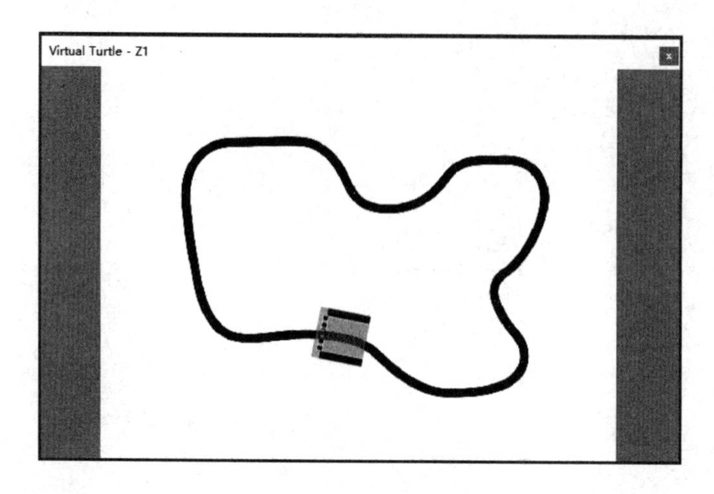

图 6-3-23　仿真结果 3

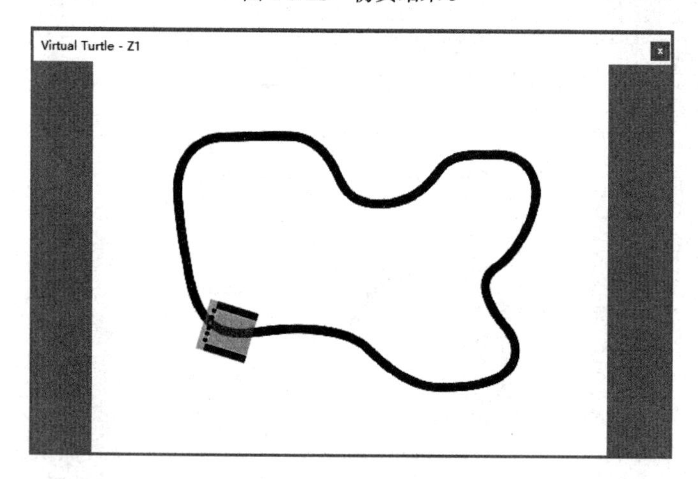

图 6-3-24　仿真结果 4

执行 Debug → Stop VSM Debugging 命令，停止智能小车机器人仿真运行。

小提示

◎扫描右侧二维码可观看智能小车机器人在地图 Map4 上的仿真运行情况。

至此，智能小车机器人仿真完毕。

第7章

元件库绘制

7.1 AT89S51 单片机元件库绘制

7.1.1 AT89S51 单片机原理图元件库绘制

单击 Altium Designer 图标，启动 Altium Designer 软件。执行 File → New → Project... 命令，弹出 “New Project” 对话框，将 Project Type 设置为 “<Empty>”，将项目命名为 “51System”，将存储路径设置为 “G:\book\DIYSmartCar\Project\7”，单击 Create 按钮，即可完成工程项目的新建。

右击 51System.PrjPcb 选项，弹出快捷菜单，选择 Add New to Project 选项，选择 Schematic 选项，将原理图图纸载入主窗口，并将其命名为 “51System.SchDoc”。

右击 51System.PrjPcb 选项，弹出快捷菜单，选择 Add New to Project 选项，选择 PCB 选项，将 PCB 图纸载入主窗口，并将其命名为 “51System.PcbDoc”。

右击 51System.PrjPcb 选项，弹出快捷菜单，选择 Add New to Project 选项，选择 Schematic Library 选项，如图 7-1-1 所示，将原理图元件库载入主窗口，并将其命名为 “51System.SchLib”。

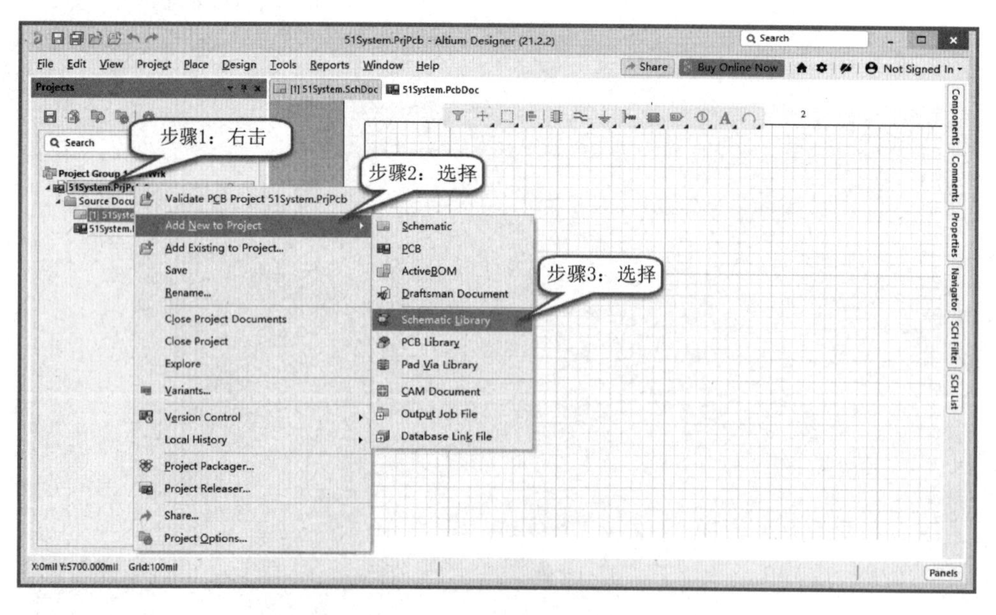

图 7-1-1 添加原理图元件库

右击 51System.PrjPcb 选项，弹出快捷菜单，选择 Add New to Project 选项，选择 PCB Library 选项，如图 7-1-2 所示，将封装元件库载入主窗口，并将其命名为“51System.PcbLib”。

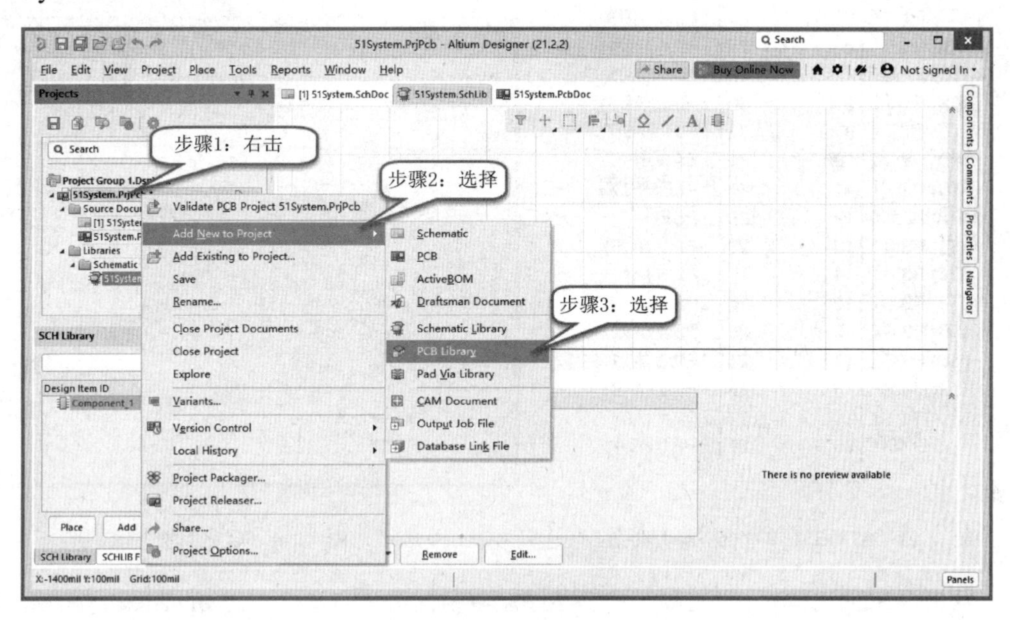

图 7-1-2　添加封装元件库

切换至 51System.SchLib 原理图元件库绘制界面，绘制 AT89S51 单片机原理图元件库。AT89S51 单片机原理图元件库需要根据 AT89S51 单片机各个引脚进行绘制。AT89S51 单片机引脚介绍图如图 7-1-3 所示。

执行 Place→ Rectangle 命令，将矩形放置在图纸上。双击放置的矩形，弹出“Properties”对话框，设置矩形的位置、宽度和高度，具体参数如图 7-1-4 所示。

执行 Place→ Pin 命令，在矩形左侧共放置 20 个引脚，从上至下依次将引脚标识修改为“1”“2”“3”“4”“5”“6”“7”“8”“9”“10”“11”“12”“13”“14”“15”“16”“17”“18”“19”“20”；从上至下依次将引脚名称修改为“P1.0”“P1.1”“P1.2”“P1.3”“P1.4”“P1.5”“P1.6”“P1.7”“RST”“P3.0”“P3.1”“P3.2”“P3.3”“P3.4”“P3.5”“P3.6”“P3.7”“XTAL2”“XTAL1”“GND”。

执行 Place→ Pin 命令，在矩形右侧共放置 20 个引脚，从下至上依次将引脚标识修改为“21”“22”“23”“24”“25”“26”“27”“28”“29”“30”“31”“32”“33”“34”“35”“36”“37”“38”“39”“40”；从下至上依次将引脚名称修改为“P2.0”“P2.1”“P2.2”“P2.3”“P2.4”“P2.5”“P2.6”“P2.7”“P\S\E\N\”“ALE”“E\A\”“P0.7”“P0.6”“P0.5”“P0.4”“P0.3”“P0.2”“P0.1”“P0.0”“VCC”。引脚放置完毕后的效果如图 7-1-5 所示。

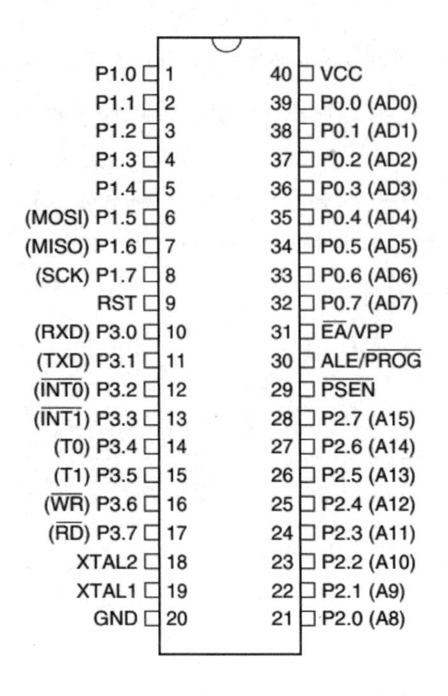

图 7-1-3 AT89S51 单片机引脚介绍图

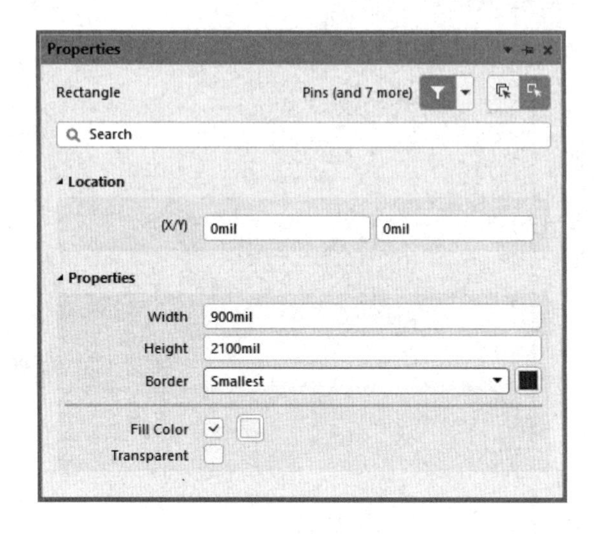

图 7-1-4 矩形参数

双击“SCH Library”选项卡中的 Component_1 选项，弹出“Properties”窗格，修改元器件名称等参数，具体参数设置如图 7-1-6 所示。

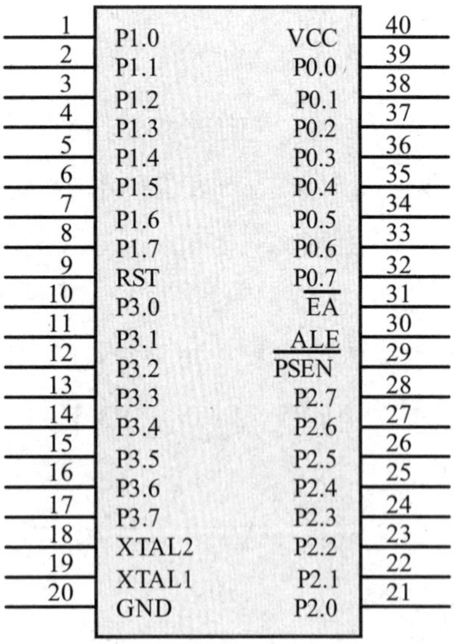

图 7-1-5 引脚放置完毕后的效果

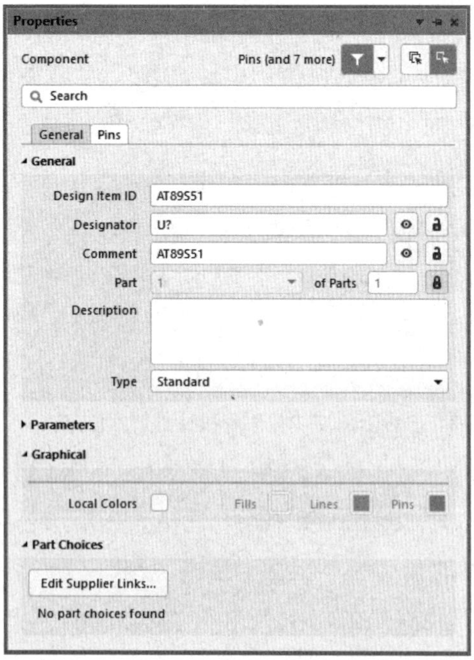

图 7-1-6 “Properties”窗格

至此，AT89S51 单片机原理图元件库绘制完毕，如图 7-1-7 所示。

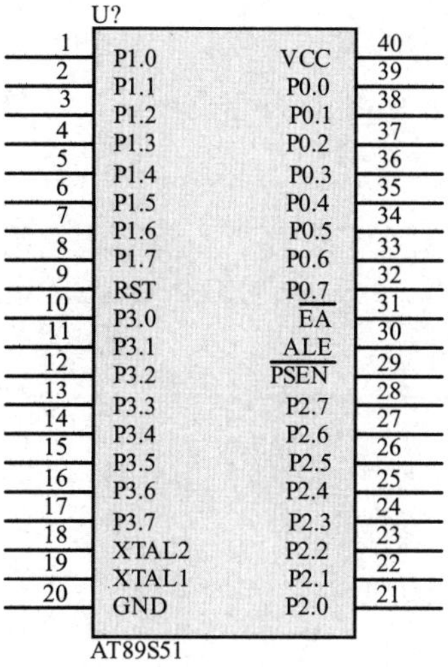

图 7-1-7　AT89S51 单片机原理图元件库

小提示

◎将 AT89S51 单片机原理图元件库放置在原理图图纸上才会出现“U?”和“AT89S51”字样。

7.1.2　AT89S51 单片机封装元件库绘制

切换至 51System.PcbLib 封装元件库绘制界面，绘制 AT89S51 单片机封装元件库。需要根据 AT89S51 单片机封装尺寸进行绘制。AT89S51 单片机封装尺寸如图 7-1-8 所示。

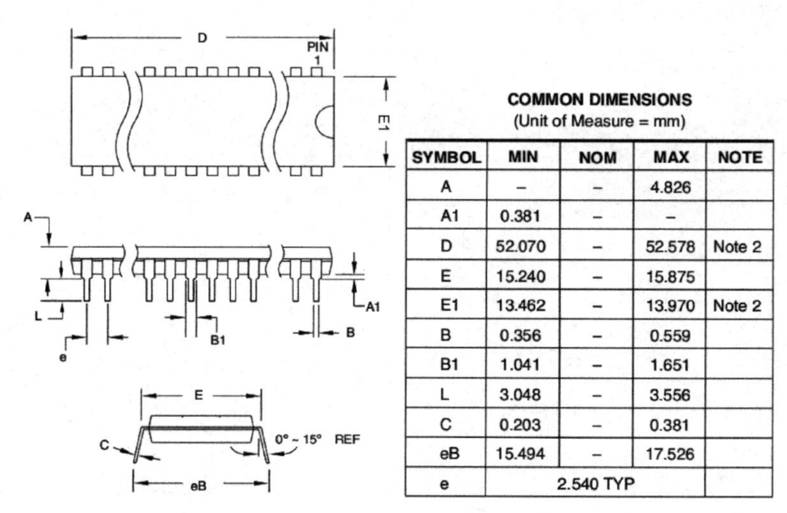

COMMON DIMENSIONS
(Unit of Measure = mm)

SYMBOL	MIN	NOM	MAX	NOTE
A	–	–	4.826	
A1	0.381	–	–	
D	52.070	–	52.578	Note 2
E	15.240	–	15.875	
E1	13.462	–	13.970	Note 2
B	0.356	–	0.559	
B1	1.041	–	1.651	
L	3.048	–	3.556	
C	0.203	–	0.381	
eB	15.494	–	17.526	
e	2.540 TYP			

图 7-1-8　AT89S51 单片机封装尺寸

（该图引自原厂数据手册）

执行 Tools → Footprint Wizard... 命令，弹出“Footprint Wizard”对话框，如图 7-1-9 所示。单击 Next 按钮，弹出“Component patterns”界面，选择“Dual In-line Packages（DIP）”选项，将单位设置为“mil”，如图 7-1-10 所示。

图 7-1-9 “Footprint Wizard”对话框

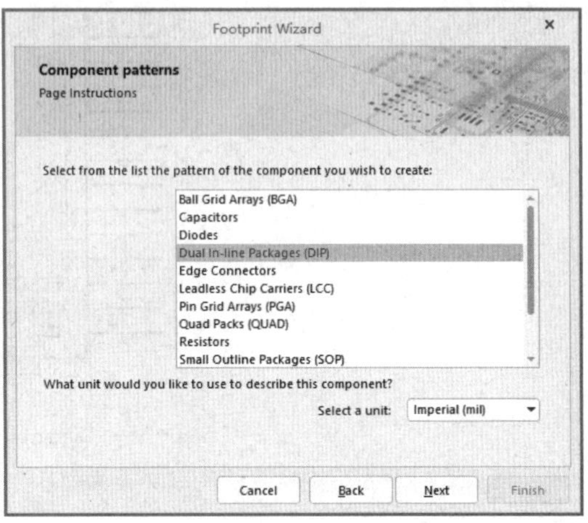

图 7-1-10 “Component Patterns”界面

单击 Next 按钮，弹出“Dual In-line Packages（DIP）: Define the pads dimensions”界面，将焊盘形状设置为椭圆形状，将长轴设置为“70mil”，将短轴设置为“70mil”，将孔径设置为“40mil”，如图 7-1-11 所示。

单击 Next 按钮，弹出“Dual In-line Packages（DIP）: Define the pads layout”界面，将相邻焊盘的横向间距设置为“600mil”，将相邻焊盘的纵向间距设置为“100mil”，如图 7-1-12 所示。

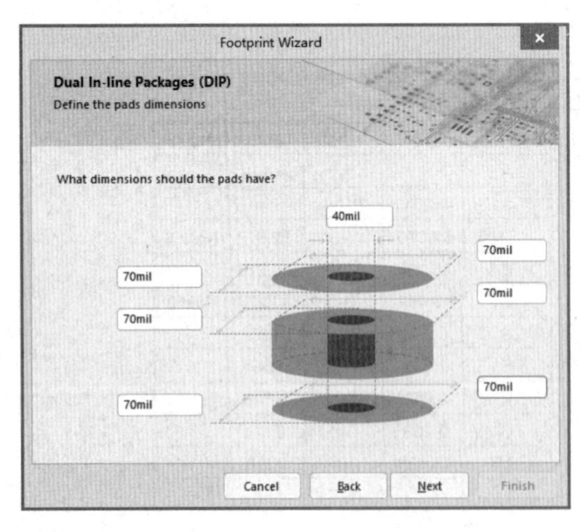

图 7-1-11 定义孔径

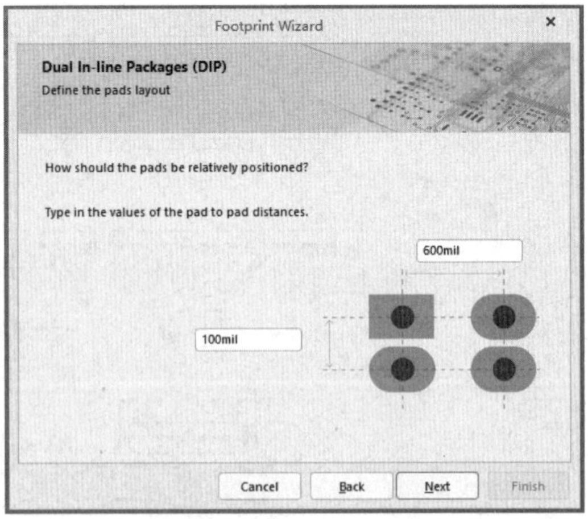

图 7-1-12 定义焊盘间距

单击 Next 按钮，弹出“Dual In-line Packages（DIP）: Define the outline width”

界面，将轮廓线宽度设置为“10mil”，如图 7-1-13 所示。

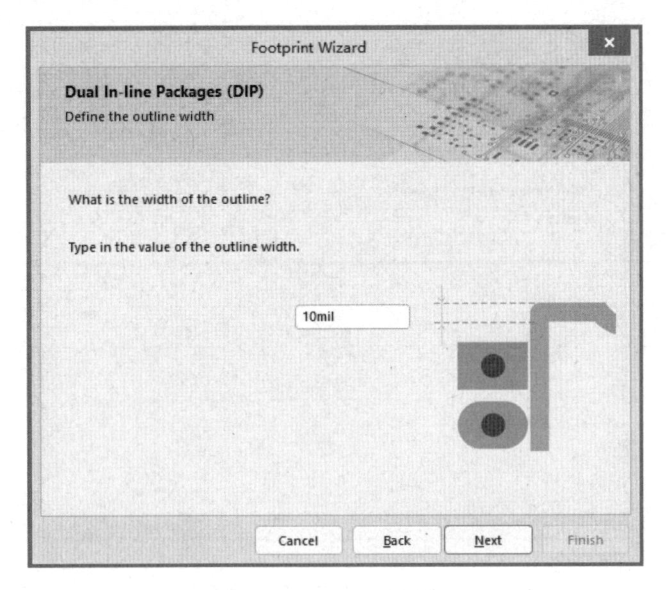

图 7-1-13　定义轮廓线宽度

单击 Next 按钮，弹出“Dual In-line Packages（DIP）：Set number of the pads”界面，将焊盘数目设置为“40”，如图 7-1-14 所示。

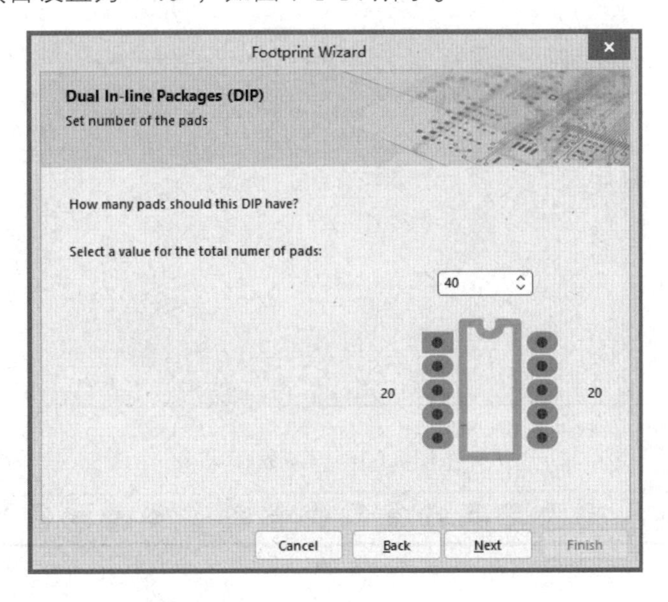

图 7-1-14　定义焊盘数目

单击 Next 按钮，弹出“Dual In-line Packages（DIP）：Set the component name”界面，将封装模型命名为“DIP40”，如图 7-1-15 所示。

单击 Next 按钮，弹出完成界面，如图 7-1-16 所示。单击 Finish 按钮，即可将绘制的封装模型放置在图纸上，如图 7-1-17 所示。

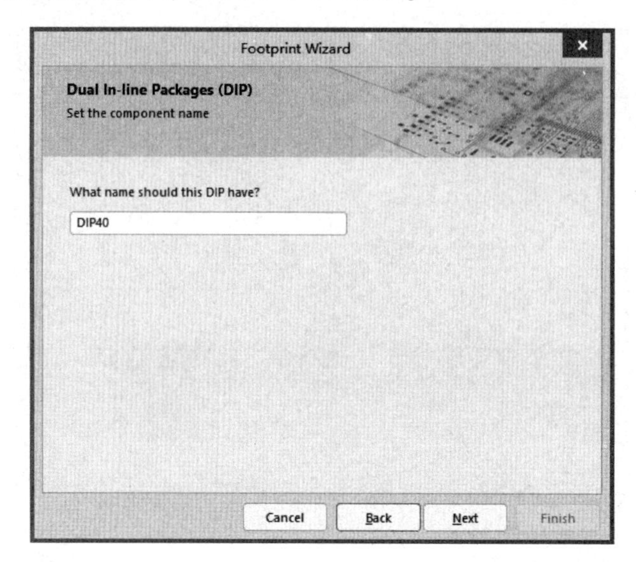

图 7-1-15　为封装模型命名

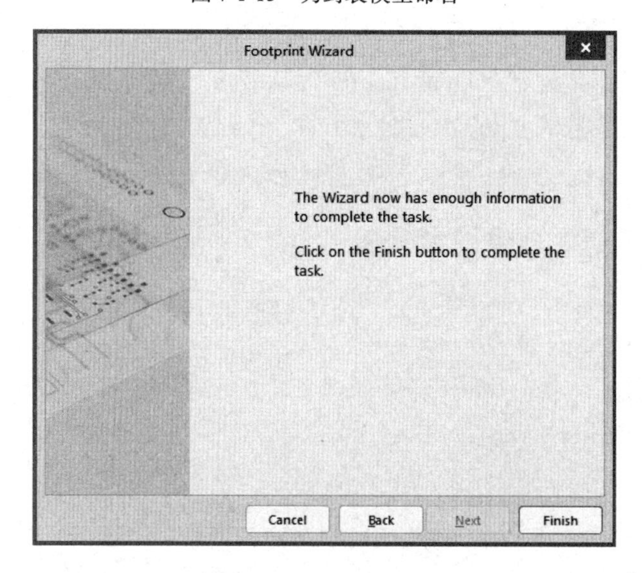

图 7-1-16　完成界面

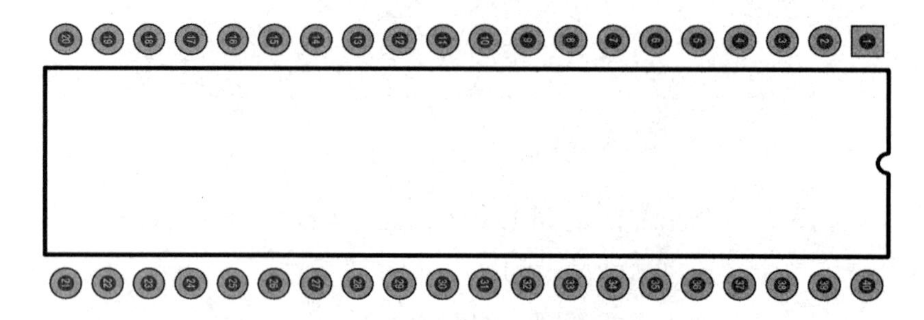

图 7-1-17　AT89S51 单片机 PCB 封装模型

至此 AT89S51 封装元件库绘制完毕。需要将 AT89S51 单片机封装元件库中的 DIP40 封装模型加载在到 AT89S51 单片机原理图元件库中，切换至原理图元件库绘制环境，单击“SCH Library”选项卡，双击 AT89S51 选项，弹出“Properties”窗格，单击 Add... 下拉按钮，弹出下拉列表，选择 Footprint 选项，如图 7-1-18 所示，弹出“PCB Model”对话框，如图 7-1-19 所示。

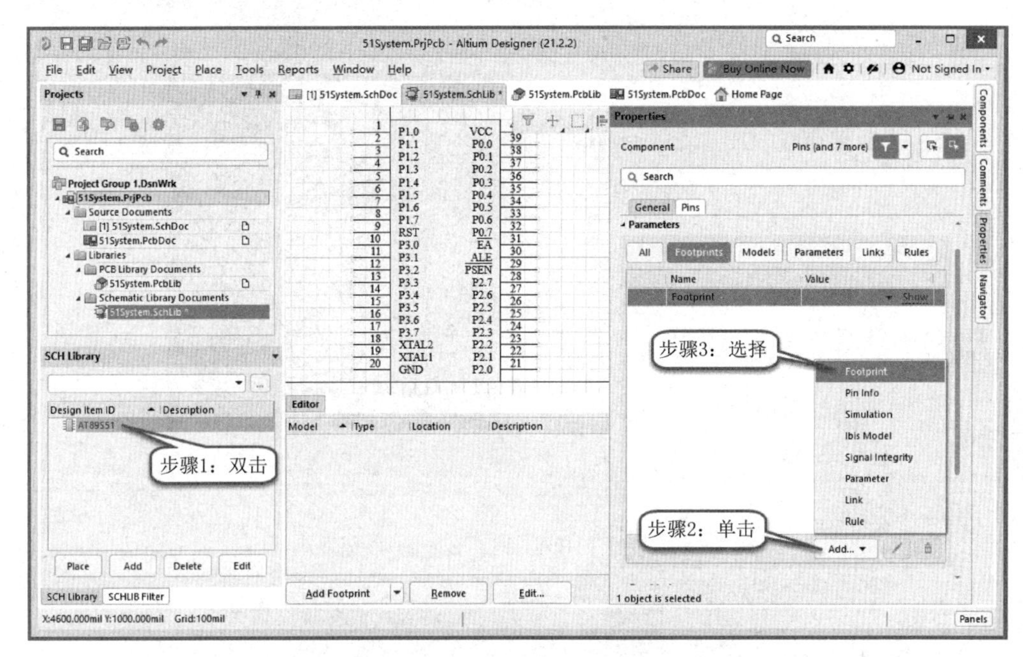

图 7-1-18　弹出“PCB Model”对话框操作步骤

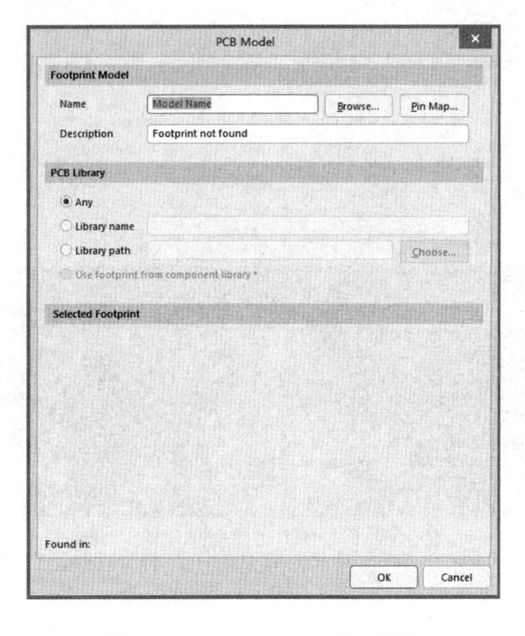

图 7-1-19　“PCB Model”对话框

在“PCB Model”对话框中单击 Browse... 按钮，弹出“Browse Libraries”对话框，选择刚刚绘制的 DIP40 封装模型，如图 7-1-20 所示。单击 OK 按钮，返回“PCB Model”对话框。加载封装模型后的“PCB Model”对话框如图 7-1-21 所示。单击 Pin Map... 按钮，弹出“Model Map”对话框，查看引脚的对应情况，如图 7-1-22 所示。

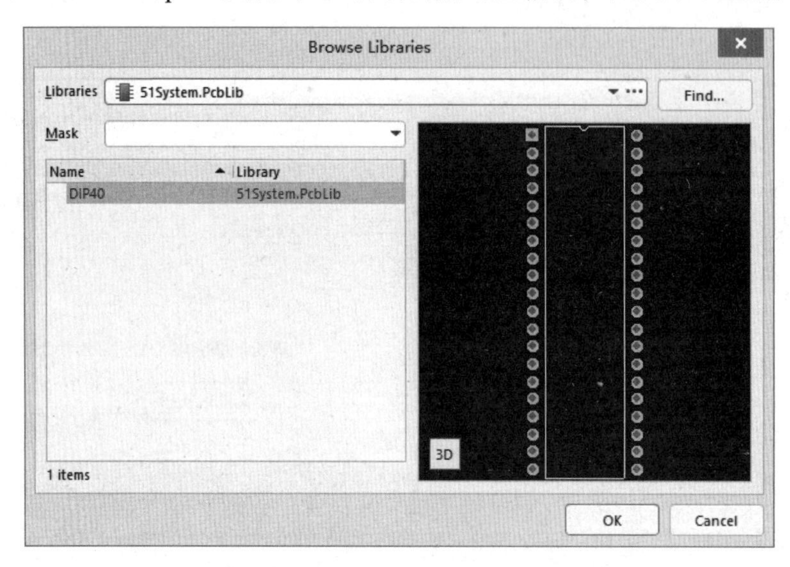

图 7-1-20 “Browse Libraries”对话框

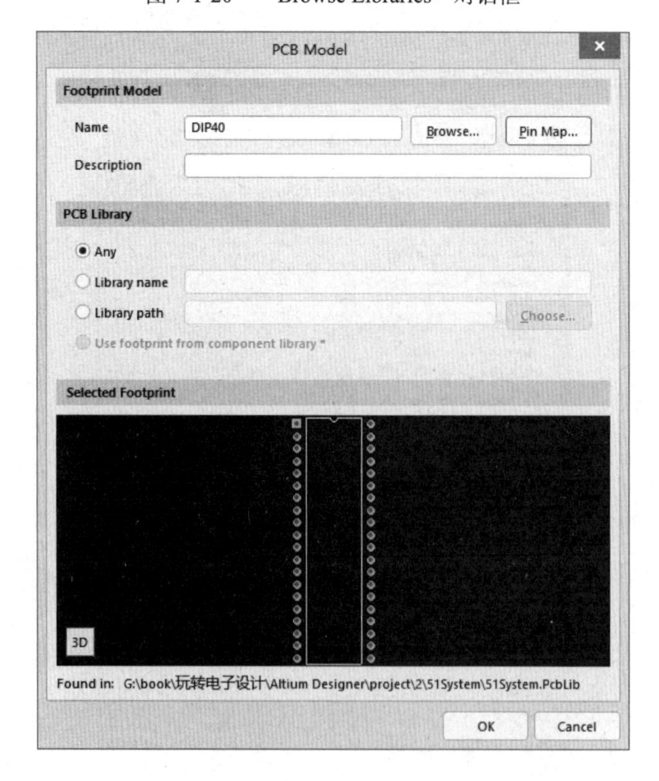

图 7-1-21 加载封装模型后的“PCB Model”对话框

Model Map

Component Pin Designa...	Model Pin Designator
1	1
2	2
3	3
4	4
5	5
6	6
7	7
8	8
9	9
10	10
11	11
12	12
13	13
14	14
15	15

OK　Cancel

图 7-1-22　“Model Map”对话框

至此，AT89S51 单片机元件库绘制完毕。

小提示

◎原理图元件库中的引脚标识一定要与封装元件库中的引脚标识一一对应。

7.2 晶振元件库绘制

7.2.1 晶振原理图元件库绘制

晶振可以选用 Altium Designer 软件中自带的晶振原理图元件库，如图 7-2-1 所示，无须自行绘制。

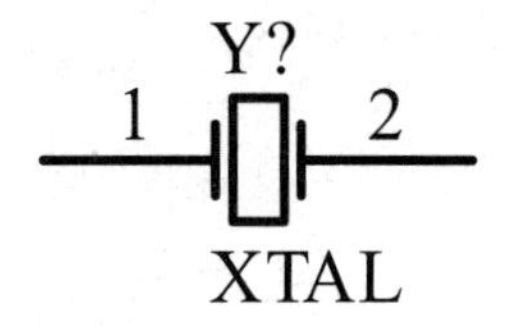

图 7-2-1　晶振原理图元件库

7.2.2 晶振封装元件库绘制

切换至 51System.PcbLib 封装元件库绘制界面，参考如图 7-2-2 所示的步骤创建晶振封装元件库绘制环境，并将其命名为“HC-49S”。

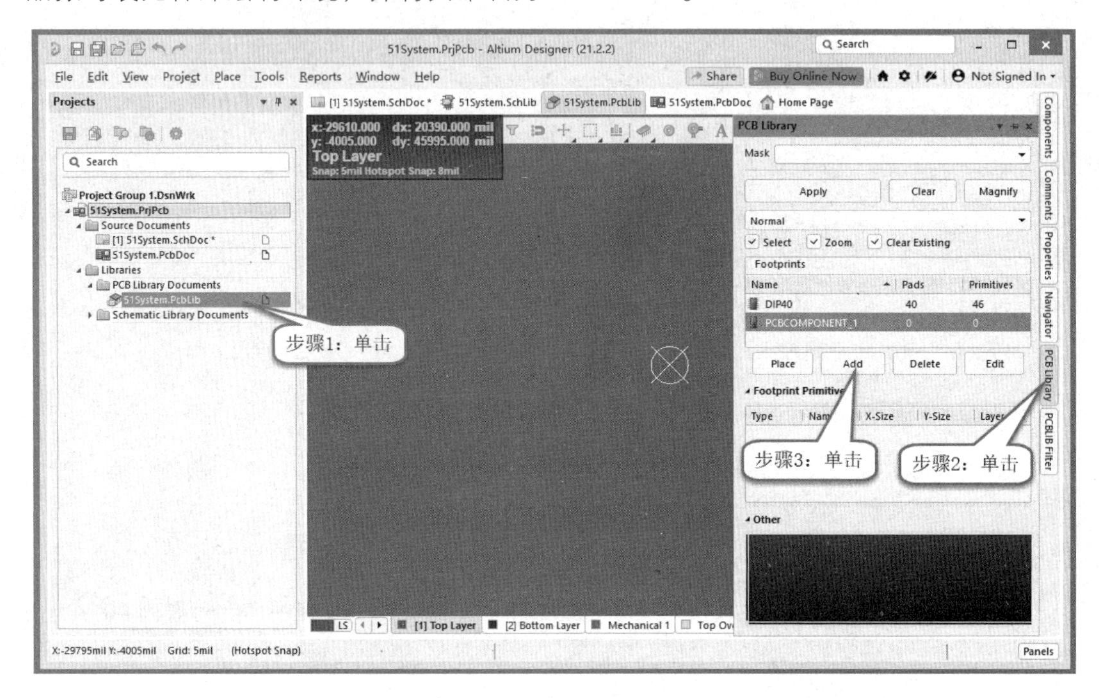

图 7-2-2 新建封装元件库绘制环境

晶振封装元件库需要根据晶振封装尺寸进行绘制。晶振封装尺寸如图 7-2-3 所示。

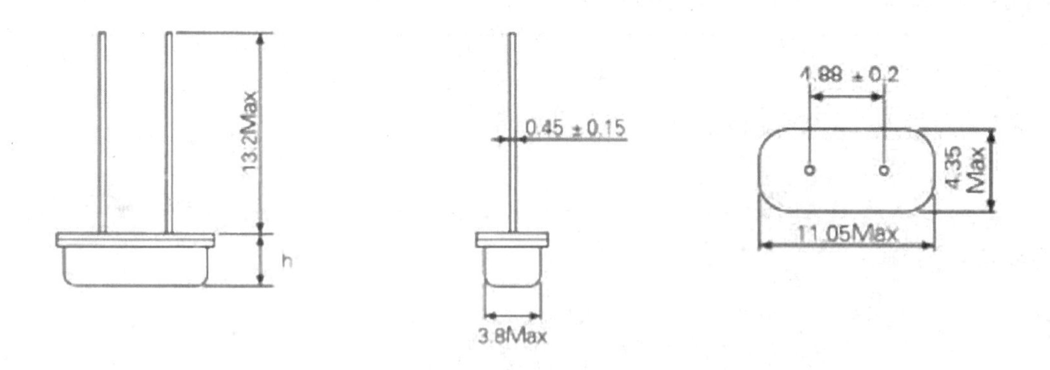

图 7-2-3 晶振封装尺寸

（该图引自原厂数据手册）

切换至“Top Overlay”图层，执行 Place → Line 命令，放置 2 条横线。双击第 1 条横线，在打开的窗格中按照图 7-2-4 设置参数。双击第 2 条横线，在打开的窗格中按照图 7-2-5 设置参数。

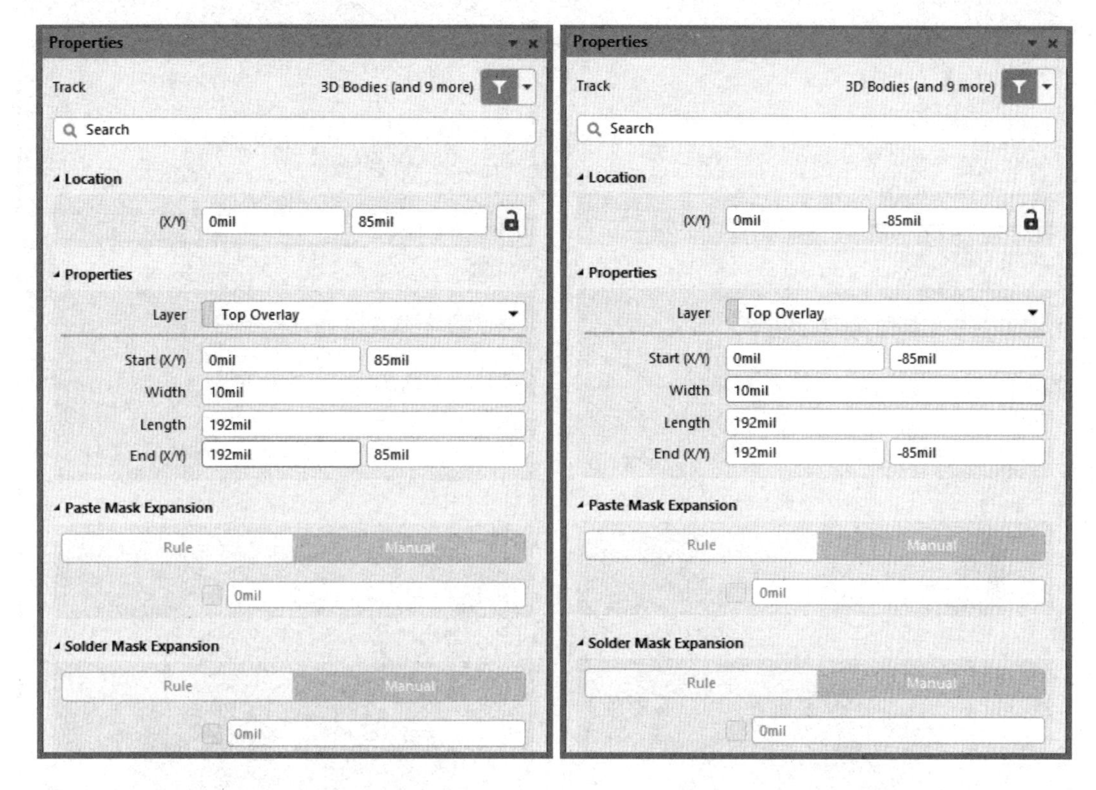

图 7-2-4　第 1 条横线参数　　　　图 7-2-5　第 2 条横线参数

执行 Place → Pad 命令，将焊盘放置在绘制界面中。双击放置的焊盘，弹出“Properties”窗格，将此焊盘的属性标识设置为“1”，将位置 X 设置为“0mil”，将位置 Y 设置为“0mil”，将外形设置为“Round”，将尺寸 X 设置为“70mil”，将尺寸 Y 设置为“70mil”，将通孔尺寸设置为“36mil”，如图 7-2-6 所示。

执行 Place → Pad 命令，将焊盘放置在绘制界面中。双击放置的焊盘，弹出“Properties”窗格，将此焊盘的属性标识设置为“2”，将位置 X 设置为“192mil”，将位置 Y 设置为“0mil”，将外形设置为“Round”，将尺寸 X 设置为“70mil”，将尺寸 Y 设置为“70mil”，将通孔尺寸设置为“36mil”，如图 7-2-7 所示。

切换至“Top Overlay”图层，执行 Place → Arc (Center) 命令，放置 2 个圆弧。双击第 1 个圆弧，在打开的窗格中按照图 7-2-8 设置参数。双击第 2 个圆弧，在打开的窗格中按照图 7-2-9 设置参数。

参照 7.1.2 节介绍的方法将晶振封装元件库中的封装模型加载到晶振原理图元件库中。

至此，晶振封装元件库绘制完毕，如图 7-2-10 所示。

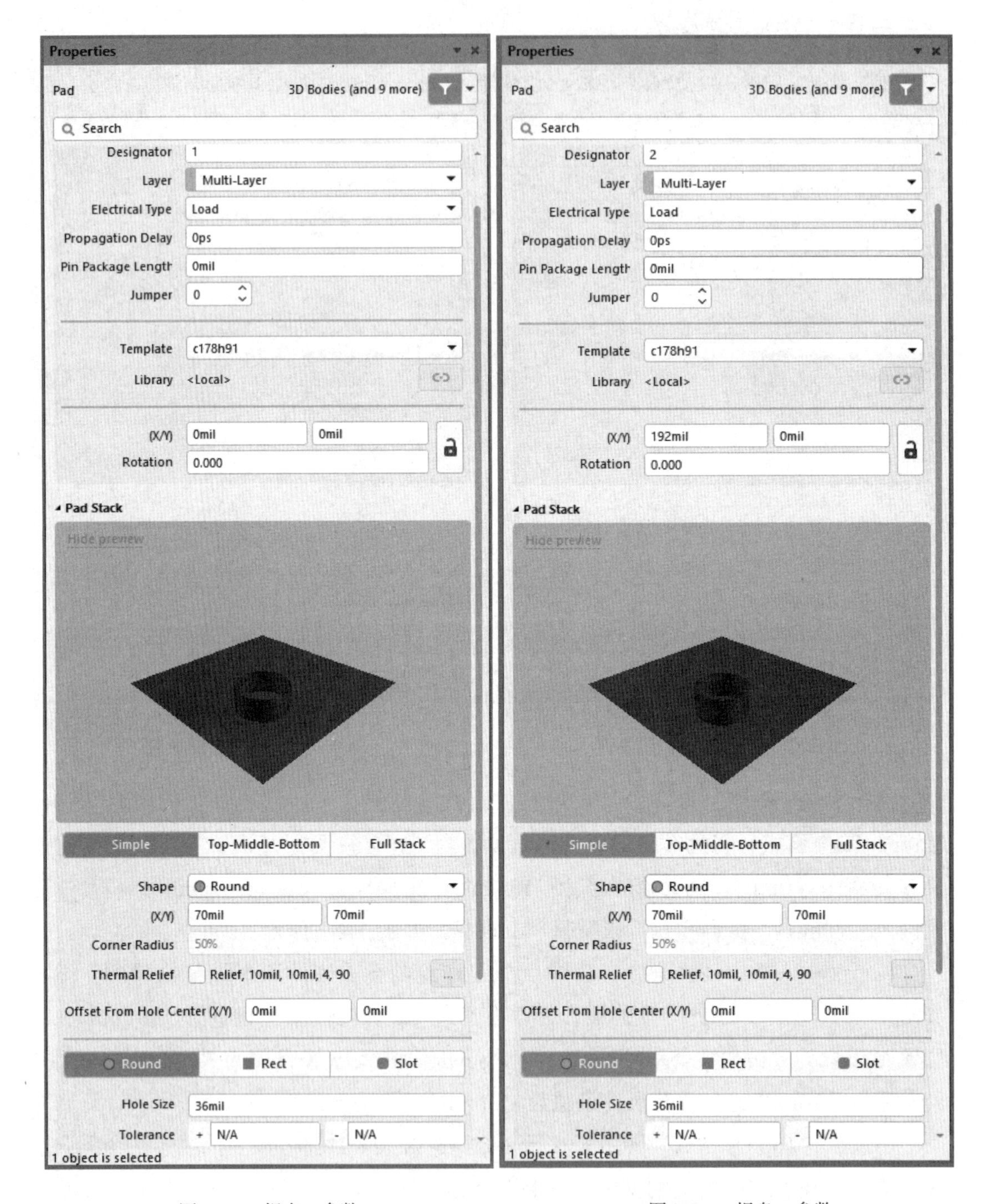

图 7-2-6　焊盘 1 参数　　　　图 7-2-7　焊盘 2 参数

小提示

◎也可以在绘制原理图元件库时再为晶振原理图元件库加载晶振封装元件库。

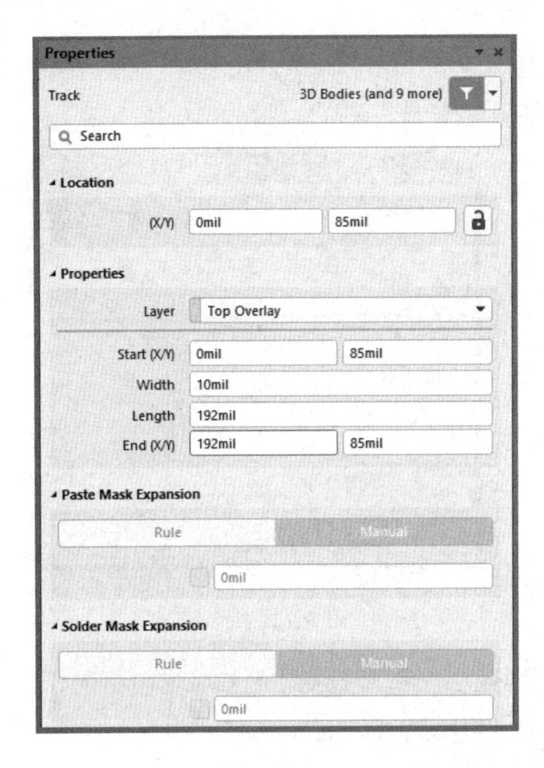

图 7-2-8　第 1 个圆弧参数

图 7-2-9　第 2 个圆弧参数

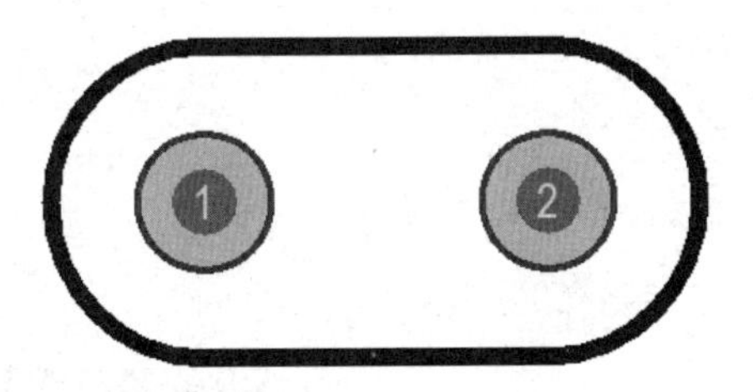

图 7-2-10　晶振封装元件库

7.3 滑动开关元件库绘制

7.3.1 滑动开关原理图元件库绘制

切换至 51System.SchLib 原理图元件库绘制界面，绘制滑动开关原理图元件库。滑动开关原理图元件库需要根据滑动开关各个引脚进行绘制。滑动开关引脚介绍图如图 7-3-1 所示。

执行 Tools → New Component 命令，进入新原理图元件库绘制界面，执行

Place→ Rectangle 命令，将矩形放置在图纸上。双击放置的矩形，弹出“Properties”窗格，设置矩形的位置、宽度和高度，具体参数如图 7-3-2 所示。

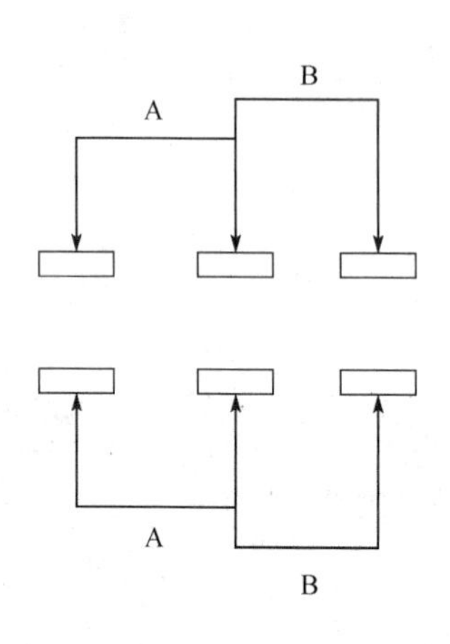

图 7-3-1　滑动开关引脚介绍图

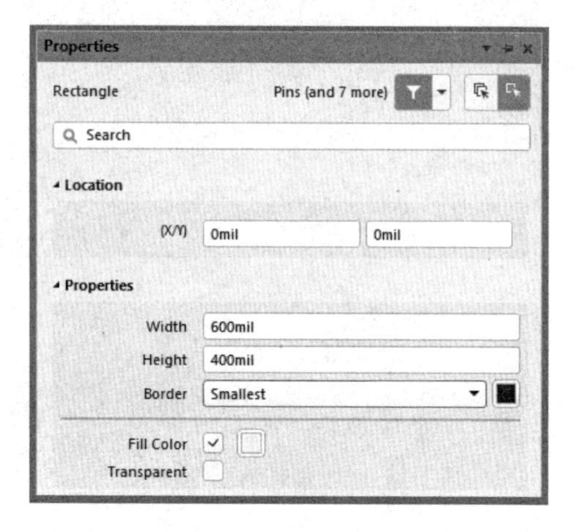

图 7-3-2　矩形参数

执行 Place→ Pin 命令，在矩形上方放置 3 个引脚，从左至右依次将引脚标识修改为“1”“2”“3”；从左至右依次将引脚名称修改为“A1”“B1”“C1”。

执行 Place→ Pin 命令，在矩形下方放置 3 个引脚，从左至右依次将引脚标识修改为“4”“5”“6”；从左至右依次将引脚名称修改为“A2”“B2”“C2”。引脚放置完毕的效果如图 7-3-3 所示。

双击“SCH Library”选项卡中的 Component_1 选项，弹出“Properties”窗格，修改元器件名称等参数，具体参数如图 7-3-4 所示。

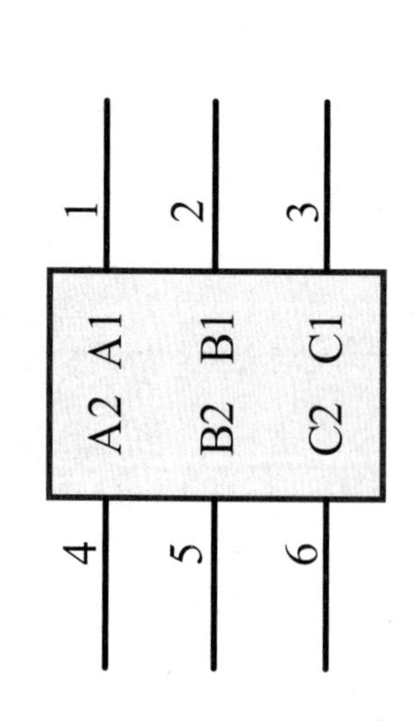

图 7-3-3　引脚放置完毕的效果

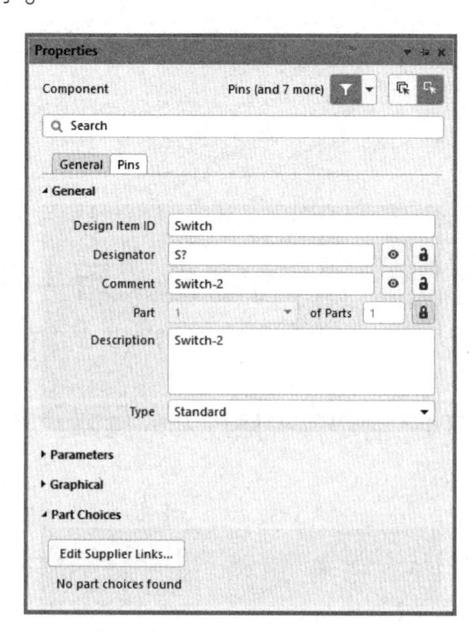

图 7-3-4　“Properties”窗格

至此，滑动开关原理图元件库绘制完毕，如图 7-3-5 所示。

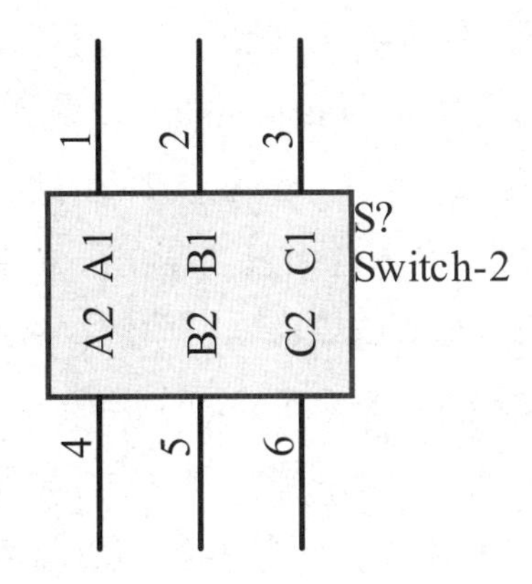

图 7-3-5　滑动开关原理图元件库

小提示

◎将滑动开关原理图元件库放置在原理图图纸上才会出现“S?”和“Switch”字样。

◎滑动开关引脚介绍图并无引脚标识，可以自行标注，与封装元件库中的引脚一一对应即可。

7.3.2 滑动开关封装元件库绘制

切换至 51System.PcbLib 封装元件库绘制界面，绘制滑动开关封装元件库。滑动开关封装元件库需要根据滑动开关封装尺寸进行绘制。滑动开关封装尺寸如图 7-3-6 所示。

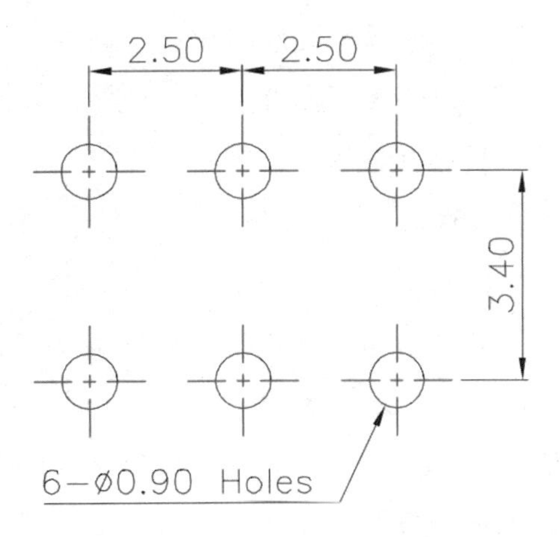

图 7-3-6　滑动开关封装尺寸

（该图引自原厂数据手册）

执行 Place → Pad 命令，将焊盘放置在绘制界面中。双击放置的焊盘，弹出“Properties”窗格，将此焊盘的属性标识设置为“1”，将位置 X 设置为“0mil”，将位置 Y 设置为“0mil”，将形状设置为“Rectangular”，将尺寸 X 设置为“70mil”，将尺寸 Y 设置为“70mil”，将孔径设置为“47mil”，如图 7-3-7 所示。

执行 Place → Pad 命令，将焊盘放置在绘制界面中。双击放置的焊盘，弹出“Properties”窗格，将此焊盘的属性标识设置为“2”，将位置 X 设置为“99mil”，将位置 Y 设置为“0mil”，将形状设置为“Round”，将尺寸 X 设置为“70mil”，将尺寸 Y 设置为“70mil”，将孔径设置为“47mil”，如图 7-3-8 所示。

执行 Place → Pad 命令，将焊盘放置在绘制界面中。双击放置的焊盘，弹出“Properties”窗格，将此焊盘的属性标识设置为“3”，将位置 X 设置为“198mil”，将位置 Y 设置为“0mil”，将形状设置为“Round”，将尺寸 X 设置为“70mil”，将尺寸 Y 设置为“70mil”，将孔径设置为“47mil”，如图 7-3-9 所示。

执行 Place → Pad 命令，将焊盘放置在绘制界面中。双击放置的焊盘，弹出“Properties”窗格，将此焊盘的属性标识设置为“4”，将位置 X 设置为“0mil”，将位置 Y 设置为“-134mil”，将形状设置为“Rectangular”，将尺寸 X 设置为“70mil”，将尺寸 Y 设置为“70mil”，将孔径设置为“47mil”，如图 7-3-10 所示。

执行 Place → Pad 命令，将焊盘放置在绘制界面中。双击放置的焊盘，弹出“Properties”窗格，将此焊盘的属性标识设置为“5”，将位置 X 设置为“99mil”，将位置 Y 设置为“-134mil”，将形状设置为“Round”，将尺寸 X 设置为“77mil”，将尺寸 Y 设置为“77mil”，将孔径设置为“47mil”，如图 7-3-11 所示。

执行 Place → Pad 命令，将焊盘放置在绘制界面中。双击放置的焊盘，弹出“Properties”窗格，将此焊盘的属性标识设置为“6”，将位置 X 设置为“198mil”，将位置 Y 设置为“-134mil”，将形状设置为“Round”，将尺寸 X 设置为“70mil”，将尺寸 Y 设置为“70mil”，将孔径设置为“47mil”，如图 7-3-12 所示。

切换至“Top Overlay”图层，执行 Place → Line 命令，放置 4 条横线，2 条竖线。双击第 1 条横线，在打开的窗格中按照图 7-3-13 设置参数。双击第 2 条横线，在打开的窗格中按照图 7-3-14 设置参数。双击第 3 条横线，在打开的窗格中按照图 7-3-15 设置参数。双击第 4 条横线，在打开的窗格中按照图 7-3-16 设置参数。双击第 1 条竖线，在打开的窗格中按照图 7-3-17 设置参数。双击第 2 条竖线，在打开的窗格中按照如图 7-3-18 设置参数。

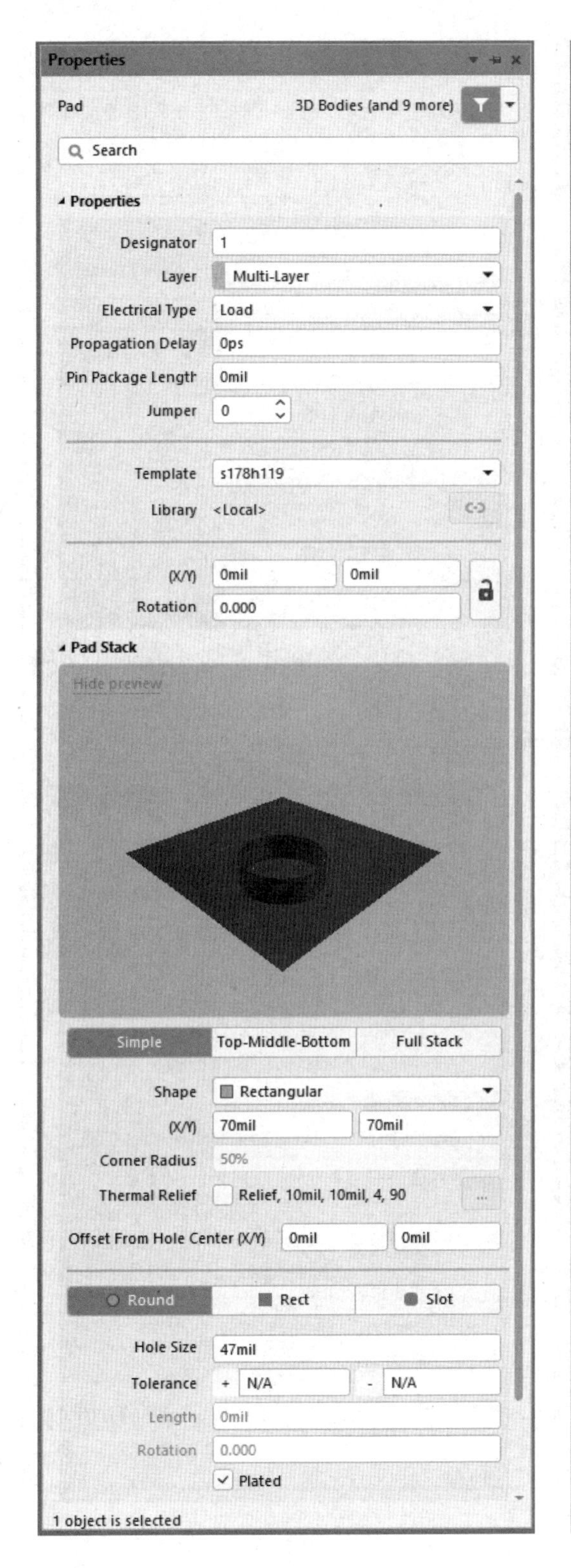

图 7-3-7 焊盘 1 参数

Properties
Pad
3D Bodies (and 9 more)
Search
Properties
Designator
2
Layer
Multi-Layer
Electrical Type
Load
Propagation Delay
0ps
Pin Package Length
0mil
Jumper
0
Template
c178h119
Library
<Local>
(X/Y)
99mil
0mil
Rotation
0.000
Pad Stack
Hide preview
Simple
Top-Middle-Bottom
Full Stack
Shape
Round
(X/Y)
70mil
70mil
Corner Radius
50%
Thermal Relief
Relief, 10mil, 10mil, 4, 90
Offset From Hole Center (X/Y)
0mil
0mil
Round
Rect
Slot
Hole Size
47mil
Tolerance
+ N/A
- N/A
Length
0mil
Rotation
0.000
Plated
1 object is selected

图 7-3-8 焊盘 2 参数

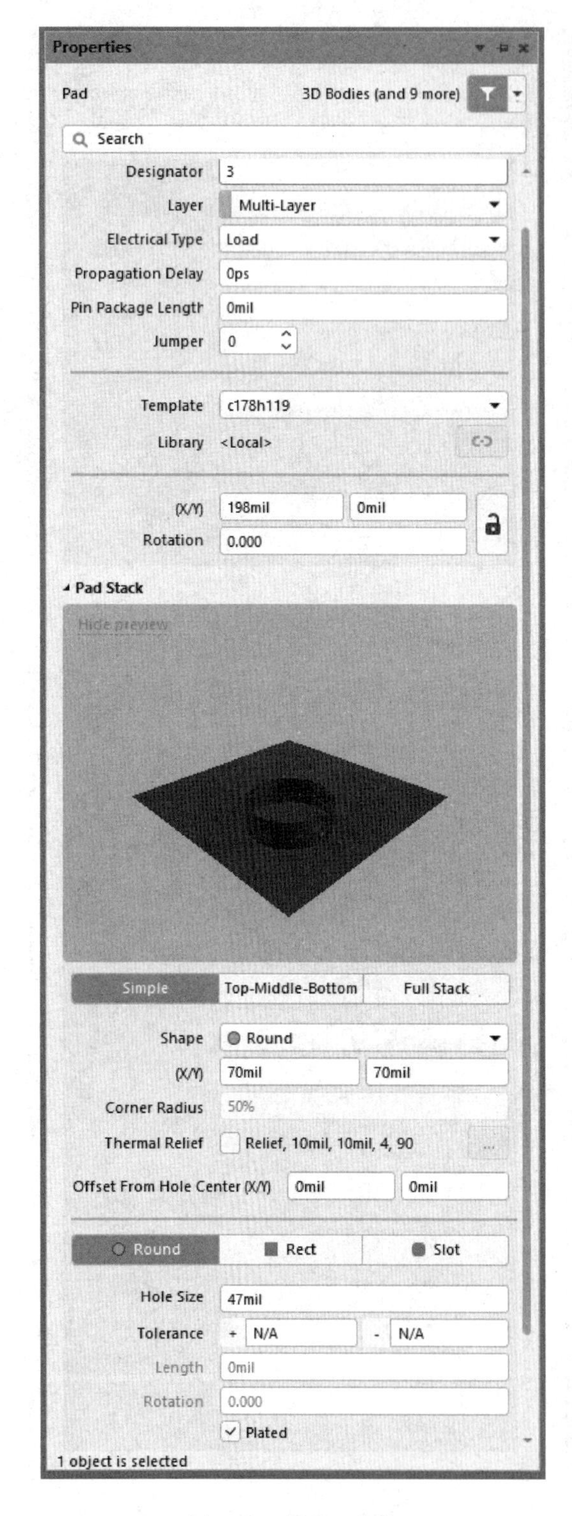

图 7-3-9　焊盘 3 参数

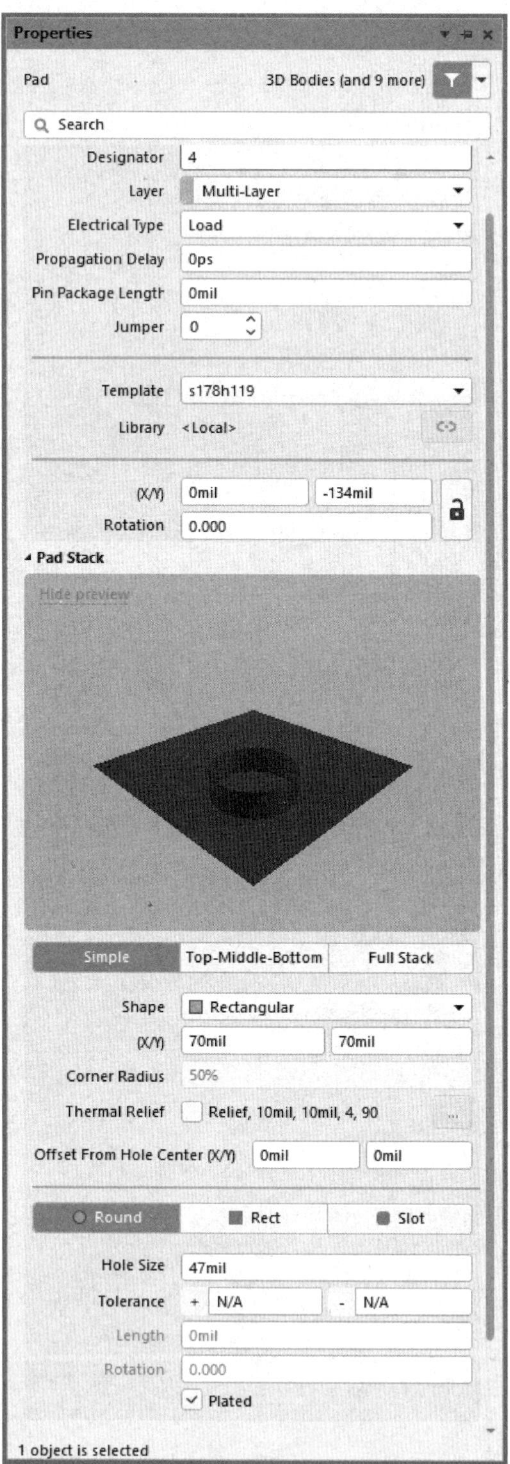

图 7-3-10　焊盘 4 参数

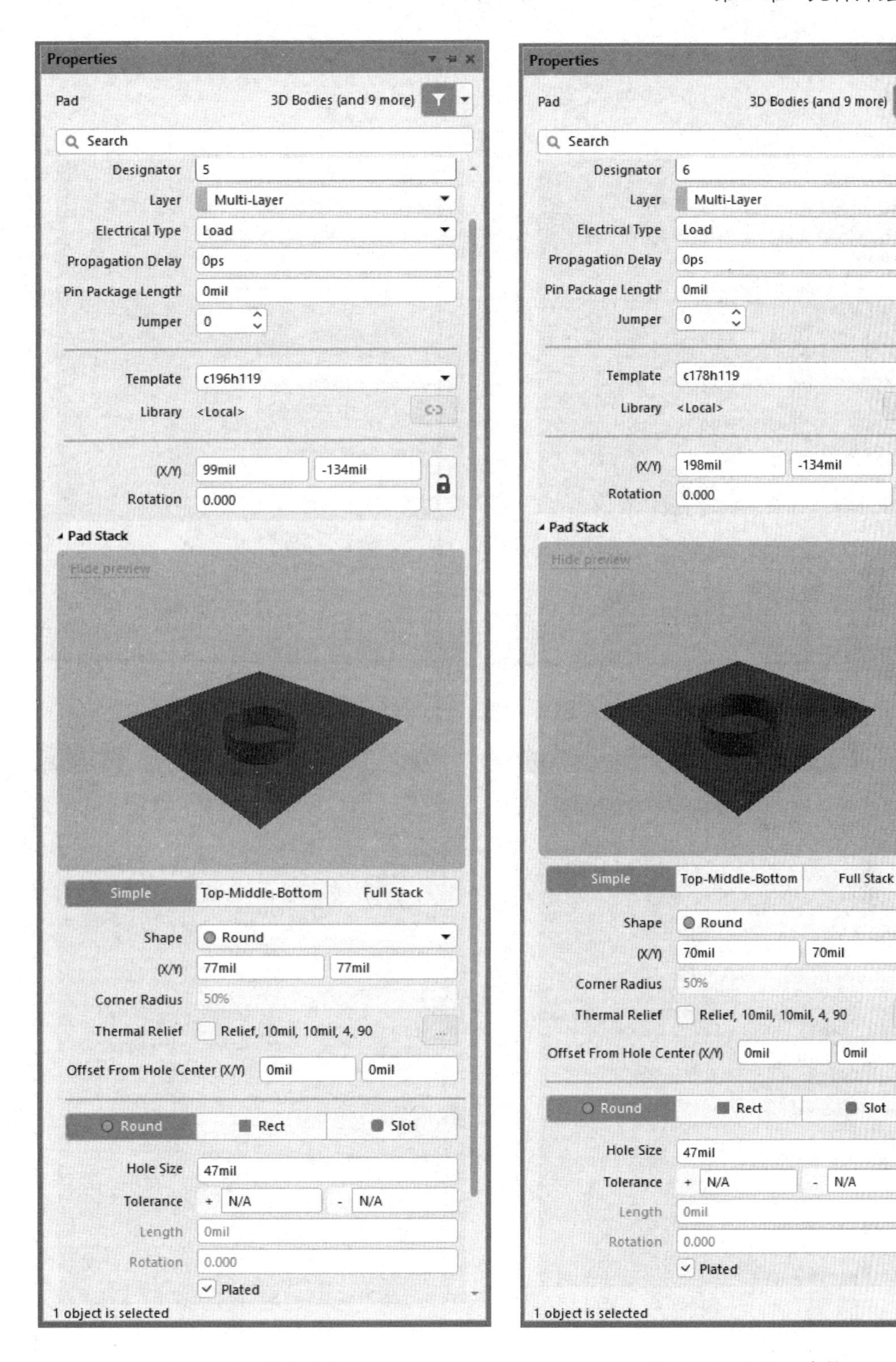

图 7-3-11　焊盘 5 参数

图 7-3-12　焊盘 6 参数

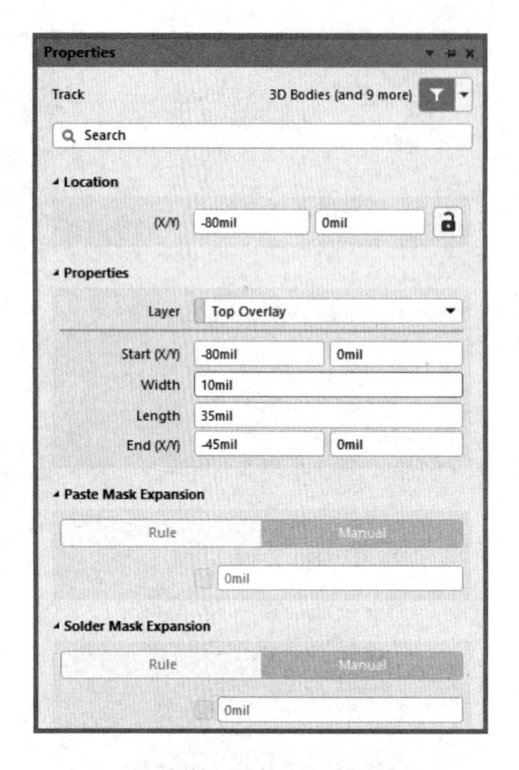

图 7-3-13　第 1 条横线参数

图 7-3-14　第 2 条横线参数

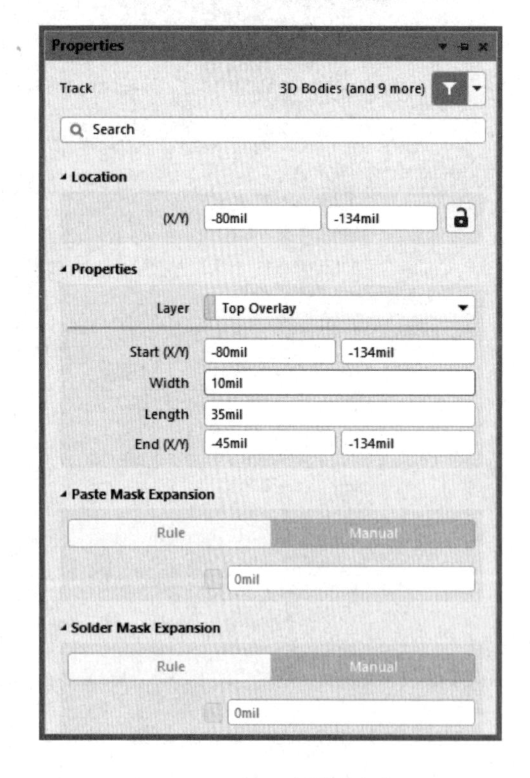

图 7-3-15　第 3 条横线参数

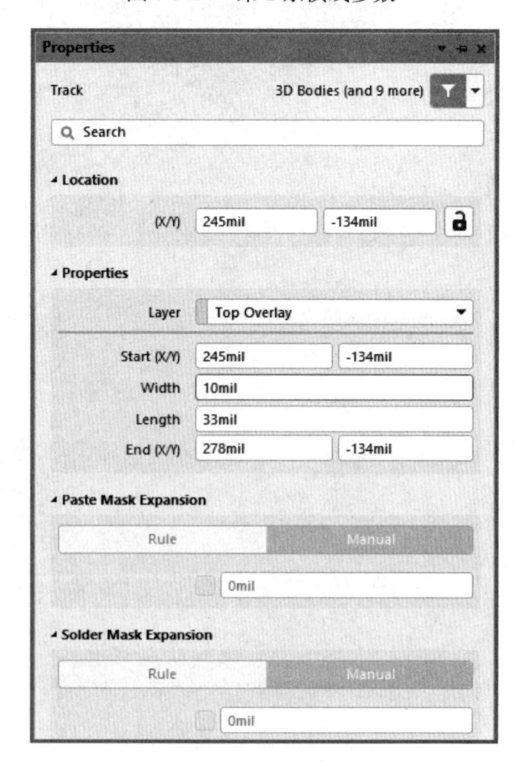

图 7-3-16　第 4 条横线参数

图 7-3-17　第 1 条竖线参数

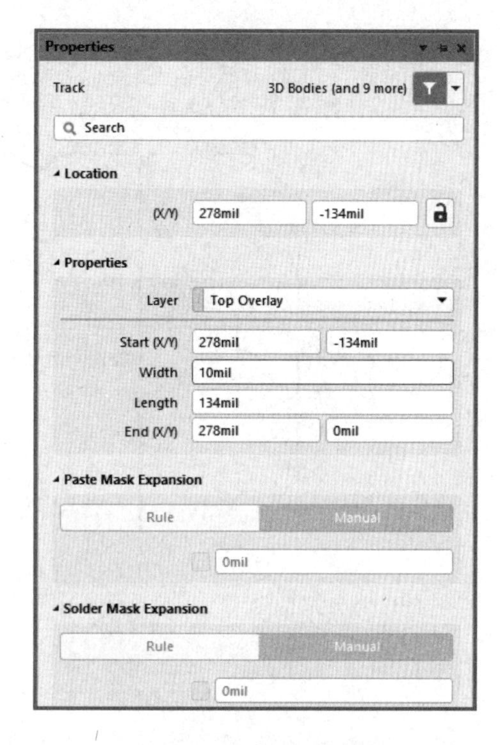

图 7-3-18　第 2 条竖线参数

参照 7.1.2 节介绍的方法将滑动开关封装元件库中的封装模型加载到滑动开关原理图元件库中。至此，滑动开关封装元件库绘制完毕，如图 7-3-19 所示。

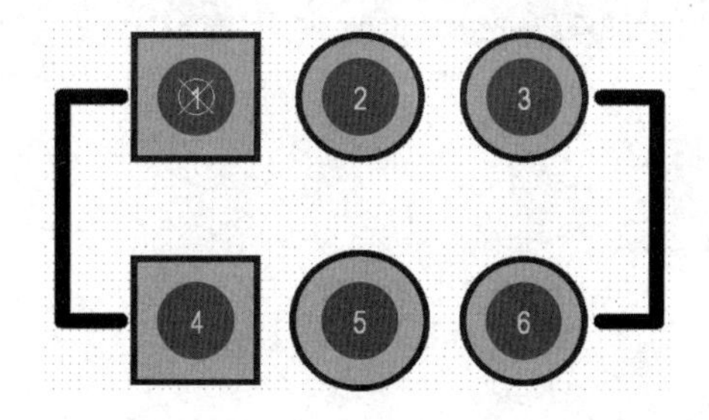

图 7-3-19　滑动开关封装元件库

7.4 L298HN 芯片元件库绘制

7.4.1 L298HN 芯片原理图元件库绘制

切换至 51System.SchLib 原理图元件库绘制界面，绘制 L298HN 芯片原理图元件库。L298HN 芯片原理图元件库需要根据 L298HN 芯片各个引脚进行绘制，L298HN 芯片引脚介绍图如图 7-4-1 所示。

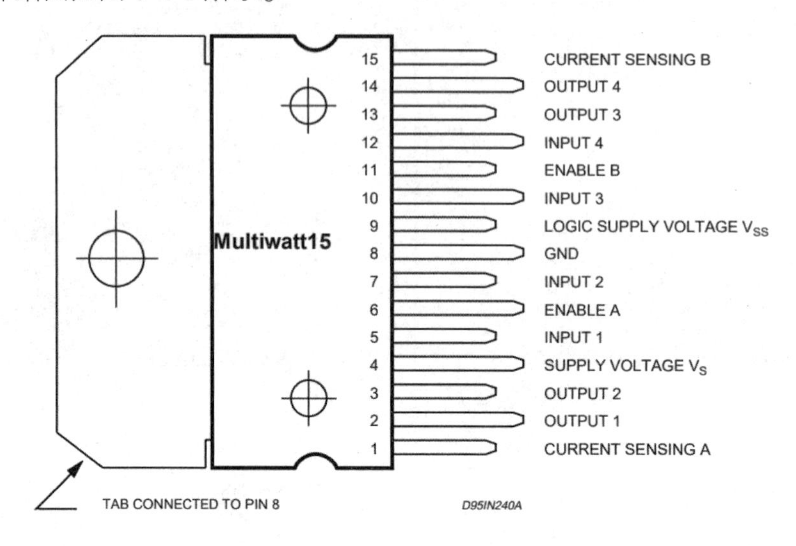

图 7-4-1　L298HN 芯片引脚介绍图

（该图引自原厂数据手册）

执行 Place→ Rectangle 命令，将矩形放置到图纸上。双击放置的矩形，弹出“Properties”窗格，设置矩形的位置、宽度和高度，具体参数设置如图 7-4-2 所示。

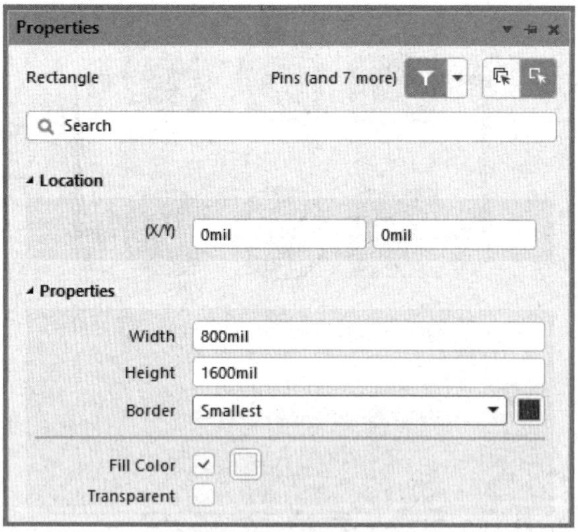

Properties
Rectangle　Pins (and 7 more)
Search
Location
(X/Y) 0mil 0mil
Properties
Width 800mil
Height 1600mil
Border Smallest
Fill Color
Transparent

图 7-4-2　矩形参数

执行 Place→ Pin 命令，在矩形左侧放置 15 个引脚，从下至上依次将引脚标识修改为“1”“2”“3”“4”“5”“6”“7”“8”“9”“10”“11”“12”“13”“14”“15”，从下至上依次将引脚名称修改为“Sense A”“OUTPUT1”“OUTPUT2”“Vs”“INPUT1”

“ENABLE A”“INPUT2”“GND”“Vss”“INPUT3”“ENABLE B”“INPUT4”“OUTPUT3”“OUTPUT4”“Sense B”。

执行 Place→ Pin 命令，在矩形右侧放置 1 个引脚。将引脚标识修改为“16”，将引脚名称修改为“GND”。引脚放置完毕的效果如图 7-4-3 所示。

双击“SCH Library”选项卡中的 Component_1 选项，弹出“Properties”窗格，修改元件名称等参数，具体参数如图 7-4-4 所示。

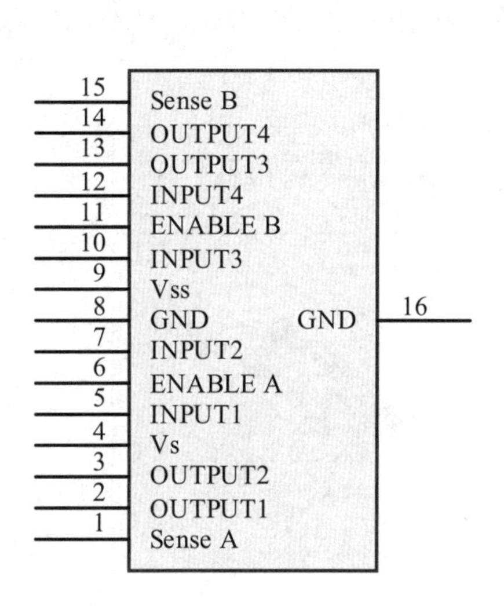

图 7-4-3　引脚放置完毕的效果

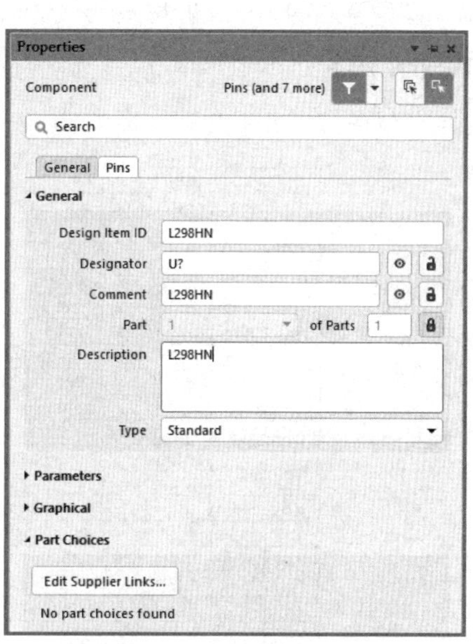

图 7-4-4　“Properties”窗格

至此，L298HN 芯片原理图元件库绘制完毕，如图 7-4-5 所示。

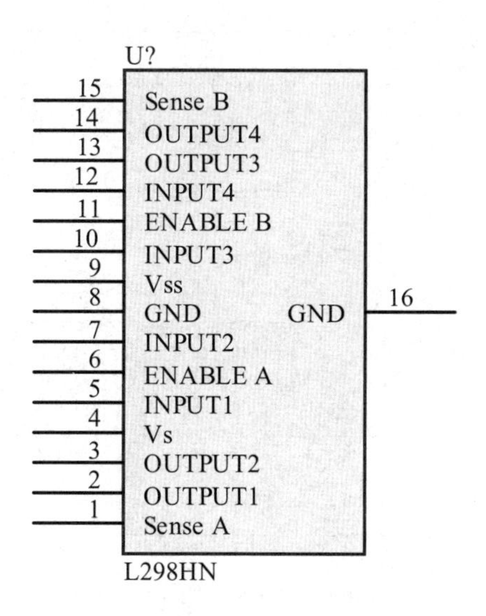

图 7-4-5　L298HN 芯片原理图元件库

小提示

◎将 L298HN 原理图元件库放置在原理图图纸上才会出现“U? ”和“L298HN”字样。

7.4.2 L298HN 芯片封装元件库绘制

切换至 51System.PcbLib 封装元件库绘制界面，绘制 L298HN 芯片封装元件库。L298HN 芯片封装元件库需要根据 L298HN 芯片封装尺寸进行绘制。L298HN 芯片封装尺寸如图 7-4-6 所示。

DIM.	mm			inch		
	MIN.	TYP.	MAX.	MIN.	TYP.	MAX.
A			5			0.197
B			2.65			0.104
C			1.6			0.063
E	0.49		0.55	0.019		0.022
F	0.66		0.75	0.026		0.030
G	1.14	1.27	1.4	0.045	0.050	0.055
G1	17.57	17.78	17.91	0.692	0.700	0.705
H1	19.6			0.772		
H2			20.2			0.795
L		20.57			0.810	
L1		18.03			0.710	
L2		2.54			0.100	
L3	17.25	17.5	17.75	0.679	0.689	0.699
L4	10.3	10.7	10.9	0.406	0.421	0.429
L5		5.28			0.208	
L6		2.38			0.094	
L7	2.65		2.9	0.104		0.114
S	1.9		2.6	0.075		0.102
S1	1.9		2.6	0.075		0.102
Dia1	3.65		3.85	0.144		0.152

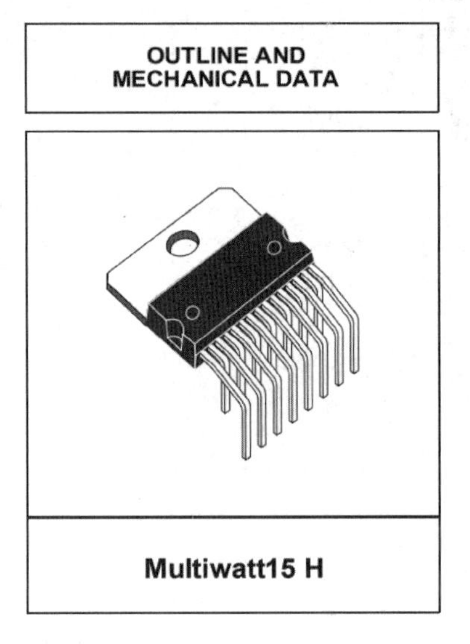

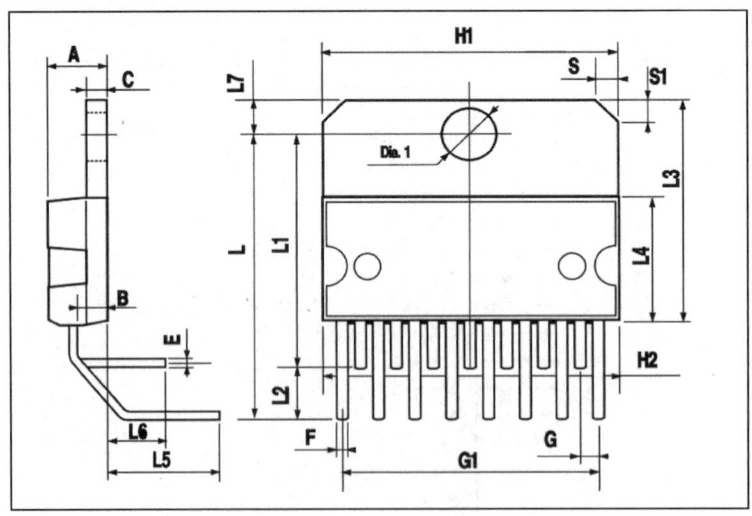

图 7-4-6 L298HN 芯片封装尺寸

（该图引自原厂数据手册）

执行 Place → Pad 命令，将焊盘放置在绘制界面中。双击放置的焊盘，弹出“Properties”窗格，将此焊盘的属性标识设置为“1”，将位置 X 设置为“0mil”，将位置 Y 设置为“0mil”，将形状设置为“Rectangular”，将尺寸 X 设置为“60mil”，将尺寸 Y 设置为“60mil”，将孔径设置为“40mil”，如图 7-4-7 所示。

执行 Place → Pad 命令，将焊盘放置在绘制界面中。双击放置的焊盘，弹出“Properties”窗格，将此焊盘的属性标识设置为“2”，将位置 X 设置为“50mil”，将位置 Y 设置为“100mil”，将形状设置为“Round”，将尺寸 X 设置为“60mil”，将尺寸 Y 设置为“60mil”，将孔径设置为“40mil”，如图 7-4-8 所示。

执行 Place → Pad 命令，将焊盘放置在绘制界面中。双击放置的焊盘，弹出“Properties”窗格，将此焊盘的属性标识设置为“3”，将位置 X 设置为“100mil”，将位置 Y 设置为“0mil”，将形状设置为“Round”，将尺寸 X 设置为“60mil”，将尺寸 Y 设置为“60mil”，将孔径设置为“40mil”，如图 7-4-9 所示。

执行 Place → Pad 命令，将焊盘放置在绘制界面中。双击放置的焊盘，弹出“Properties”窗格，将此焊盘的属性标识设置为“4”，将位置 X 设置为“150mil”，将位置 Y 设置为“100mil”，将形状设置为“Round”，将尺寸 X 设置为“60mil”，将尺寸 Y 设置为“60mil”，将孔径设置为“40mil”，如图 7-4-10 所示。

执行 Place → Pad 命令，将焊盘放置在绘制界面中。双击放置的焊盘，弹出“Properties”窗格，将此焊盘的属性标识设置为“5”，将位置 X 设置为“200mil”，将位置 Y 设置为“0mil”，将形状设置为“Round”，将尺寸 X 设置为“60mil”，将尺寸 Y 设置为“60mil”，将孔径设置为“40mil”，如图 7-4-11 所示。

执行 Place → Pad 命令，将焊盘放置在绘制界面中。双击放置的焊盘，弹出“Properties”窗格，将此焊盘的属性标识设置为“6”，将位置 X 设置为“250mil”，将位置 Y 设置为“100mil”，将形状设置为“Round”，将尺寸 X 设置为“60mil”，将尺寸 Y 设置为“60mil”，将孔径设置为“40mil”，如图 7-4-12 所示。

执行 Place → Pad 命令，将焊盘放置在绘制界面中。双击放置的焊盘，弹出“Properties”窗格，将此焊盘的属性标识设置为“7”，将位置 X 设置为“300mil”，将位置 Y 设置为“0mil”，将形状设置为“Round”，将尺寸 X 设置为“60mil”，将尺寸 Y 设置为“60mil”，将孔径设置为“40mil”，如图 7-4-13 所示。

执行 Place → Pad 命令，将焊盘放置在绘制界面中。双击放置的焊盘，弹出“Properties”窗格，将此焊盘的属性标识设置为“8”，将位置 X 设置为“350mil”，将位置 Y 设置为“100mil”，将形状设置为“Round”，将尺寸 X 设置为“60mil”，将尺寸 Y 设置为“60mil”，将孔径设置为“40mil”，如图 7-4-14 所示。

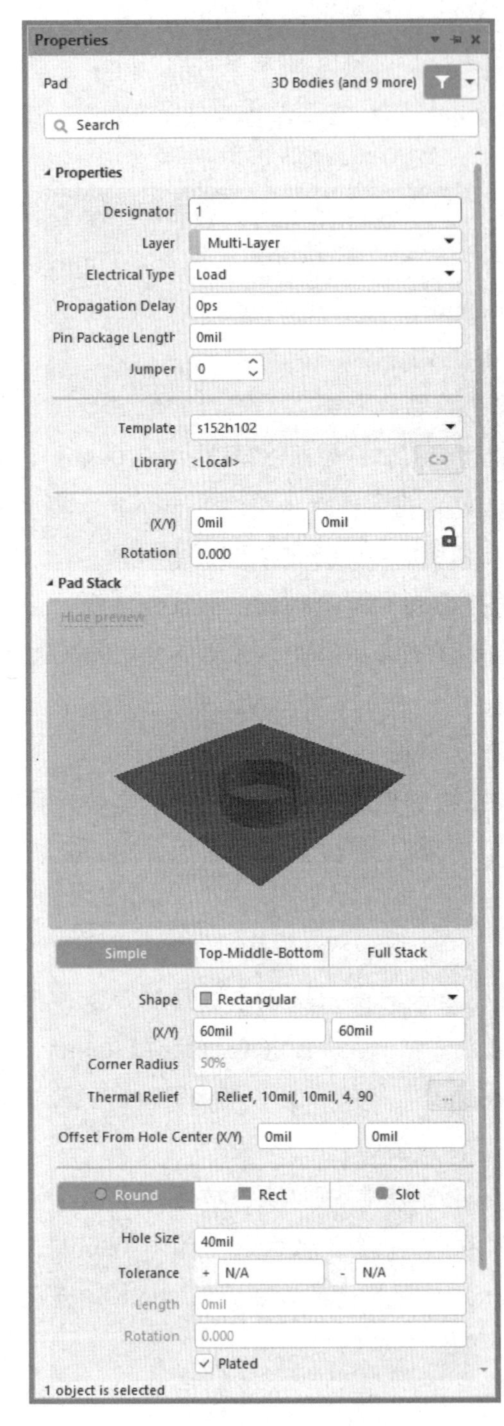

图 7-4-7　焊盘 1 参数

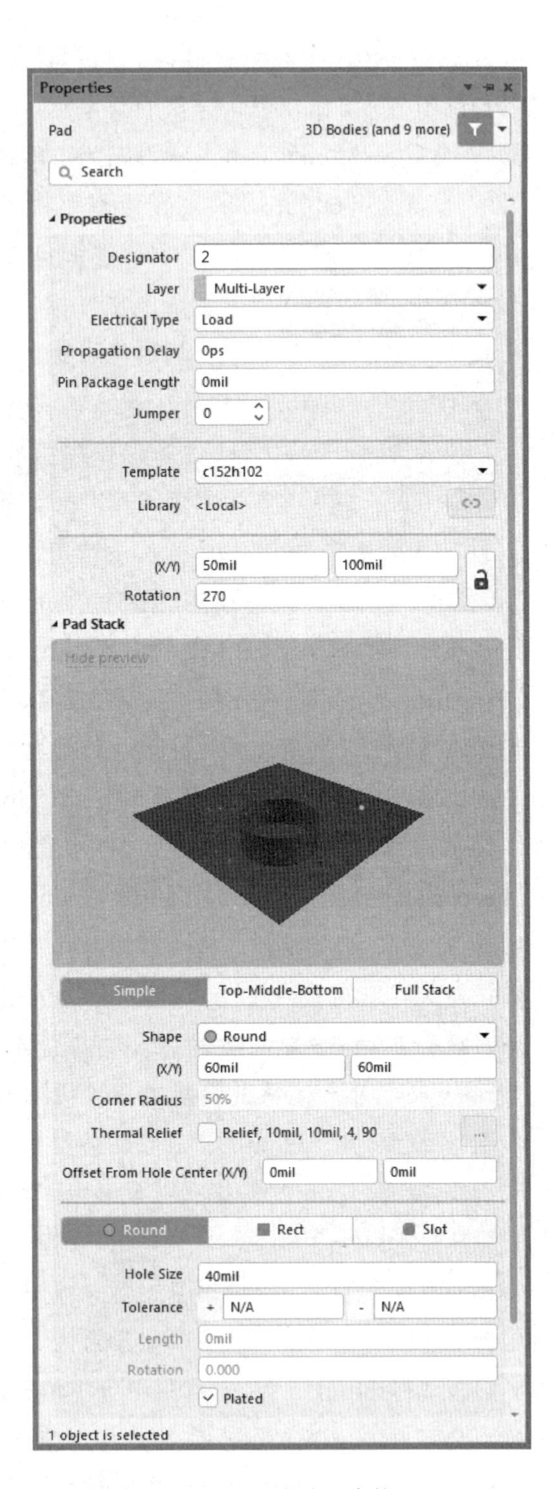

图 7-4-8　焊盘 2 参数

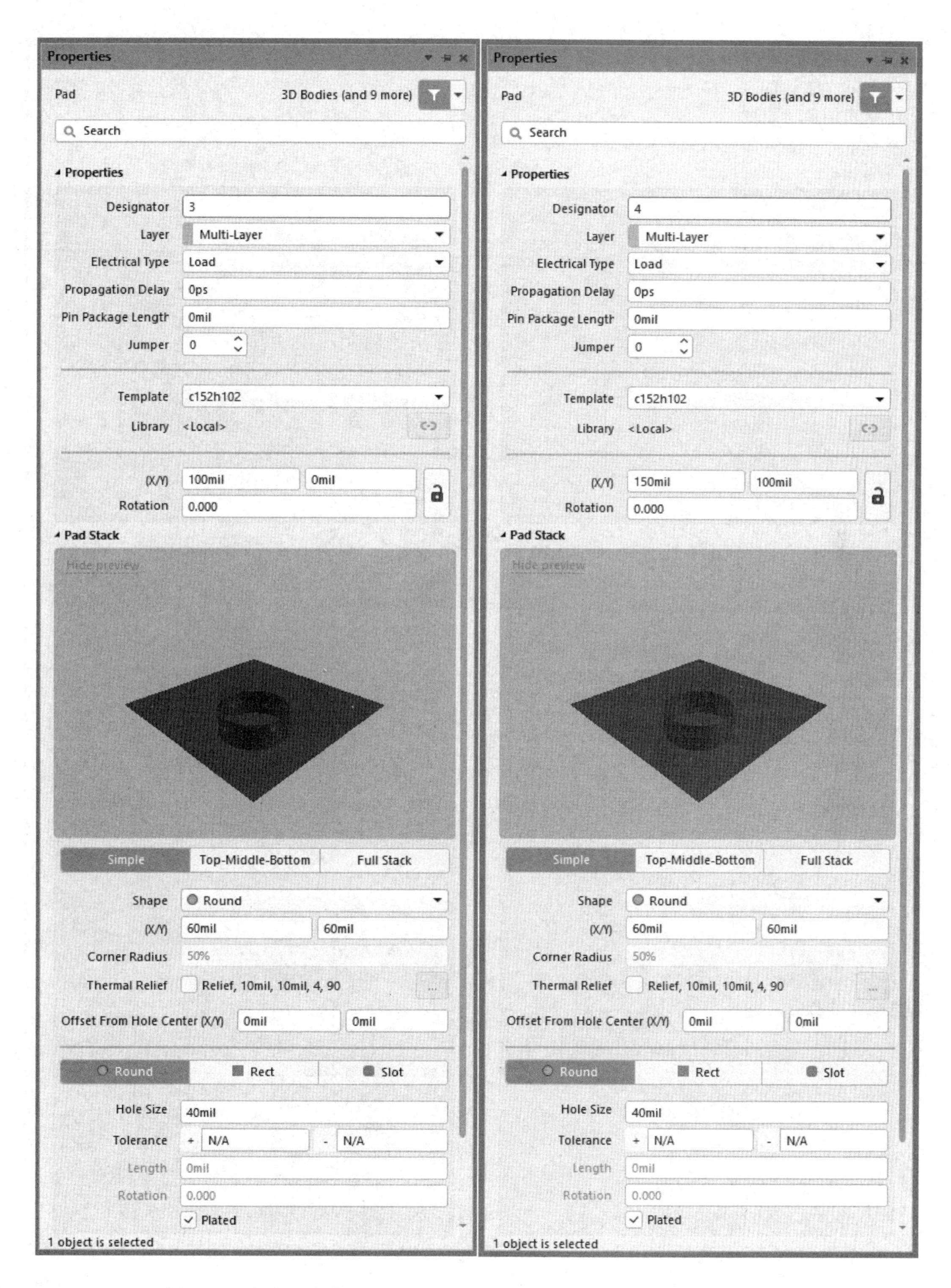

图 7-4-9　焊盘 3 参数　　　　图 7-4-10　焊盘 4 参数

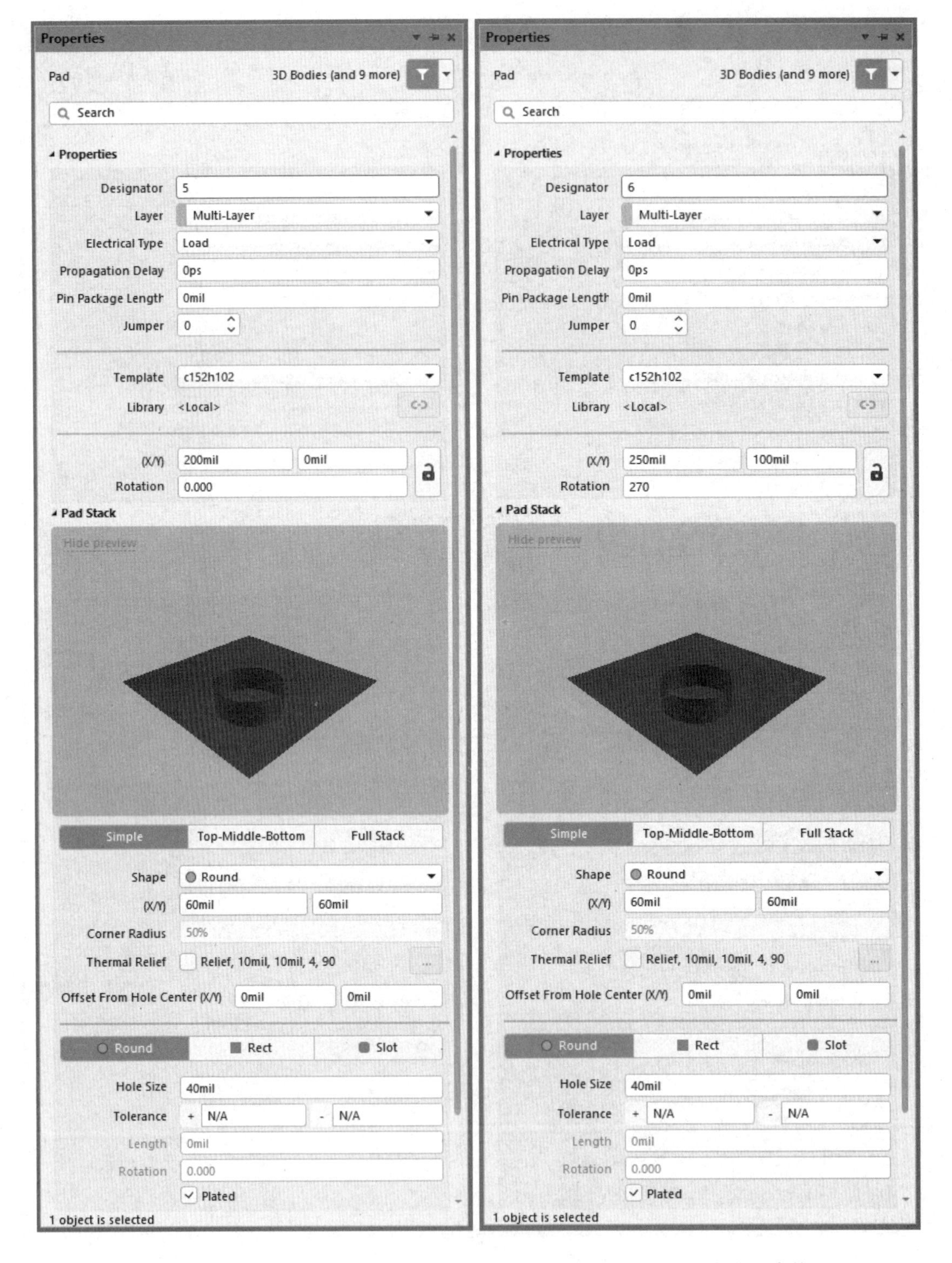

图 7-4-11　焊盘 5 参数

图 7-4-12　焊盘 6 参数

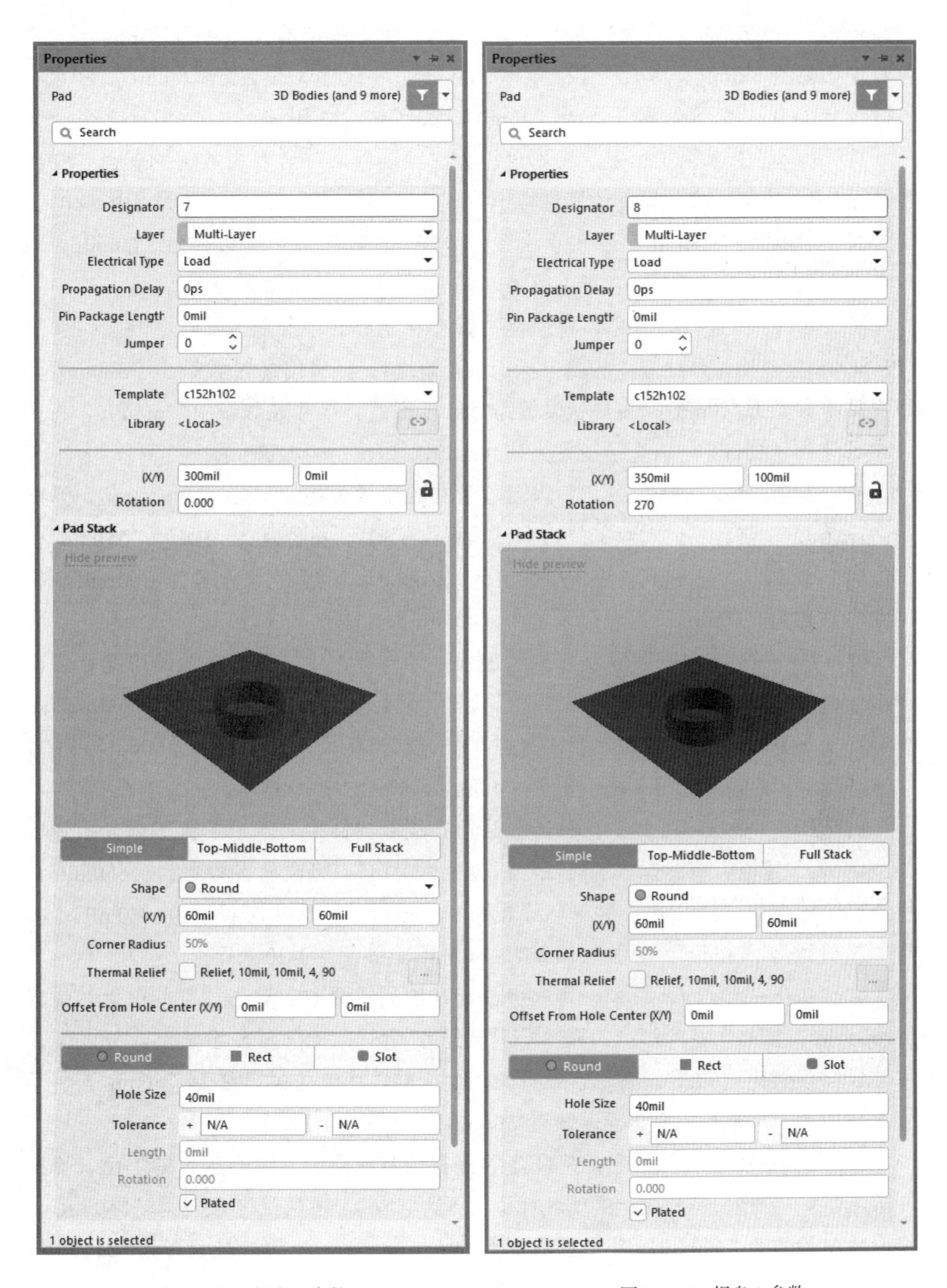

图 7-4-13　焊盘 7 参数　　　　图 7-4-14　焊盘 8 参数

执行 Place → Pad 命令，将焊盘放置在绘制界面中。双击放置的焊盘，弹出

“Properties”窗格，将此焊盘的属性标识设置为“9”，将位置 X 设置为“400mil”，将位置 Y 设置为“0mil”，将形状设置为“Round”，将尺寸 X 设置为“60mil”，将尺寸 Y 设置为“60mil”，将孔径设置为“40mil”，如图 7-4-15 所示。

执行 Place → Pad 命令，将焊盘放置在绘制界面中。双击放置的焊盘，弹出“Properties”窗格，将此焊盘的属性标识设置为“10”，将位置 X 设置为“450mil”，将位置 Y 设置为“100mil”，将形状设置为“Round”，将尺寸 X 设置为“60mil”，将尺寸 Y 设置为“60mil”，将孔径设置为“40mil”，如图 7-4-16 所示。

执行 Place → Pad 命令，将焊盘放置在绘制界面中。双击放置的焊盘，弹出“Properties”窗格，将此焊盘的属性标识设置为“11”，将位置 X 设置为“500mil”，将位置 Y 设置为“0mil”，将形状设置为“Round”，将尺寸 X 设置为“60mil”，将尺寸 Y 设置为“60mil”，将孔径设置为“40mil”，如图 7-4-17 所示。

执行 Place → Pad 命令，将焊盘放置在绘制界面中。双击放置的焊盘，弹出“Properties”窗格，将此焊盘的属性标识设置为“12”，将位置 X 设置为“550mil”，将位置 Y 设置为“100mil”，将形状设置为“Round”，将尺寸 X 设置为“60mil”，将尺寸 Y 设置为“60mil”，将孔径设置为“40mil”，如图 7-4-18 所示。

执行 Place → Pad 命令，将焊盘放置在绘制界面中。双击放置的焊盘，弹出“Properties”窗格，将此焊盘的属性标识设置为“13”，将位置 X 设置为“600mil”，将位置 Y 设置为“0mil”，将形状设置为“Round”，将尺寸 X 设置为“60mil”，将尺寸 Y 设置为“60mil”，将孔径设置为“40mil”，如图 7-4-19 所示。

执行 Place → Pad 命令，将焊盘放置在绘制界面中。双击放置的焊盘，弹出“Properties”窗格，将此焊盘的属性标识设置为“14”，将位置 X 设置为“650mil”，将位置 Y 设置为“100mil”，将形状设置为“Round”，将尺寸 X 设置为“60mil”，将尺寸 Y 设置为“60mil”，将孔径设置为“40mil”，如图 7-4-20 所示。

执行 Place → Pad 命令，将焊盘放置在绘制界面中。双击放置的焊盘，弹出“Properties”窗格，将此焊盘的属性标识设置为“15”，将位置 X 设置为“700mil”，将位置 Y 设置为“0mil”，将形状设置为“Round”，将尺寸 X 设置为“60mil”，将尺寸 Y 设置为“60mil”，将孔径设置为“40mil”，如图 7-4-21 所示。

执行 Place → Pad 命令，将焊盘放置在绘制界面中。双击放置的焊盘，弹出“Properties”窗格，将此焊盘的属性标识设置为“16”，将位置 X 设置为“350mil”，将位置 Y 设置为“690mil”，将形状设置为“Rectangular”，将尺寸 X 设置为“315mil”，将尺寸 Y 设置为“788mil”，如图 7-4-22 所示。

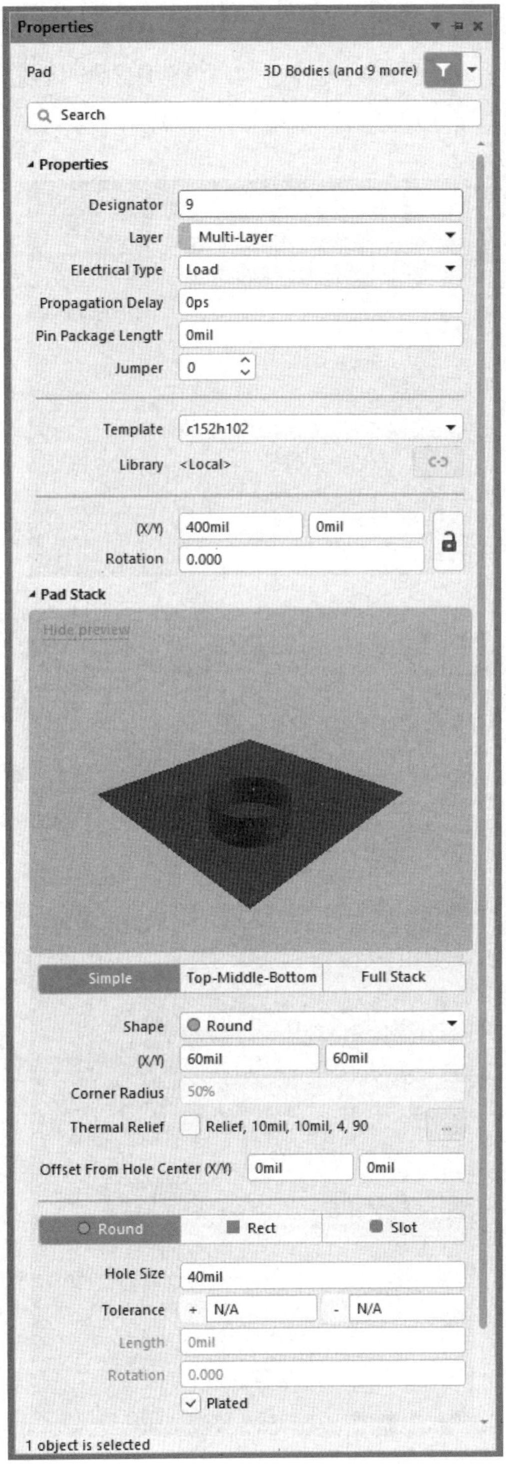

Properties
Pad　3D Bodies (and 9 more)
Search
Properties
Designator　9
Layer　Multi-Layer
Electrical Type　Load
Propagation Delay　0ps
Pin Package Length　0mil
Jumper　0
Template　c152h102
Library　<Local>
(X/Y)　400mil　0mil
Rotation　0.000
Pad Stack
Hide preview
Simple　Top-Middle-Bottom　Full Stack
Shape　Round
(X/Y)　60mil　60mil
Corner Radius　50%
Thermal Relief　Relief, 10mil, 10mil, 4, 90
Offset From Hole Center (X/Y)　0mil　0mil
Round　Rect　Slot
Hole Size　40mil
Tolerance　+ N/A　- N/A
Length　0mil
Rotation　0.000
Plated
1 object is selected

图 7-4-15　焊盘 9 参数

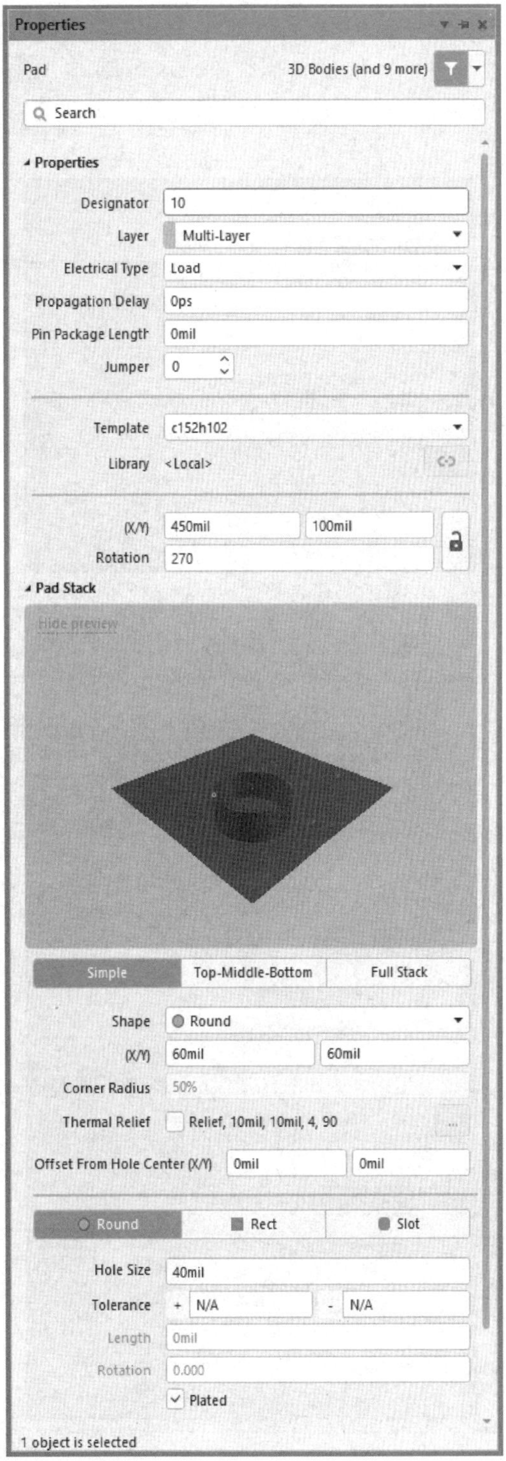

Properties
Pad　3D Bodies (and 9 more)
Search
Properties
Designator　10
Layer　Multi-Layer
Electrical Type　Load
Propagation Delay　0ps
Pin Package Length　0mil
Jumper　0
Template　c152h102
Library　<Local>
(X/Y)　450mil　100mil
Rotation　270
Pad Stack
Hide preview
Simple　Top-Middle-Bottom　Full Stack
Shape　Round
(X/Y)　60mil　60mil
Corner Radius　50%
Thermal Relief　Relief, 10mil, 10mil, 4, 90
Offset From Hole Center (X/Y)　0mil　0mil
Round　Rect　Slot
Hole Size　40mil
Tolerance　+ N/A　- N/A
Length　0mil
Rotation　0.000
Plated
1 object is selected

图 7-4-16　焊盘 10 参数

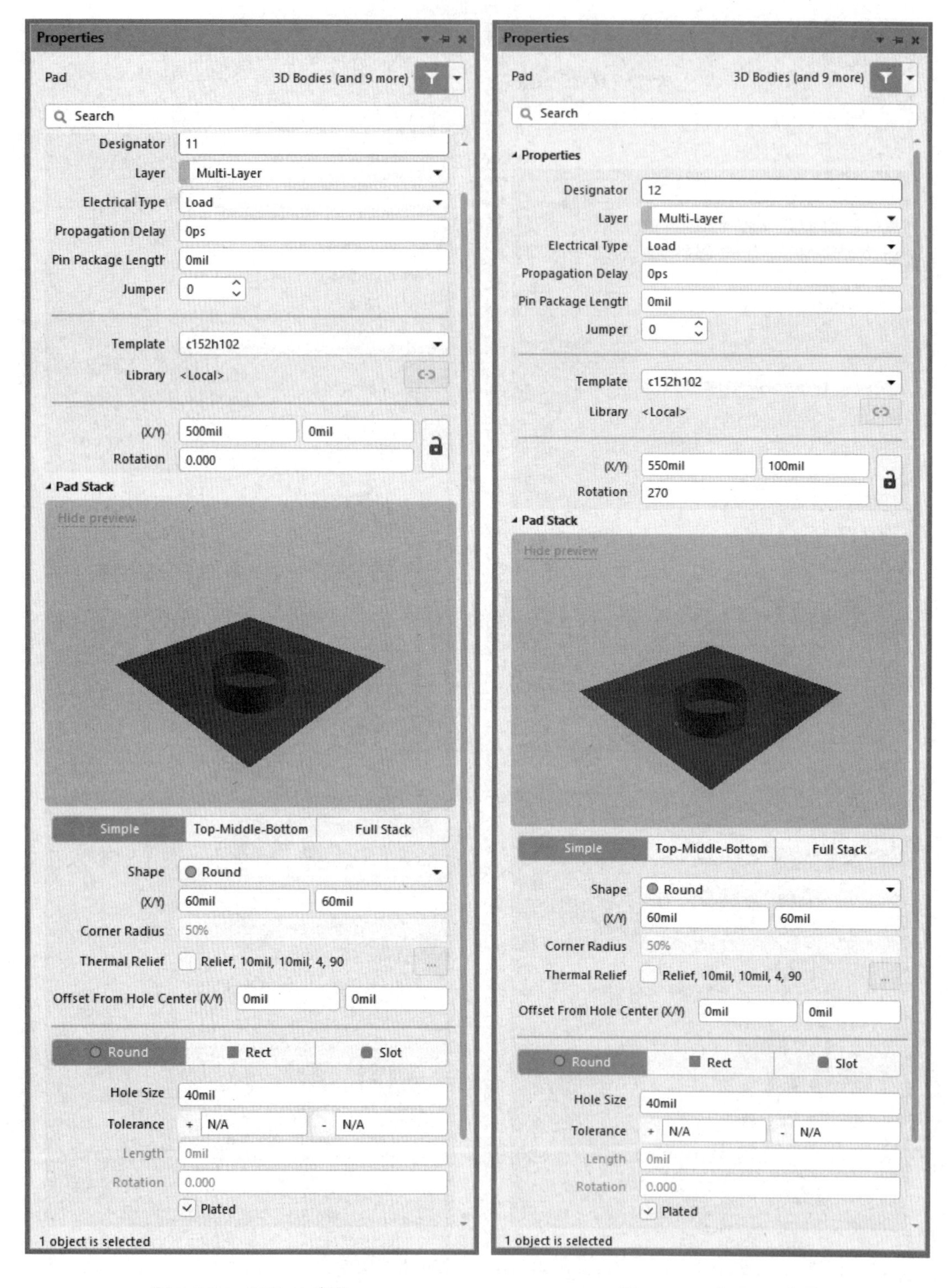

图 7-4-17　焊盘 11 参数

图 7-4-18　焊盘 12 参数

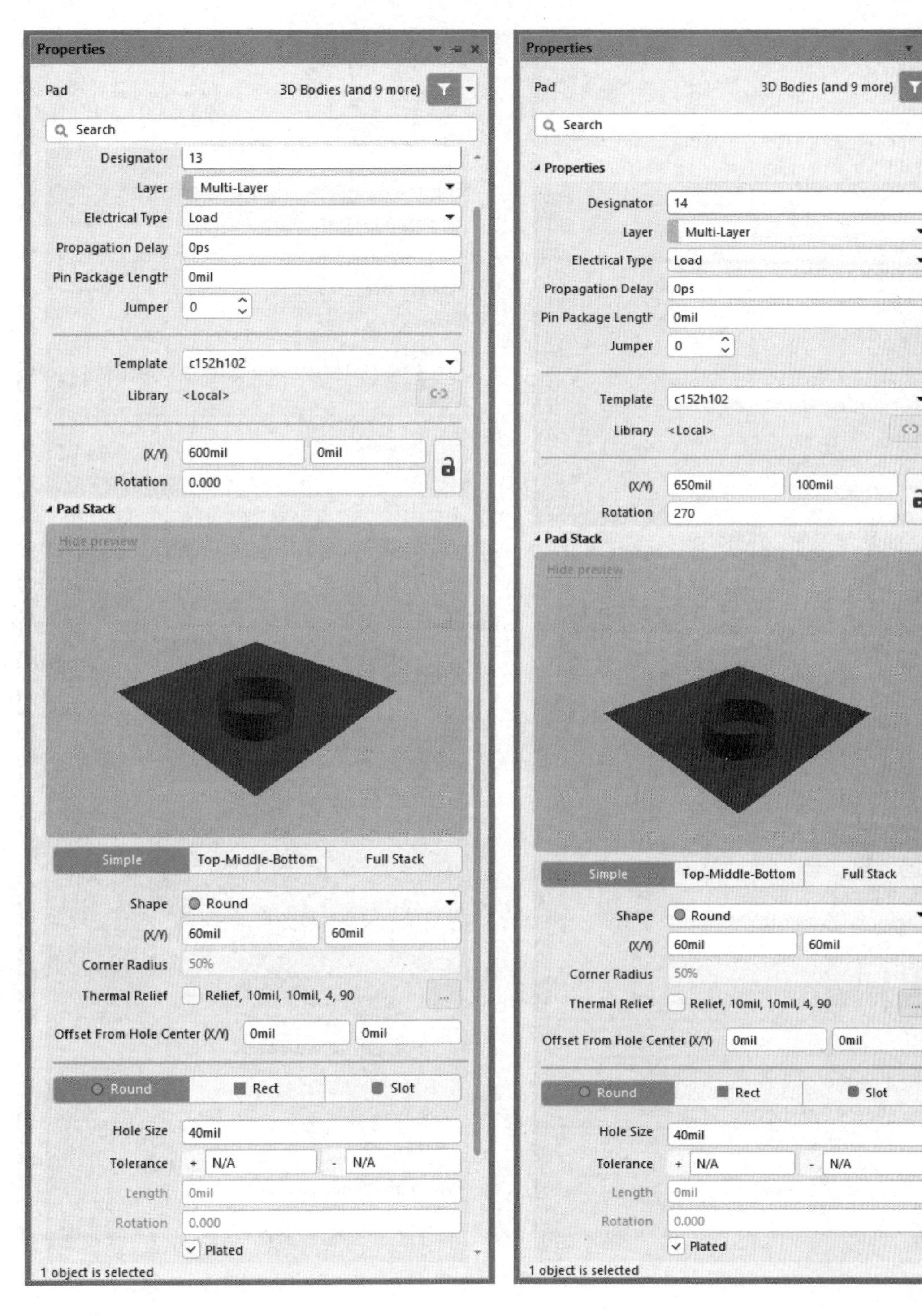

图 7-4-19　焊盘 13 参数　　　　图 7-4-20　焊盘 14 参数

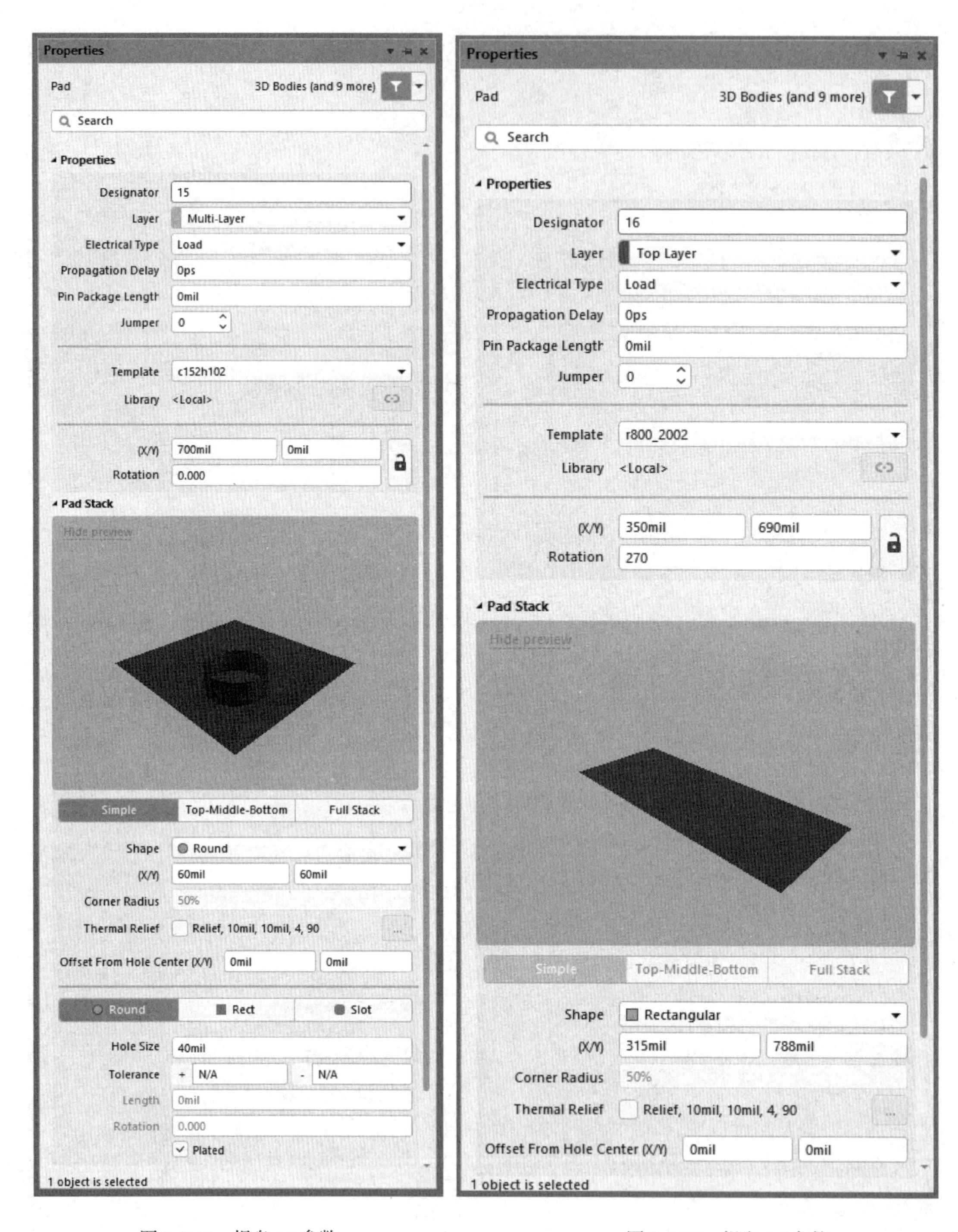

图 7-4-21　焊盘 15 参数　　　　图 7-4-22　焊盘 16 参数

执行 Place → Via 命令，将焊盘放置在绘制界面中。双击放置的焊盘，弹出"Properties"窗格，将此过孔的属性标识设置为"Thru 1:2"，将位置 X 设置为"350mil"，将位置 Y 设置为"690mil"，将孔径设置为"142mil"，如图 7-4-23 所示。

切换至“Top Overlay”图层，执行 Place → Line 命令，放置 2 条竖线和 1 条横线。双击横线，在打开的窗格中按照图 7-4-24 设置参数。双击第 1 条竖线，在打开的窗格中按照图 7-4-25 设置参数。双击第 2 条竖线，在打开的窗格中按照如图 7-4-26 设置参数。

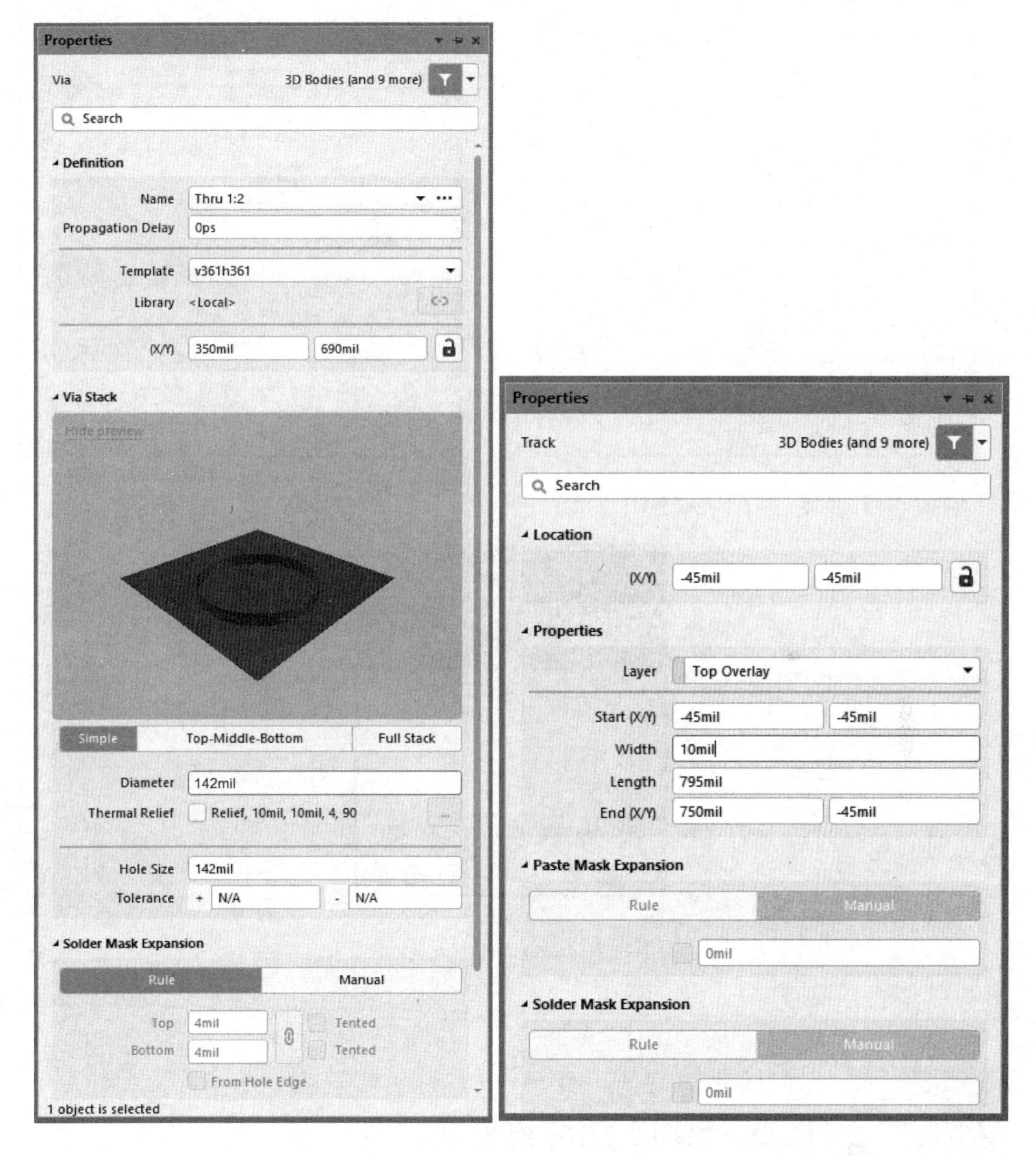

图 7-4-23　过孔参数　　　　图 7-4-24　横线参数

参照 7.1.2 节介绍的方法将 L298HN 芯片封装元件库中的封装模型加载到 L298HN 芯片原理图元件库中。至此，L298HN 芯片封装元件库已经绘制完毕，如图 7-4-27 所示。

图 7-4-25　第 1 条竖线参数

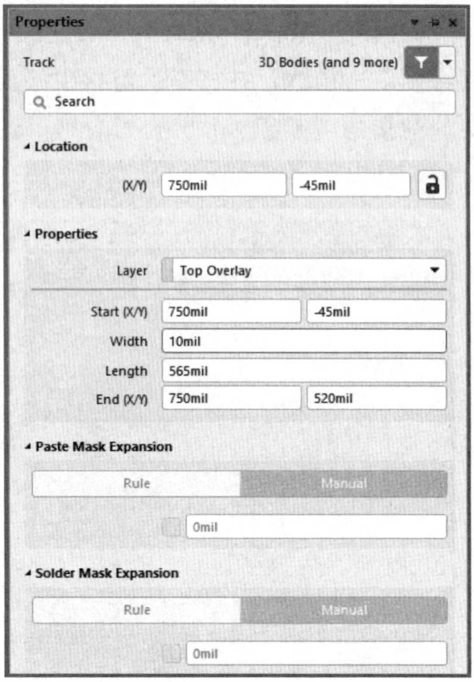

图 7-4-26　第 2 条竖线参数

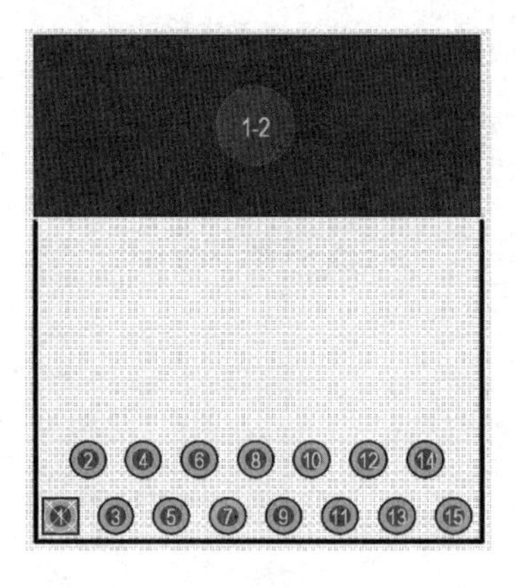

图 7-4-27　L298HN 芯片封装元件库

7.5 TCRT5000 元件库绘制

7.5.1 TCRT5000 原理图元件库绘制

切换至 51System.SchLib 原理图元件库绘制界面，绘制 TCRT5000 原理图元件库。

TCRT5000 原理图元件库需要根据 TCRT5000 各个引脚进行绘制。TCRT5000 引脚介绍图如图 7-5-1 所示。

执行 Place→ Rectangle 命令，将矩形放置到图纸上，双击刚刚放置的矩形，弹出“Properties”窗格，设置矩形的位置、宽度和高度，具体参数如图 7-5-2 所示。

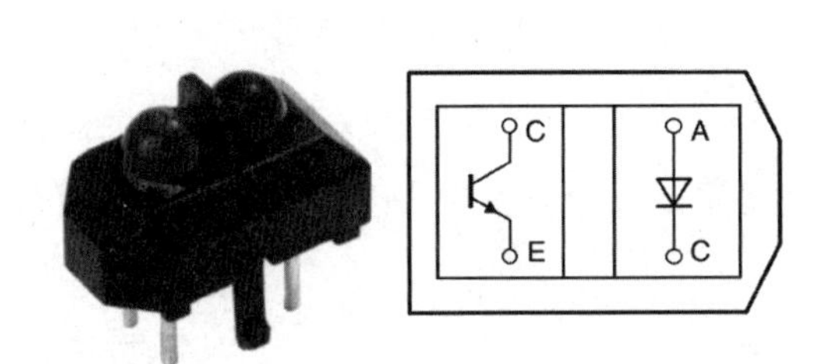

图 7-5-1　TCRT5000 引脚介绍图

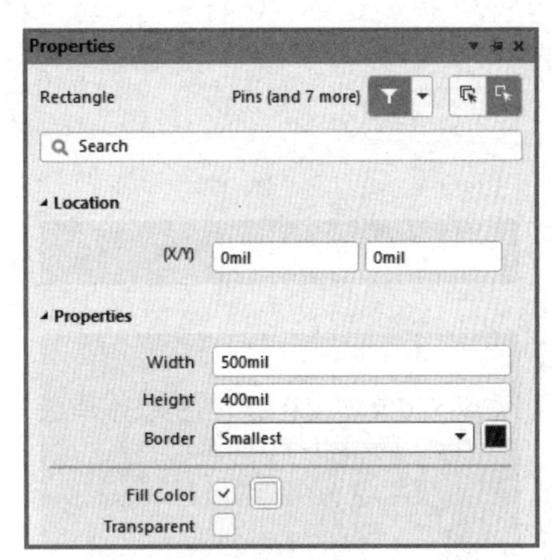

图 7-5-2　矩形参数

执行 Place→ Pin 命令，在矩形左侧放置 2 个引脚，从上至下依次将引脚标识修改为“1”和“2”；从上至下依次将引脚名称修改为“C”和“E”。

执行 Place→ Pin 命令，在矩形右侧放置 2 个引脚，从下至上依次将引脚标识修改为“3”和“4”；从下至上依次将引脚名称修改为“GND”和“VCC”。引脚放置完毕的效果如图 7-5-3 所示。

双击“SCH Library”选项卡中的 Component_1 选项，弹出“Properties”窗格，修改封装模型名称等参数，具体参数设置如图 7-5-4 所示。

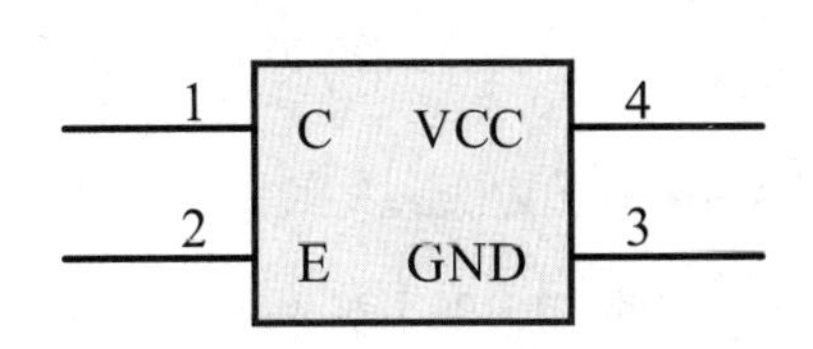

图 7-5-3　引脚放置完毕的效果

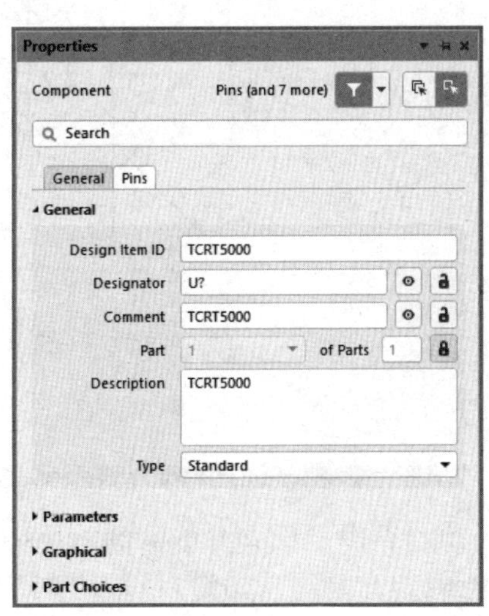

图 7-5-4　“Properties”窗格

至此，TCRT5000 原理图元件库绘制完毕，如图 7-5-5 所示。

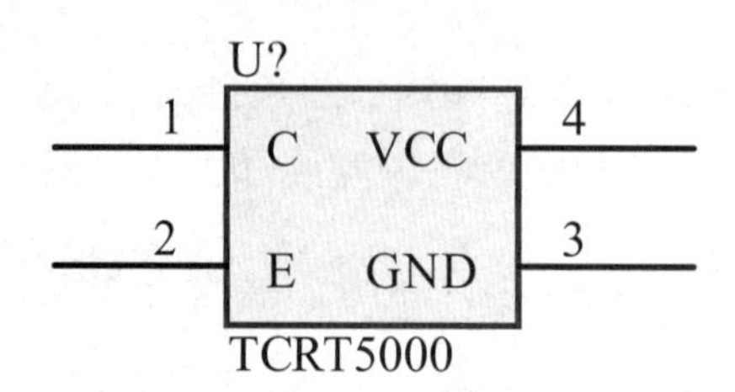

图 7-5-5 TCRT5000 原理图元件库

小提示

◎将 TCRT5000 原理图元件库放置在原理图图纸上才会出现“U？”和“TCRT5000”字样。

7.5.2 TCRT5000 封装元件库绘制

切换至 51System.PcbLib 封装元件库绘制界面，绘制 TCRT5000 封装元件库。TCRT5000 封装元件库需要根据 TCRT5000 封装尺寸进行绘制。TCRT5000 封装尺寸如图 7-5-6 所示。

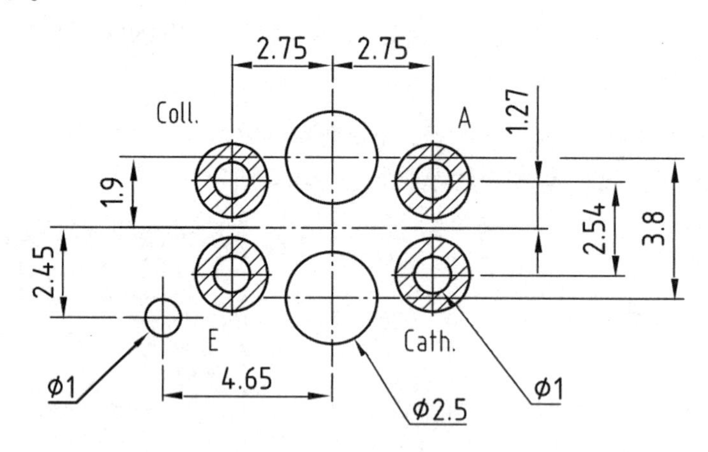

图 7-5-6 TCRT5000 封装尺寸

（该图引自原厂数据手册）

执行 Tools→Footprint Wizard... 命令，弹出“Footprint Wizard”对话框，单击 Next 按钮，弹出“Component patterns”界面，选择“Dual In-line Packages（DIP）”选项，将单位设置为“mil”。单击 Next 按钮，弹出“Dual In-line Packages（DIP）: Define the pads dimensions”界面，将焊盘形状设置为椭圆形，将长轴设置为“80mil”，将短

轴设置为“80mil”，将孔径设置为“40mil”，如图 7-5-7 所示。

单击Next按钮，弹出“Dual In-line Packages（DIP）：Define the pads layout”界面，将相邻焊盘的横向间距设置为“216mil”，将相邻焊盘的纵向间距设置为“100mil”，如图 7-5-8 所示。

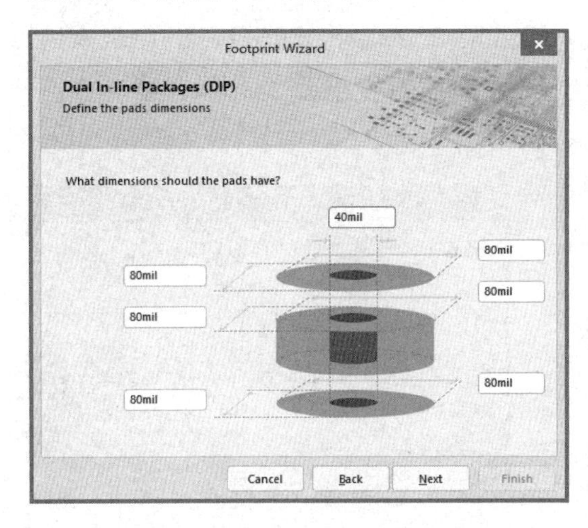

图 7-5-7　定义孔径

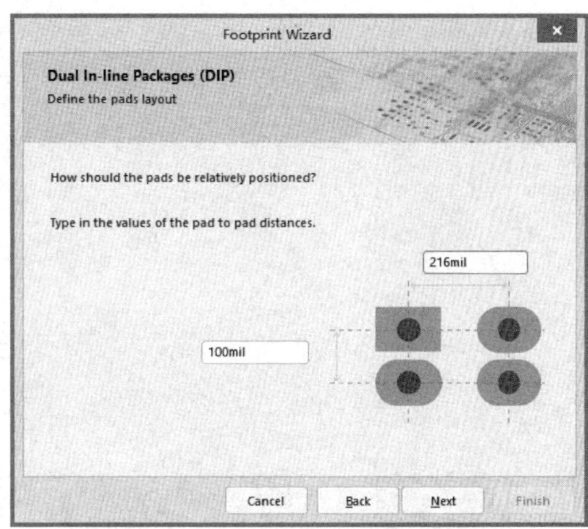

图 7-5-8　定义焊盘间距

单击Next按钮，弹出“Dual In-line Packages（DIP）：Define the outline width”界面，将轮廓线宽度设置为“10mil”。

单击Next按钮，弹出“Dual In-line Packages（DIP）：Set number of the pads”界面，将焊盘数目设置为“4”，如图 7-5-9 所示。

单击Next按钮，弹出“Dual In-line Packages（DIP）：Set the component name”界面，将封装模型命名为“DIP4”，如图 7-5-10 所示。

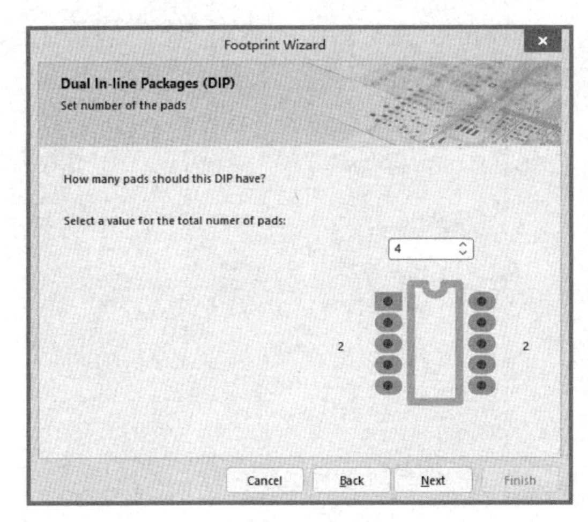

图 7-5-9　定义焊盘数目

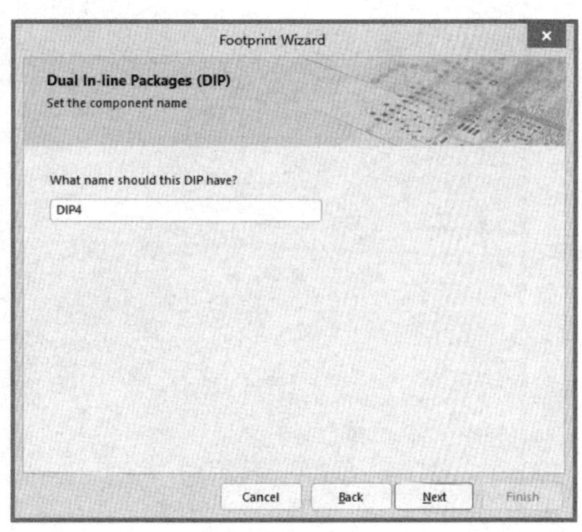

图 7-5-10　为封装模型命名

单击 Next 按钮，弹出完成界面，单击 Finish 按钮，即可将绘制的封装模型放置在图纸上。删除焊盘之间的丝印，焊盘放置效果如图 7-5-11 所示。

切换至“Top Overlay”图层，执行 Place → / Line 命令，放置 2 条横线和 3 条竖线。双击第 1 条横线，在打开的窗格中按照图 7-5-12 设置参数。双击第 2 条横线，在打开的窗格中按照图 7-5-13 设置参数。双击第 1 条竖线，在打开的窗格中按照图 7-5-14 设置参数。双击第 2 条竖线，在打开的窗格中按照图 7-5-15 设置参数。双击第 3 条竖线，在打开的窗格中按照图 7-5-16 设置参数。

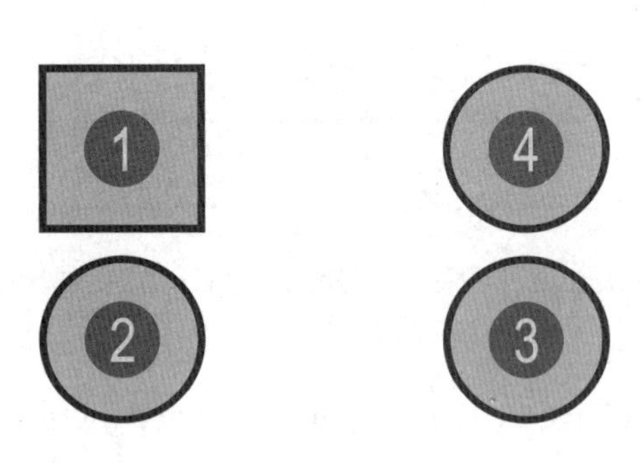

图 7-5-11　焊盘放置效果

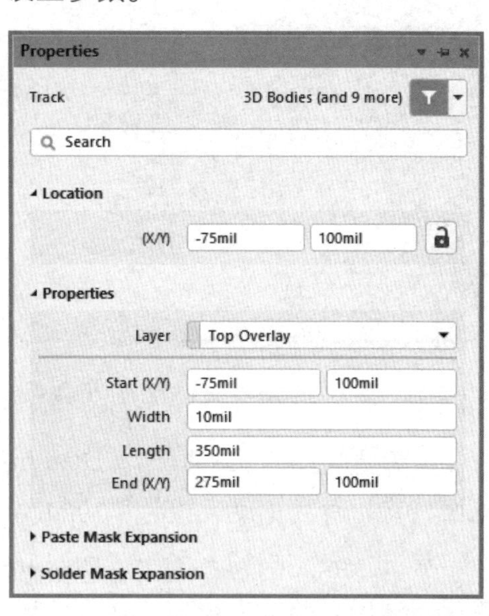

图 7-5-12　第 1 条横线参数

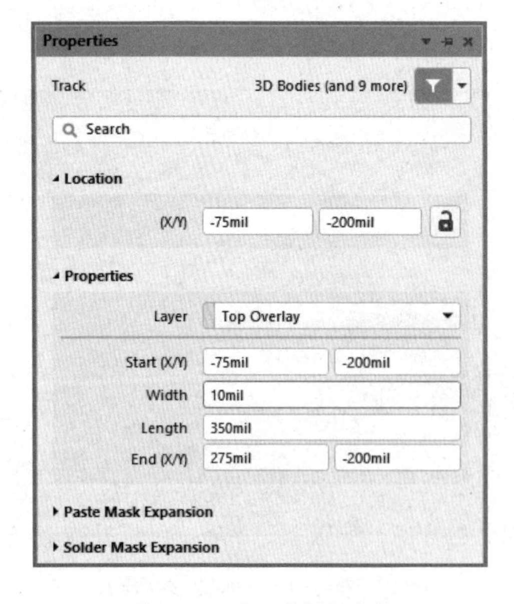

图 7-5-13　第 2 条横线参数

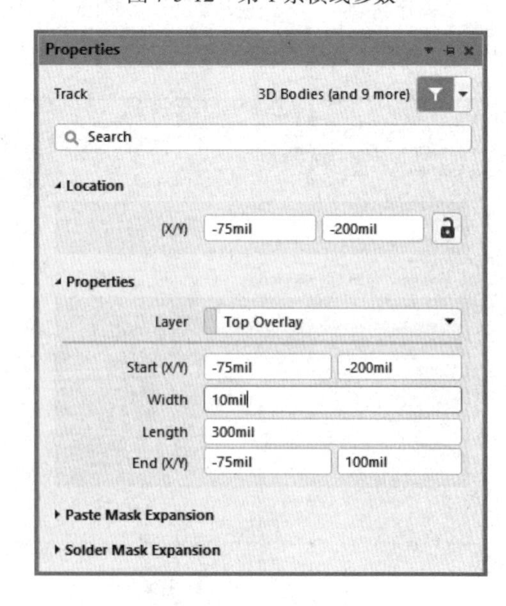

图 7-5-14　第 1 条竖线参数

执行 Place → Via 命令，将 1 个孔径为 2.5mm 的过孔放置在第 2 条竖线的起点。执行 Place → Via 命令，将 1 个孔径为 2.5mm 的过孔放置在第 2 条竖线的终点。

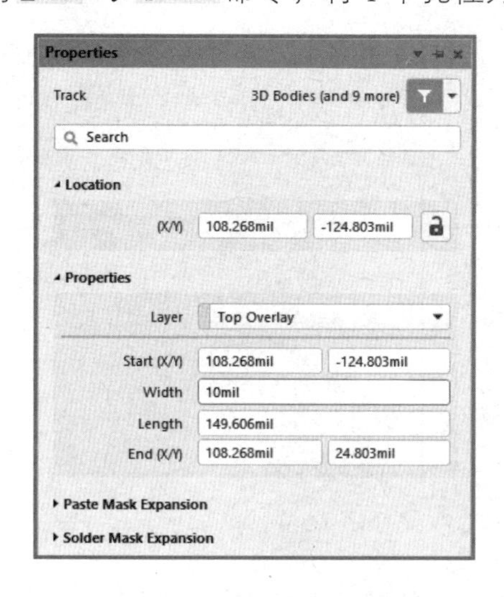

图 7-5-15　第 2 条竖线参数

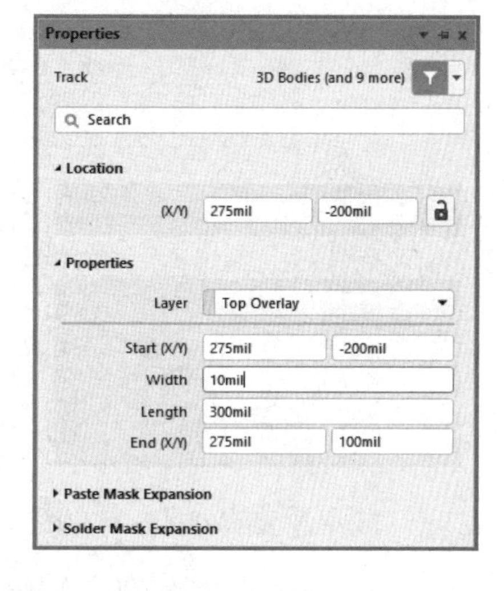

图 7-5-16　第 3 条竖线参数

参照 7.1.2 节介绍的方法将 TCRT5000 封装元件库中的封装模型加载到 L298HN 芯片原理图元件库中。至此，TCRT5000 封装元件库绘制完毕，如图 7-5-17 所示。

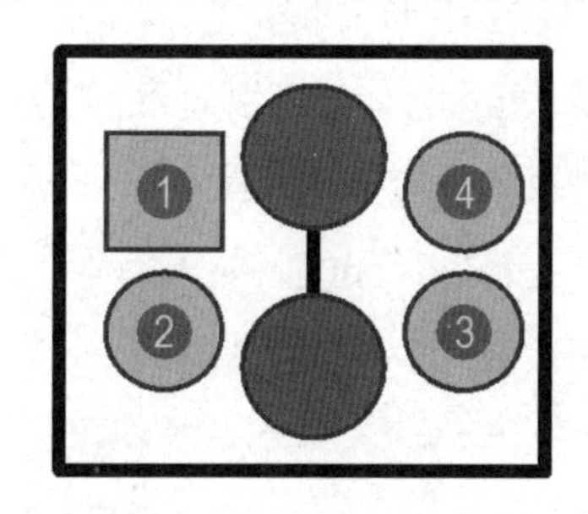

图 7-5-17　TCRT5000 封装元件库

7.6 LM393 元件库绘制

7.6.1 LM393 原理图元件库绘制

切换至 51System.SchLib 原理图元件库绘制界面，绘制 LM393 原理图元件库。LM393 原理图元件库需要根据 LM393 各个引脚进行绘制。LM393 引脚介绍图如图 7-6-1 所示。

执行 Place→ Rectangle 命令，将矩形放置到图纸上。双击刚刚放置的矩形，弹出“Properties”窗格，设置矩形的位置、宽度和高度，具体参数如图 7-6-2 所示。

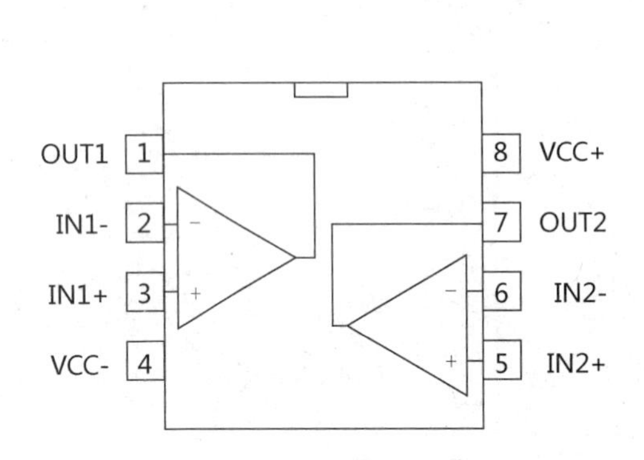

图 7-6-1　LM393 引脚介绍图

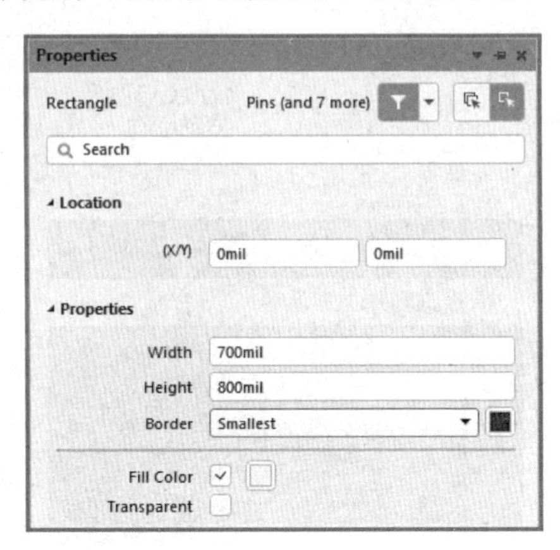

图 7-6-2　矩形参数

执行 Place→ Pin 命令，在矩形左侧放置 4 个引脚，从上至下依次将引脚标识修改为“1”“2”“3”“4”；从上至下依次将引脚名称修改为“OUT1”“IN1-”“IN1+”“VCC-”。

执行 Place→ Pin 命令，在矩形右侧放置 4 个引脚，从下至上依次将引脚标识修改为“5”“6”“7”“8”；从下至上依次将引脚名称修改为“IN2+”“IN2-”“OUT2”“VCC+”。引脚放置完毕的效果如图 7-6-3 所示。

双击“SCH Library”选项卡中的 Component_1 选项，弹出“Properties”窗格，修改元器件名称等参数，具体参数如图 7-6-4 所示。

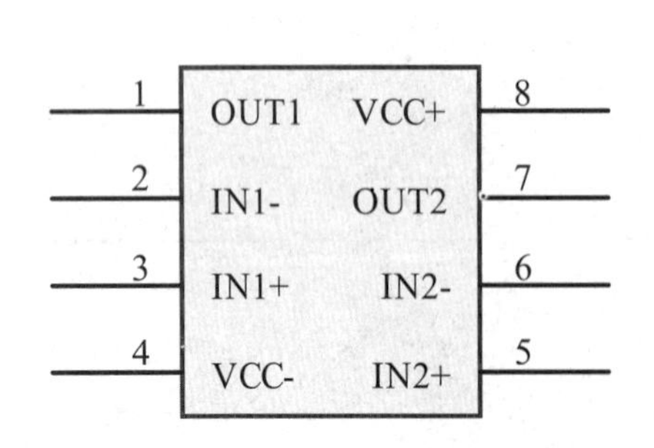

图 7-6-3　引脚放置完毕的效果

图 7-6-4　“Properties”窗格

至此，LM393 原理图元件库绘制完毕，如图 7-6-5 所示。

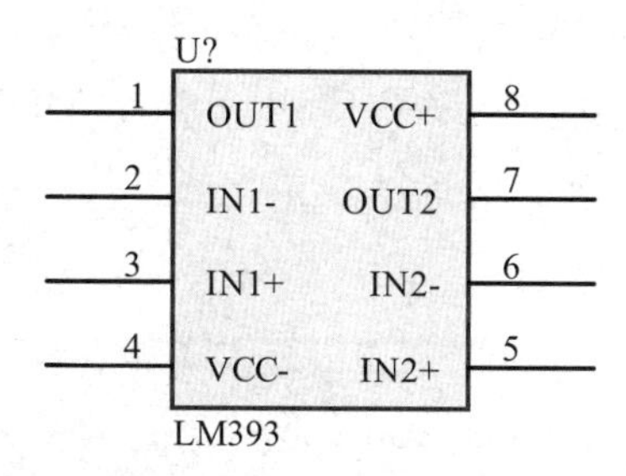

图 7-6-5　LM393 原理图元件库

7.6.2 LM393 封装元件库绘制

切换至 51System.PcbLib 封装元件库绘制界面，绘制 LM393 封装元件库。LM393 封装元件库需要根据 LM393 封装尺寸进行绘制。LM393 封装尺寸如图 7-6-6 所示。

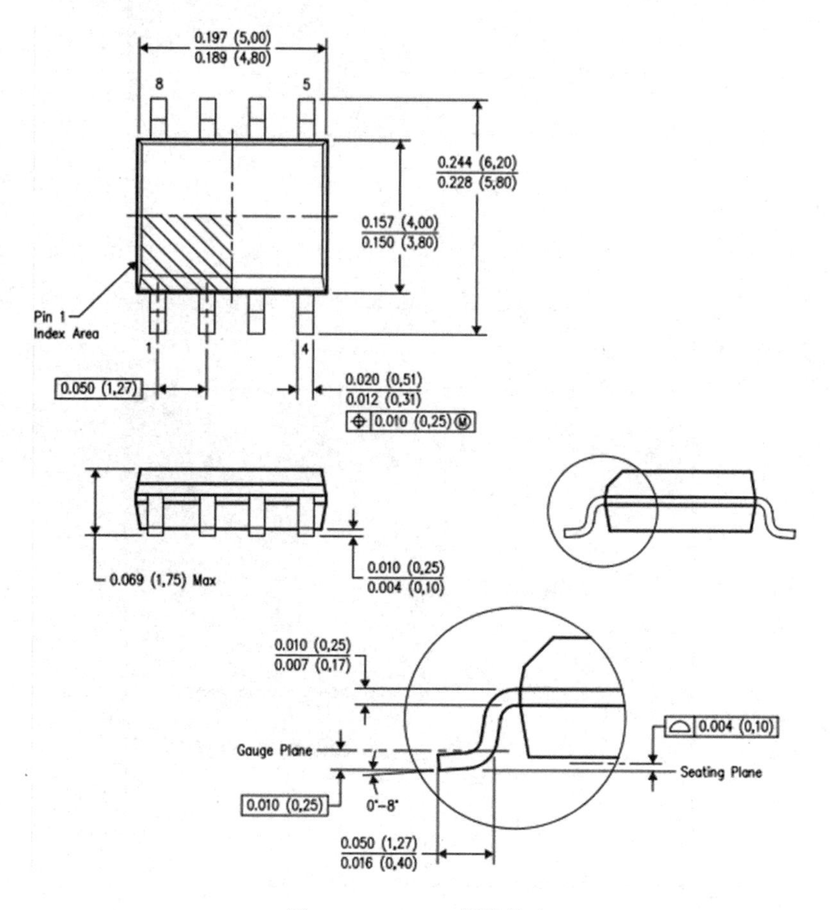

图 7-6-6　LM393 封装尺寸

（该图引自原厂数据手册）

执行 Tools→Footprint Wizard... 命令，弹出“Footprint Wizard”对话框，单击 Next 按钮，弹出“Component patterns”界面，选择“Small Outline Packages（SOP）”选项，将单位设置为“mil”。单击 Next 按钮，弹出“Small Outline Packages（SOP）：Define the pads dimensions”界面，将焊盘形状设置为长方形，将长设置为“85mil”，将宽设置为“27mil”，如图 7-6-7 所示。

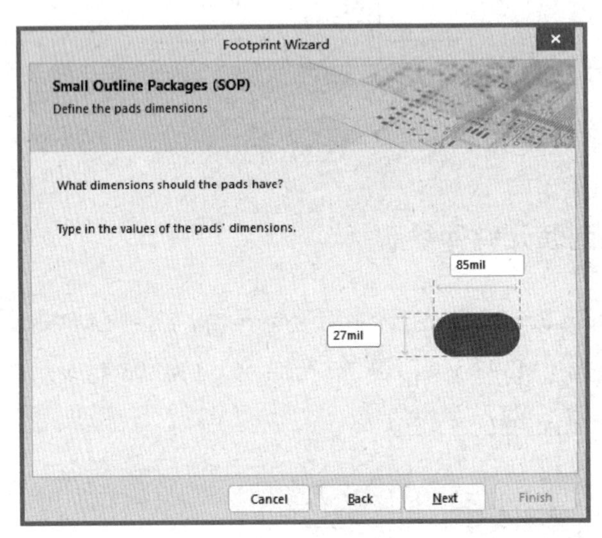

图 7-6-7　定义焊盘尺寸

单击 Next 按钮，弹出“Small Outline Packages（SOP）：Define the pads layout”界面，将相邻焊盘的横向间距设置为“238mil”，将相邻焊盘的纵向间距设置为“50mil”，如图 7-6-8 所示。

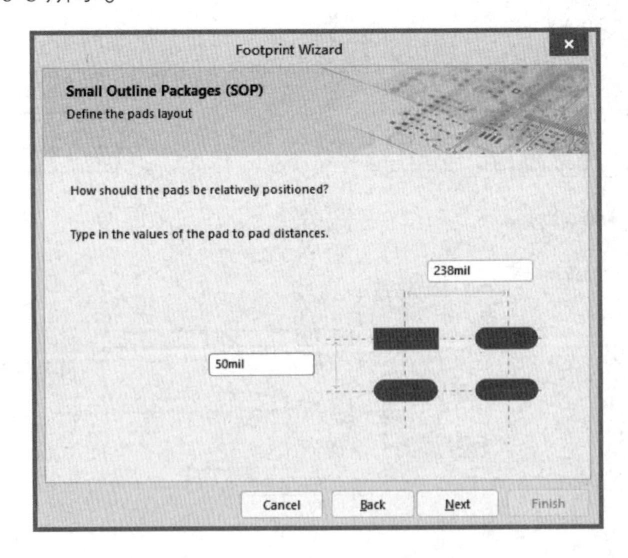

图 7-6-8　定义焊盘间距

单击 Next 按钮，弹出“Small Outline Packages（SOP）：Define the outline width”界面，将轮廓线宽度设置为“10mil”。

单击 Next 按钮，弹出“Small Outline Packages（SOP）：Set number of the pads”界面，将焊盘数目设置为“8”，如图 7-6-9 所示。

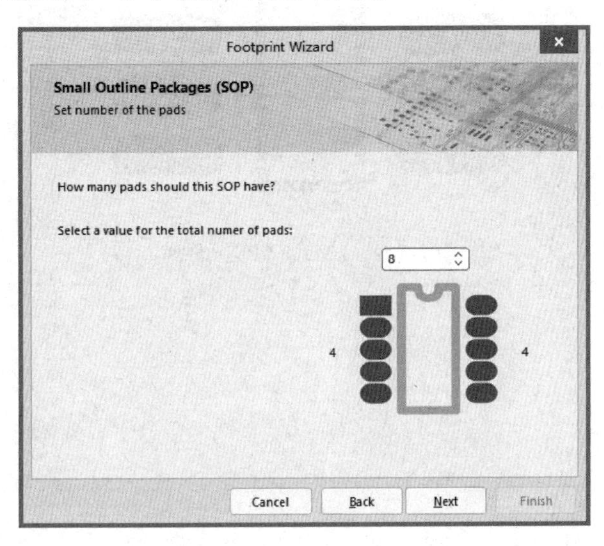

图 7-6-9　定义焊盘数目

单击 Next 按钮，弹出“Small Outline Packages（SOP）：Set the component name”界面，将封装模型命名为“SOP8”，如图 7-6-10 所示。

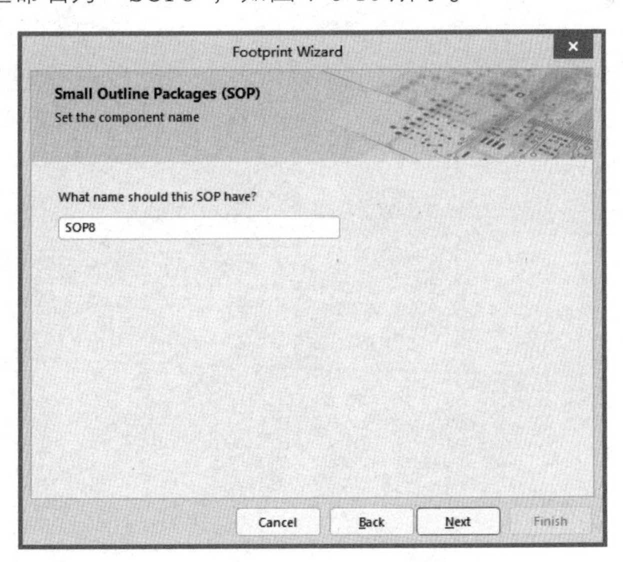

图 7-6-10　为封装模型命名

单击 Next 按钮，弹出完成界面，单击 Finish 按钮，即可将绘制的封装模型放置在图纸上。

参照 7.1.2 节介绍的方法将 LM393 封装元件库中的封装模型加载到 LM393 芯片原理图元件库中。至此，LM393 封装元件库绘制完毕，如图 7-6-11 所示。

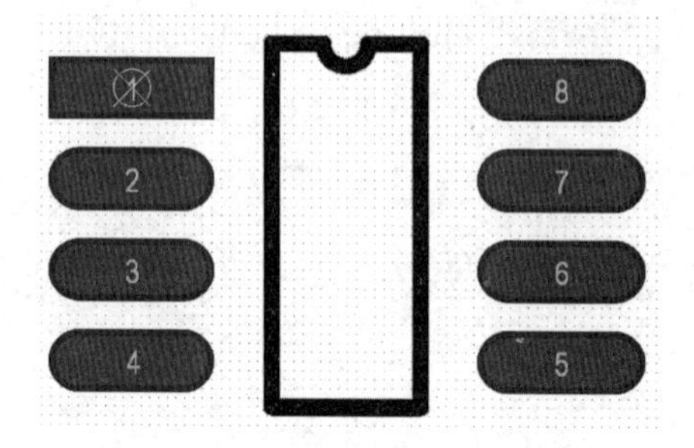

图 7-6-11　LM393 封装元件库

第8章

PCB 设计

8.1 循迹模块

8.1.1 原理图绘制

单击 Altium Designer 图标，启动 Altium Designer 软件。执行 File → New → Project... 命令，弹出“New Project”对话框，将 Project Type 设置为“<Empty>”，将项目命名为“Trace”，将存储路径设置为“G:\book\DIYSmartCar\Project\8”，单击 Create 按钮，即可完成工程项目的新建。

右击 Trace.PrjPcb 选项，弹出快捷菜单，选择 Add New to Project 选项，选择 Schematic 选项，将原理图图纸载入主窗口中，并将其命名为“Trace.SchDoc”。

右击 Trace.PrjPcb 选项，弹出快捷菜单，选择 Add New to Project 选项，选择 PCB 选项，将 PCB 图纸载入主窗口中，并将其命名为“Trace.PcbDoc”。

右击 Trace.PrjPcb 选项，弹出快捷菜单，选择 Add Existing to Project... 选项，将第 7 章绘制的元件库加入工程项目。添加元件库后的效果如图 8-1-1 所示。

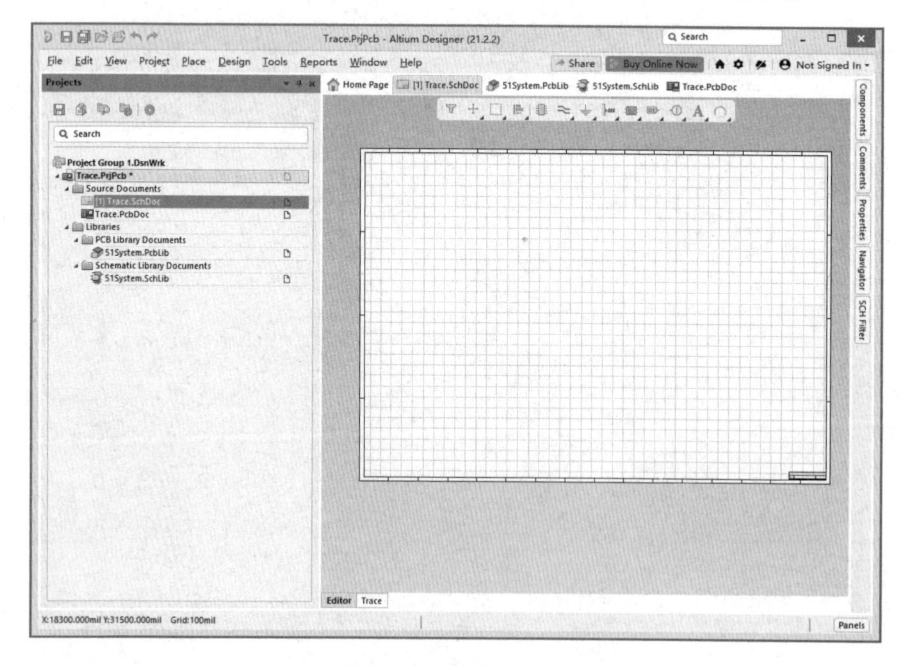

图 8-1-1 添加元件库后的效果

在原理图图纸中绘制如图 8-1-2 所示的电源电路，该电路主要由接线端子、二极管、LM7805 组成，其主要功能是为其他电路提供 5V 电源网络。

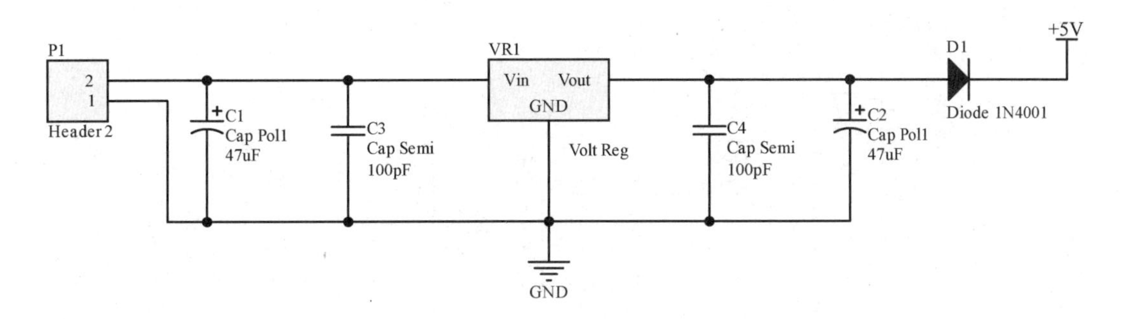

图 8-1-2 电源电路

在原理图图纸中绘制如图 8-1-3 所示的电压比较器电路第一部分，该电路主要由 LM393、TCRT5000、发光二极管、可调电阻、电阻等组成，其主要功能是检测路径标志线。

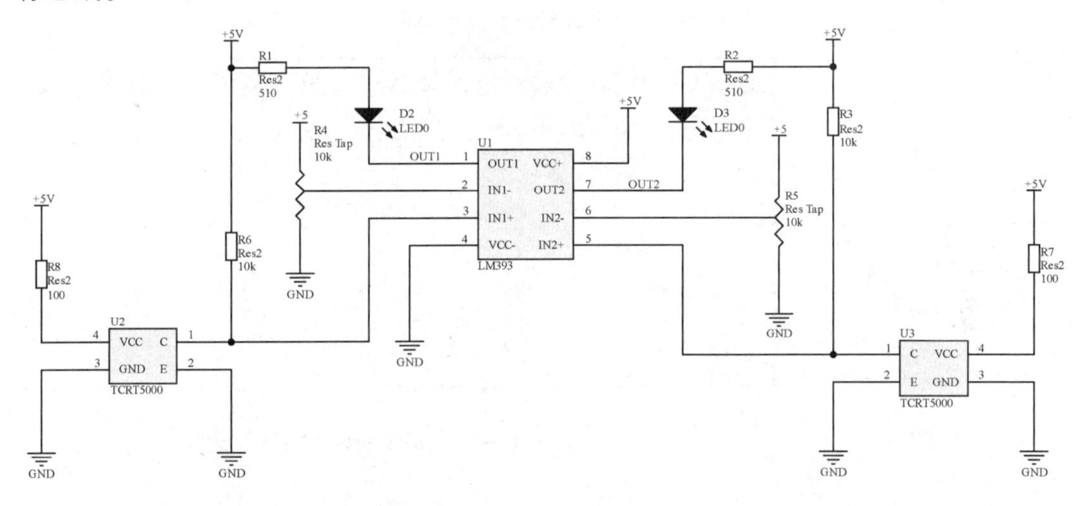

图 8-1-3 电压比较器电路第一部分

在原理图图纸中绘制如图 8-1-4 所示的电压比较器电路第二部分，该电路主要由 LM393、TCRT5000、发光二极管、可调电阻、电阻等组成，其主要功能是检测路径标志线。这部分电路与电压比较器电路第一部分相似，只是网络标号不同，后续将对其进行详细介绍。

在原理图图纸中绘制如图 8-1-5 所示的接插件电路，该电路由 P2 组成，用于将检测的信号输入单片机。P2 的引脚 1 接 5V 电源网络；引脚 2 通过网络标号“OUT1”与 U1 的引脚 1 相连；引脚 3 通过网络标号“OUT2”与 U1 的引脚 7 相连；引脚 4 通过网络标号“OUT3”与 U4 的引脚 1 相连；引脚 5 通过网络标号“OUT4”与 U4 的引脚 7 相连；引脚 6 接 GND 网络。

执行 Project → Validate PCB Project Trace.PrjPcb 命令，弹出“Messages”对话框，如图 8-1-6 所示，该对话框显示无错误。

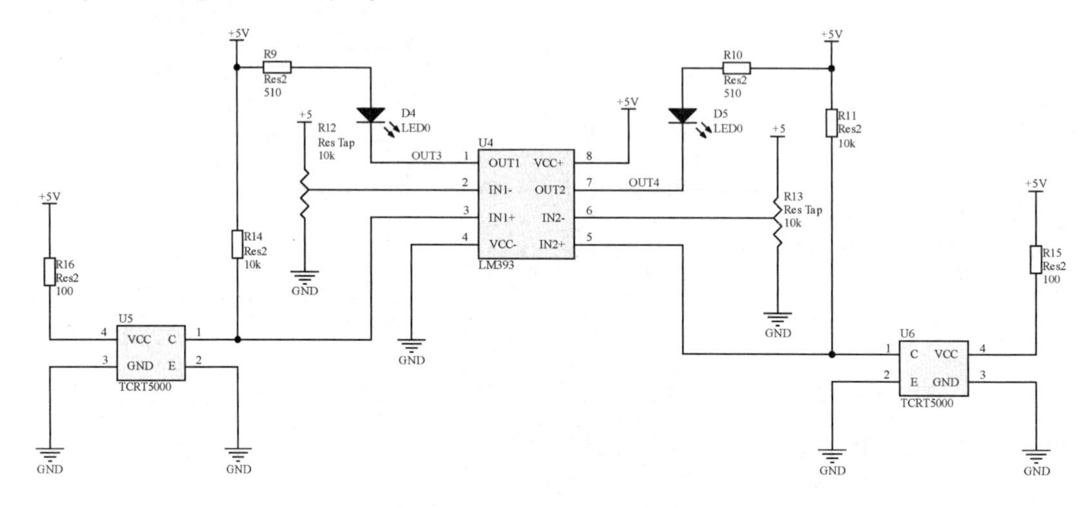

图 8-1-4 电压比较器电路第二部分

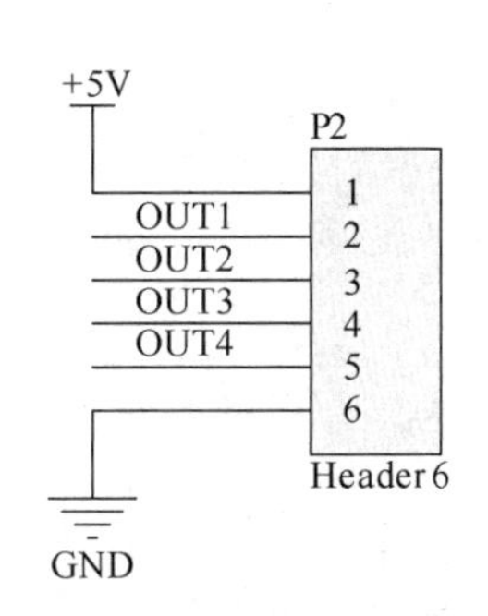

图 8-1-5 接插件电路

Messages

Class	Document	Source	Message	Time	Date	No.
[Info]	Trace.PrjPcb	Compiler	Compile successful, no errors found.	9:11:06	2023/10/15	1

图 8-1-6 “Messages”对话框

8.1.2 PCB 绘制

使用 UG 软件打开 TraceBoard.prt 文件，执行 文件(F) → 导出(E) → AutoCAD DXF/DWG... 命令，弹出“AutoCAD DXF/DWG 导出向导”对话框，参数设置如图 8-1-7 所示。设置完成后单击 完成 按钮，即可完成设置并导出 TraceBoard.dxf 文件。

返回 Altium Designer 软件主窗口，执行 File → Import → DXF/DWG 命令，弹出“Import File”对话框，选中刚刚导出的 TraceBoard.dxf 文件，如图 8-1-8 所示，单击 打开(O) 按钮，即可将 TraceBoard.dxf 文件导入 Altium Designer。

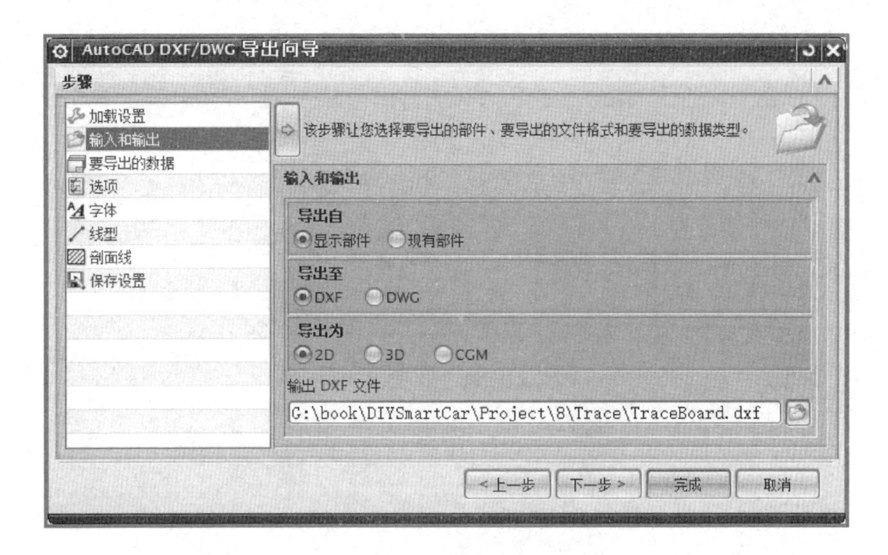

图 8-1-7　“AutoCAD DXF/DWG 导出向导”对话框

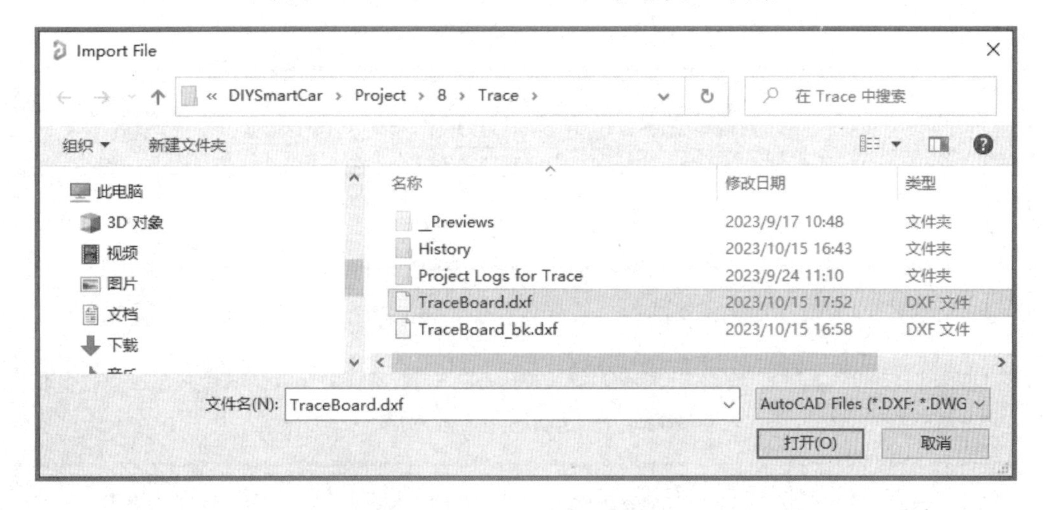

图 8-1-8　“Import File”对话框

选中导入的边框，执行 Design → Board Shape → Define Board Shape from Selected Objects 命令，即可完成 PCB 板型的定义。

执行 Design → Update PCB Document Trace.PcbDoc 命令，弹出“Engineering Change Order”对话框，依次单击 Validate Changes 按钮和 Execute Changes 按钮，如图 8-1-9 所示，即可完成元器件的导入。

Top 层初步布局如图 8-1-10 所示。Bottom 层初步布局如图 8-1-11 所示。整体初步布局如图 8-1-12 所示。

适当调整元器件间距，使元器件可以沿某一方向对齐，适当规划板型并放置 2 个过孔，以便安装，如图 8-1-13 所示。按数字键“3”，切换至三维视图，如图 8-1-14 所示。

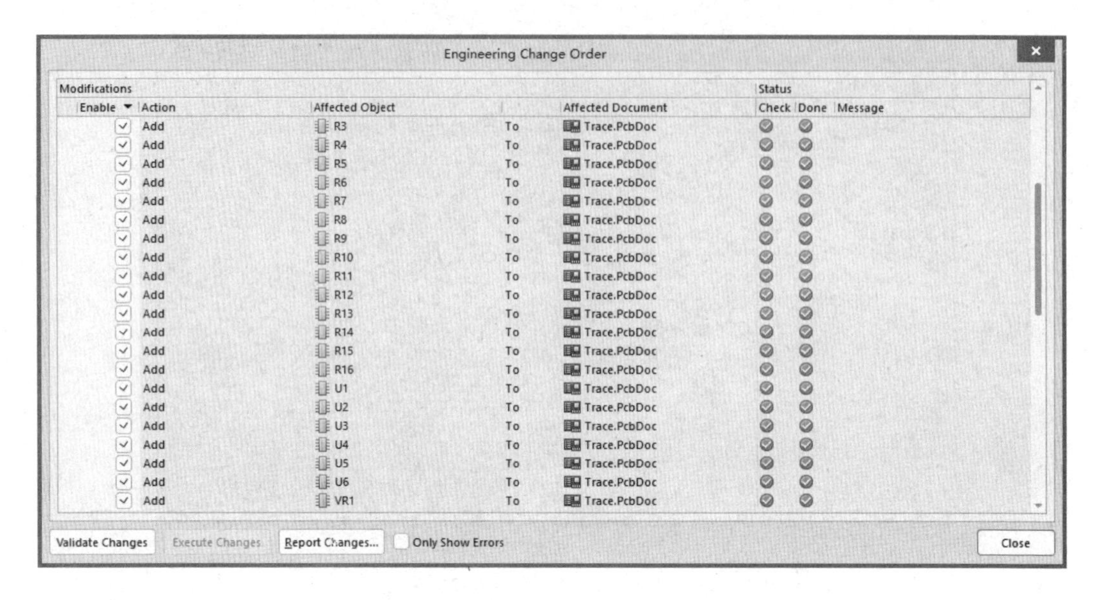

图 8-1-9 “Engineering Change Order”对话框

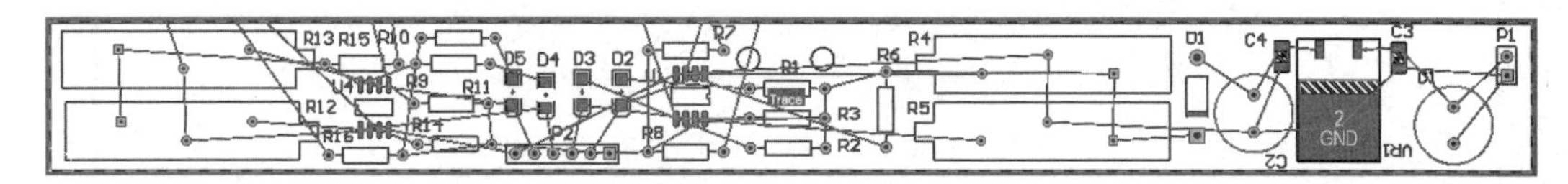

图 8-1-10 Top 层初步布局

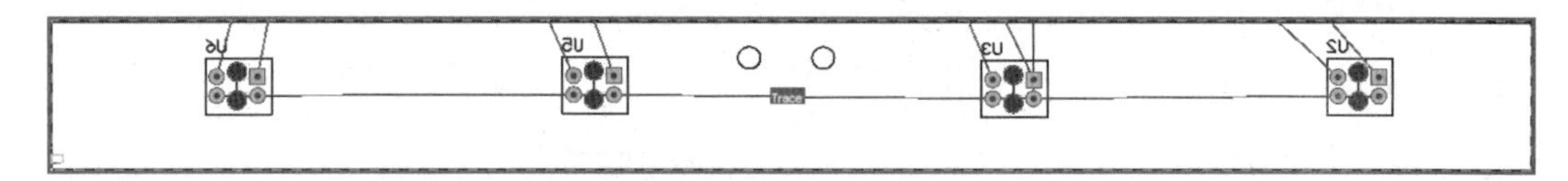

图 8-1-11 Bottom 层初步布局

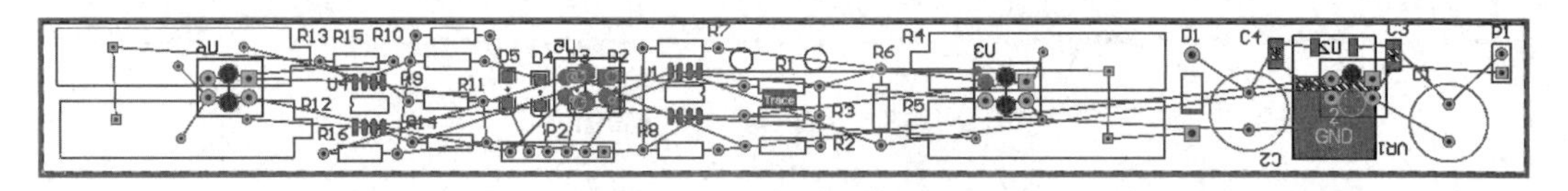

图 8-1-12 整体初步布局

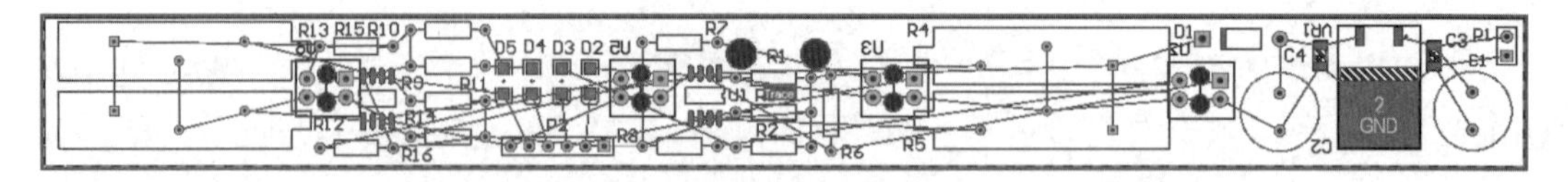

图 8-1-13 调整后的布局

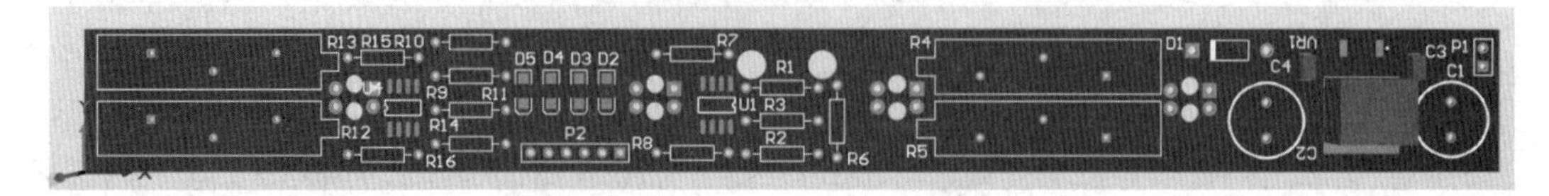

图 8-1-14 三维视图

执行 Design→Rules... 命令，弹出“PCB Rules and Constraints Editor”对话框，将 GND 网络线宽设置为“10mil”，将电源网络线宽设置为“8mil”，将其他网络线宽设置为“5mil”。完成布线规则设置后，执行 Route→Auto Route→All... 命令，弹出“Situs Routing Strategies”对话框。单击 Route All 按钮，等待一段时间，自动布线自行停止。Top 层布线如图 8-1-15 所示。Bottom 层布线如图 8-1-16 所示。

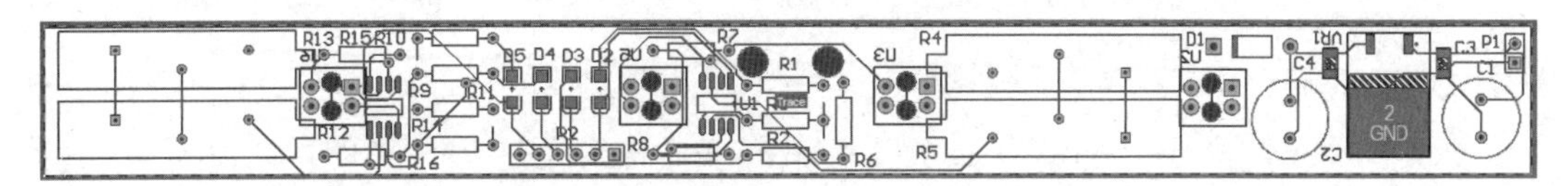

图 8-1-15　Top 层布线

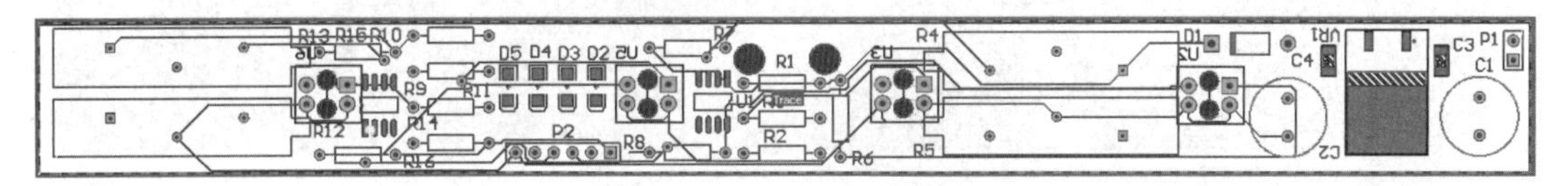

图 8-1-16　Bottom 层布线

执行 Reports→Board Information 命令，弹出“Board Information”对话框，勾选“Routing Information”复选框。单击 Report 按钮，弹出如图 8-1-17 所示的布线信息，所有飞线布线成功。

Routing	
Routing Information	
Routing completion	100.00%
Connections	73
Connections routed	73
Connections remaining	0

图 8-1-17　布线信息

小提示

◎扫描右侧二维码可观看循迹模块自动布线视频。

◎元器件布局不同，自动布线的结果也不同。

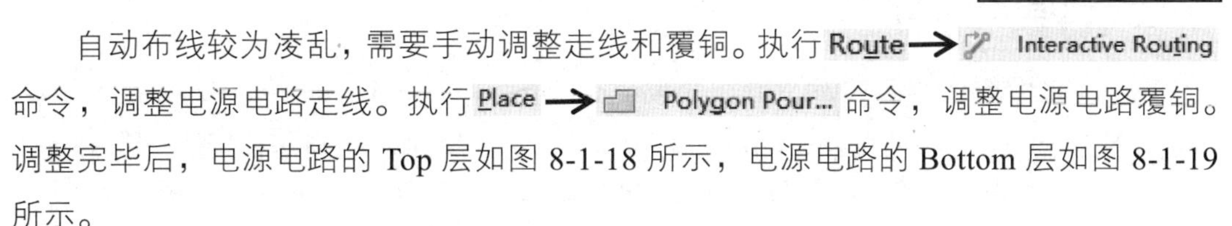

自动布线较为凌乱，需要手动调整走线和覆铜。执行 Route→Interactive Routing 命令，调整电源电路走线。执行 Place→Polygon Pour... 命令，调整电源电路覆铜。调整完毕后，电源电路的 Top 层如图 8-1-18 所示，电源电路的 Bottom 层如图 8-1-19 所示。

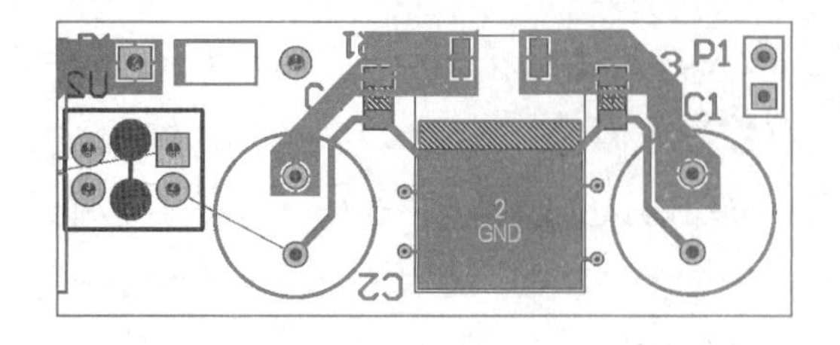

图 8-1-18　电源电路的 Top 层

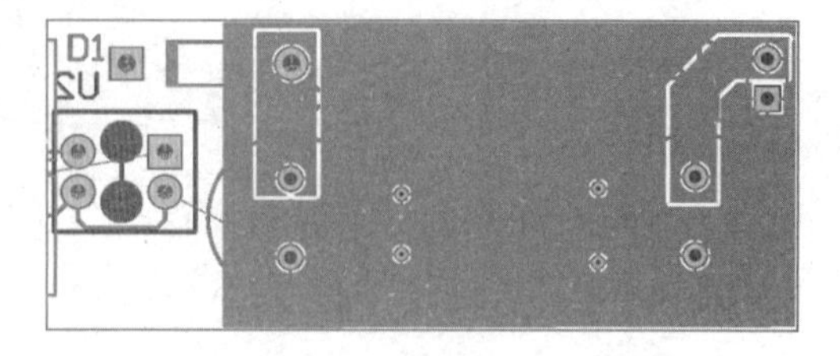

图 8-1-19　电源电路的 Bottom 层

执行 Route → Interactive Routing 命令，调整整体电路走线。执行 Place → Polygon Pour... 命令，调整整体电路覆铜。调整完毕后，整体电路的 Top 层布线如图 8-1-20 所示，整体电路的 Bottom 层布线如图 8-1-21 所示。

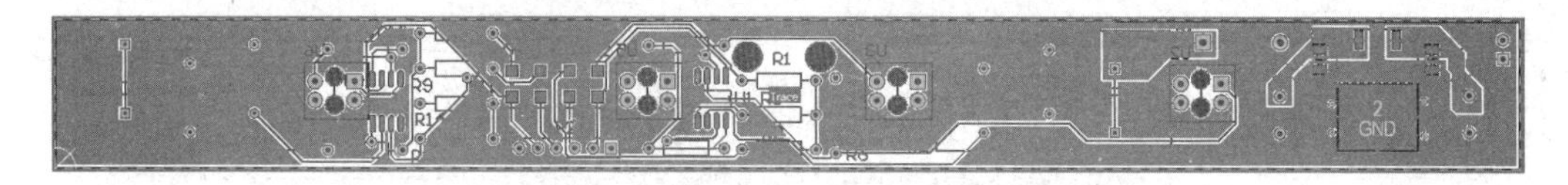

图 8-1-20　整体电路的 Top 层布线

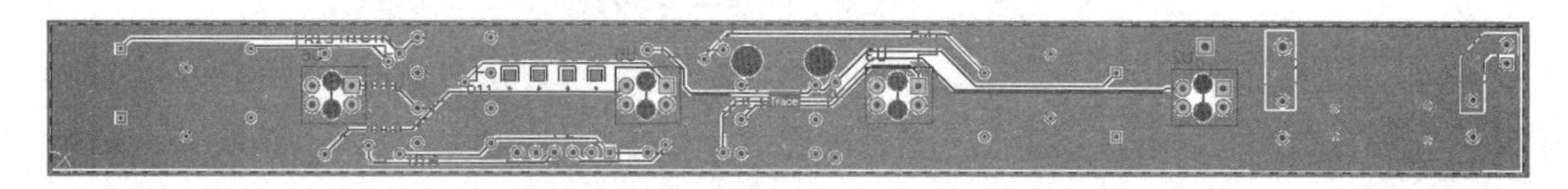

图 8-1-21　整体电路的 Bottom 层布线

循迹模块整体电路三维显示效果如图 8-1-22 所示。

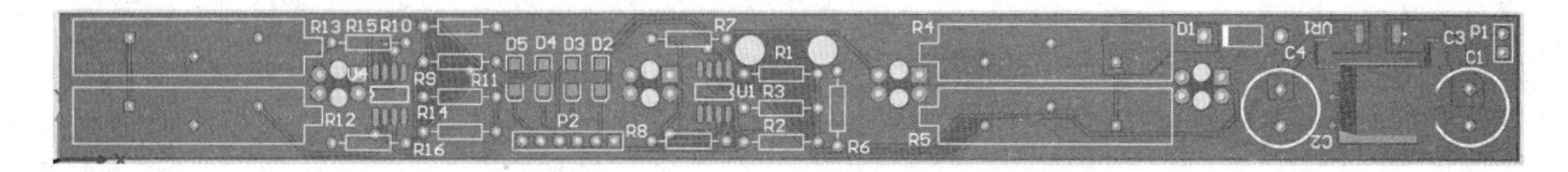

图 8-1-22　循迹模块整体电路三维显示效果

8.2 电动机驱动模块

8.2.1 原理图绘制

单击 Altium Designer 图标，启动 Altium Designer 软件。执行 File → New → Project... 命令，弹出“New Project”对话框，将 Project Type 设置为“<Empty>”，将项目命名为“Motor”，将存储路径设置为“G:\book\DIYSmartCar\Project\8”，单击 Create 按钮，即可完成工程项目的新建。

在原理图图纸中绘制如图 8-2-1 所示的电源电路，该电路主要由接线端子、电容、电阻、发光二极管、LM7805、LM7812 组成，其主要功能是为 L298HN 芯片提供 12V 电源网络和 5V 电源网络。

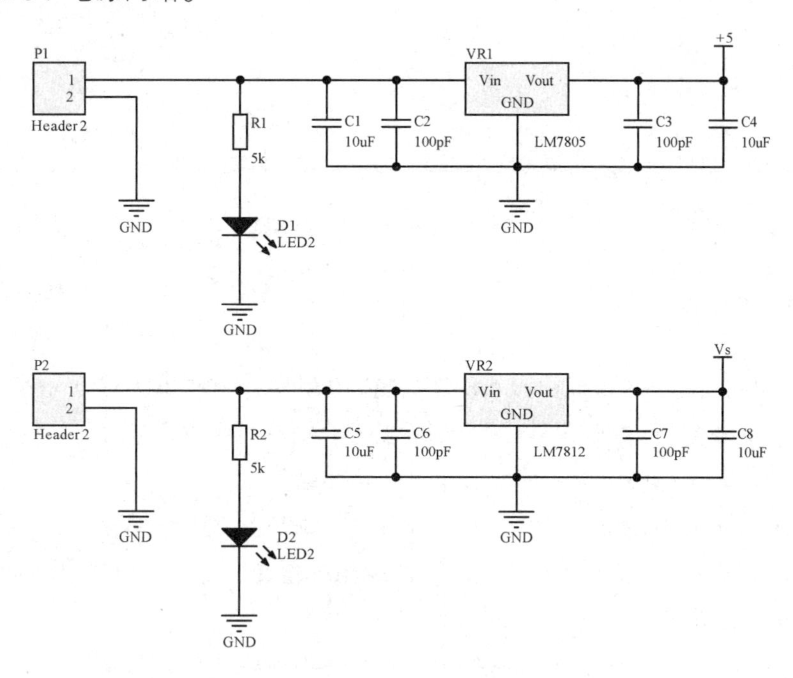

图 8-2-1　电源电路

在原理图图纸中绘制如图 8-2-2 所示的 L298HN 芯片电路，该电路主要由接线端子、发光二极管、二极管、L298HN 芯片、电阻组成，其主要功能是驱动直流电动机。

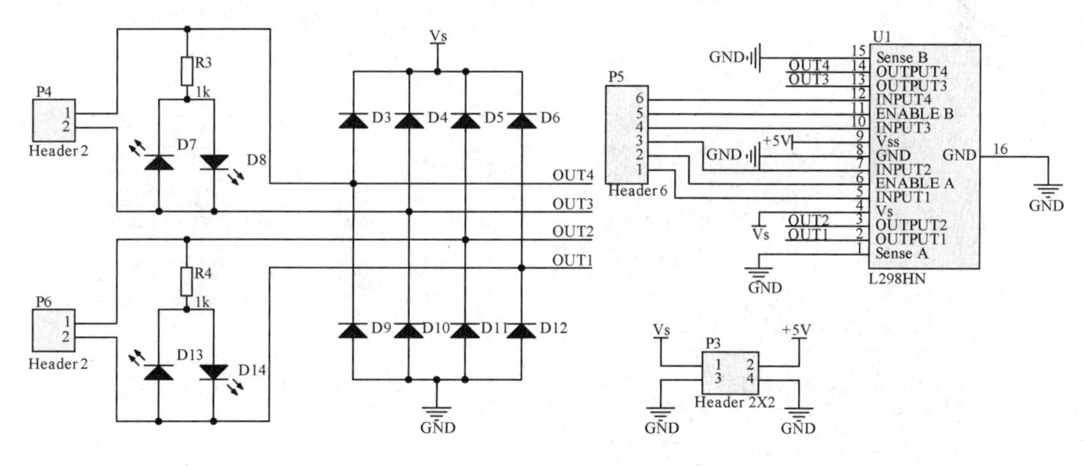

图 8-2-2　L298HN 芯片电路

执行 Project → Validate PCB Project Motor.PrjPcb 命令，弹出“Messages”对话框，如图 8-2-3 所示，该对话框显示无错误。

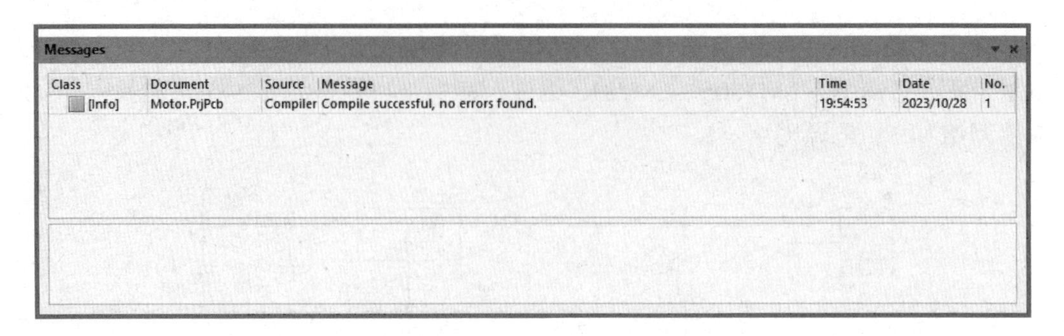

图 8-2-3 “Messages”对话框

8.2.2 PCB 绘制

使用 UG 软件打开 MotorBoard.prt 文件，执行 文件(F) → 导出(E) → AutoCAD DXF/DWG... 命令，弹出“AutoCAD DXF/DWG 导出向导”对话框，参照图 8-1-7 完成参数设置。单击 完成 按钮，即可完成设置并导出 MotorBoard.dxf 文件。

返回 Altium Designer 软件主窗口，执行 File → Import → DXF/DWG 命令，弹出“Import File”对话框，选中刚刚导出的 MotorBoard.dxf 文件，单击 打开(O) 按钮，即可将 MotorBoard.dxf 文件导入 Altium Designer。

选中导入的边框，执行 Design → Board Shape → Define Board Shape from Selected Objects 命令，即可完成 PCB 板型的定义。

执行 Design → Update PCB Document Motor.PcbDoc 命令，弹出“Engineering Change Order”对话框，依次单击 Validate Changes 按钮和 Execute Changes 按钮，即可完成元器件的导入。

Top 层初步布局如图 8-2-4 所示。Bottom 层初步布局如图 8-2-5 所示。整体初步布局如图 8-2-6 所示。

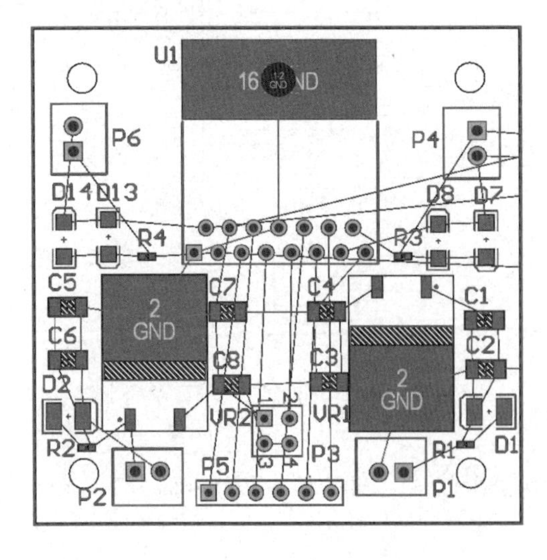

图 8-2-4 Top 层初步布局

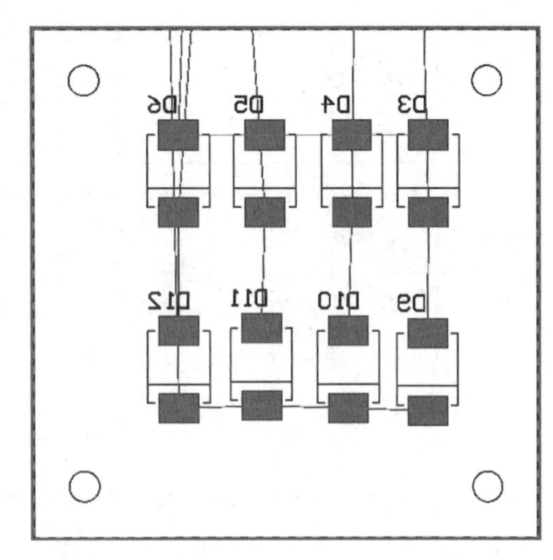

图 8-2-5 Bottom 层初步布局

适当调整元器件间距，使元器件可以沿某一方向对齐，适当规划板型并放置 4 个过孔，以便安装，如图 8-2-7 所示。按数字键“3”，切换至三维视图，如图 8-2-8 所示。

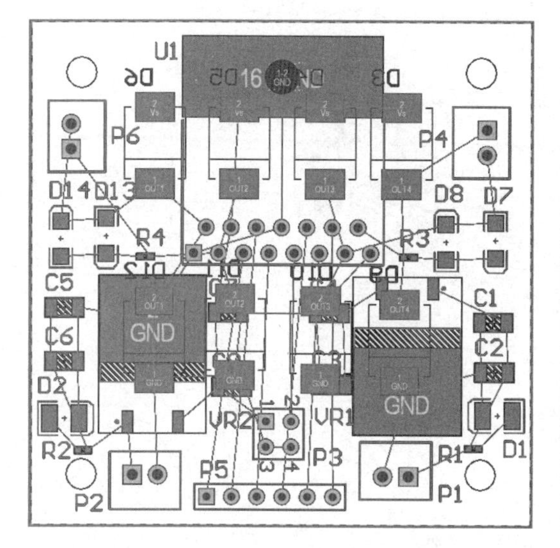

图 8-2-6　整体初步布局

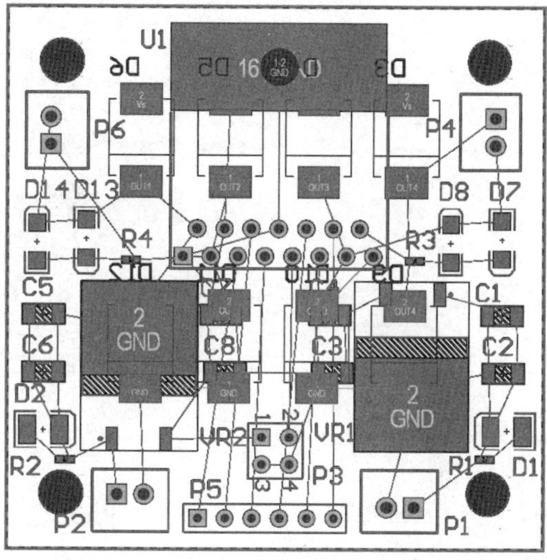

图 8-2-7　调整后的布局

执行 Design → Rules... 命令，弹出“PCB Rules and Constraints Editor”对话框，将 GND 网络线宽设置为“10mil”，将电源网络线宽设置为“10mil”，将其他网络线宽设置为“10mil”。完成布线规则设置后，执行 Route → Auto Route → All... 命令，弹出“Situs Routing Strategies”对话框。单击 Route All 按钮，等待一段时间，自动布线自行停止。Top 层布线如图 8-2-9 所示。Bottom 层布线如图 8-2-10 所示。

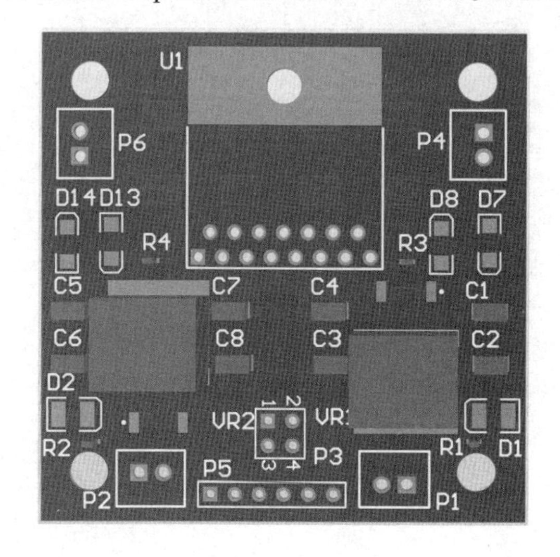

图 8-2-8　三维视图

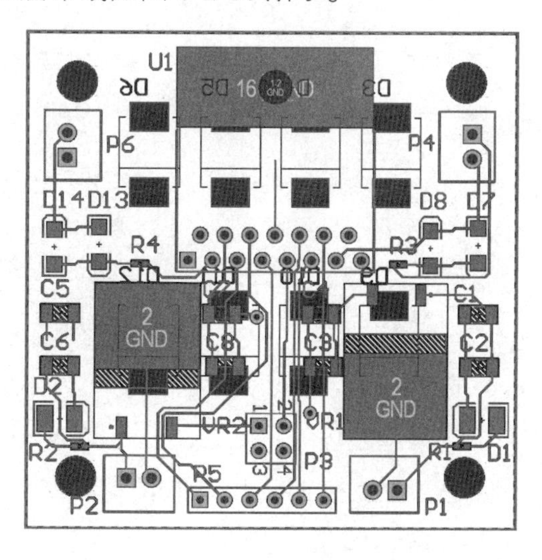

图 8-2-9　Top 层布线

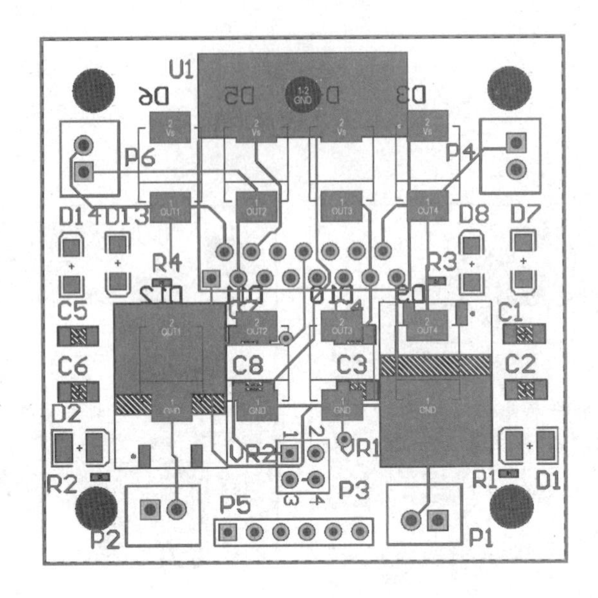

图 8-2-10　Bottom 层布线

执行 Reports → Board Information 命令，弹出“Board Information”对话框，勾选“Routing Information”复选框。单击 Report 按钮，弹出如图 8-2-11 所示的布线信息，所有飞线布线成功。

Routing	
Routing Information	
Routing completion	100.00%
Connections	72
Connections routed	72
Connections remaining	0

图 8-2-11　布线信息

小提示

◎扫描右侧二维码可观看电动机驱动模块自动布线视频。

◎由于元器件布局不同，因此自动布线的结果也不同。

自动布线较为凌乱，需要手动调整走线和覆铜。执行 Route → Interactive Routing 命令，调整整体电路走线。执行 Place → Polygon Pour... 命令，调整整体电路覆铜。调整完毕后，整体电路的 Top 层布线如图 8-2-12 所示，整体电路的 Bottom 层布线如图 8-2-13 所示。

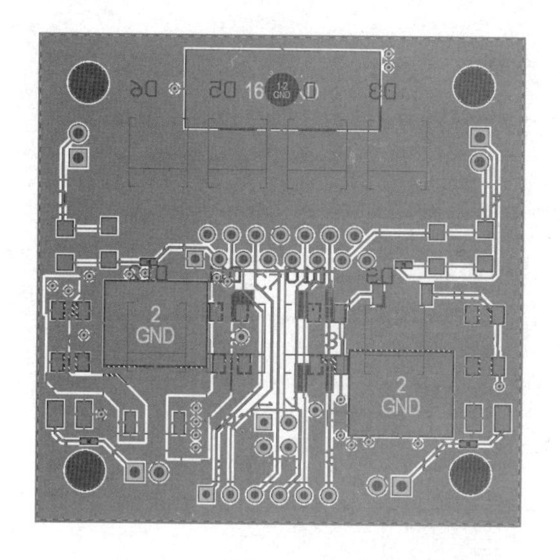

图 8-2-12　整体电路的 Top 层布线

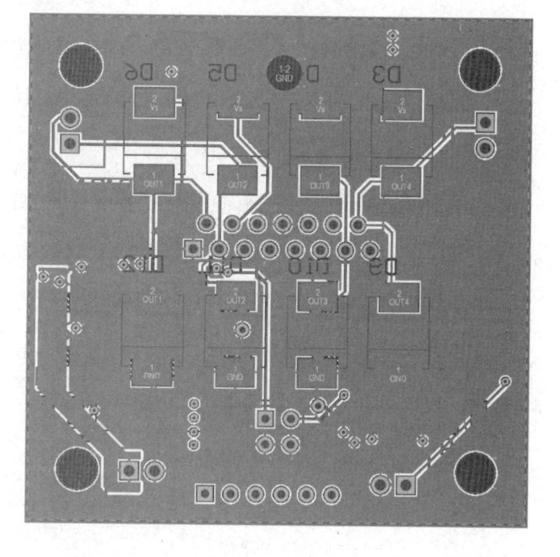

图 8-2-13　整体电路的 Bottom 层布线

电动机驱动模块整体电路三维显示效果如图 8-2-14 所示。

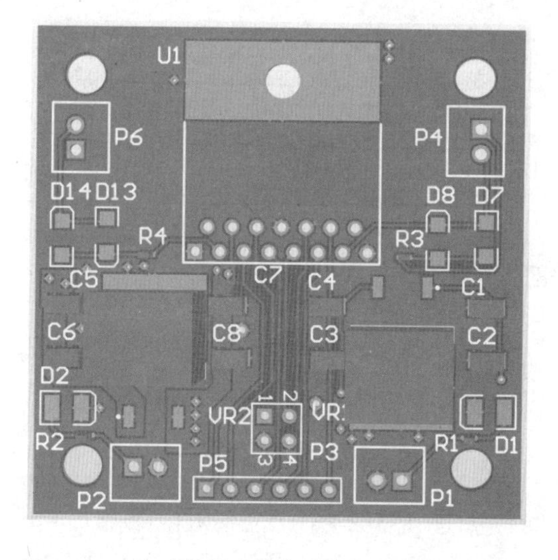

图 8-2-14　电动机驱动模块整体电路三维显示效果

8.3 最小系统模块

8.3.1 原理图绘制

单击 Altium Designer 图标，启动 Altium Designer 软件。执行 File → New → Project... 命令，

弹出“New Project”对话框，将 Project Type 设置为“<Empty>”，将项目命名为“MCU”，将存储路径设置为“G:\book\DIYSmartCar\Project\8”，单击 Create 按钮，即可完成工程项目的新建。

在原理图图纸中绘制如图 8-3-1 所示的电源电路第一部分，该电路主要由接线端子、电容、电阻、发光二极管、LM7805、LM7812 组成，其主要功能是为其他电路提供 12V 电源网络和 5V 电源网络。

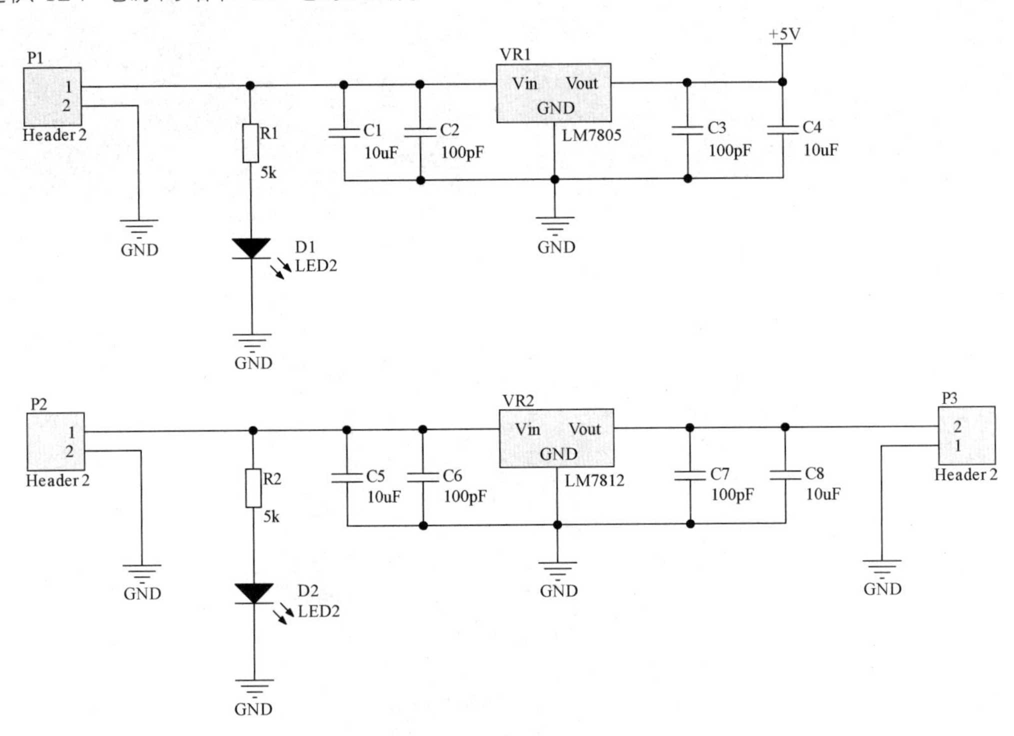

图 8-3-1 电源电路第一部分

在原理图图纸中绘制如图 8-3-2 所示的电源电路第二部分，该电路主要由接线端子、电容、电阻、发光二极管、LM7806 组成，其主要功能是为其他电路提供 6V 电源网络。

在原理图图纸中绘制如图 8-3-3 所示的单片机最小系统电路，该电路主要由 AT89S51 单片机、晶振、电容、电阻、发光二极管、独立按键、排针组成。元件 P8、元件 P9、元件 P10 和元件 P11 的主要功能是引出 AT89S51 单片机的引脚，以便进行扩展。独立按键用于实现单片机最小系统复位。发光二极管用于指示电源是否正常接入单片机最小系统电路。

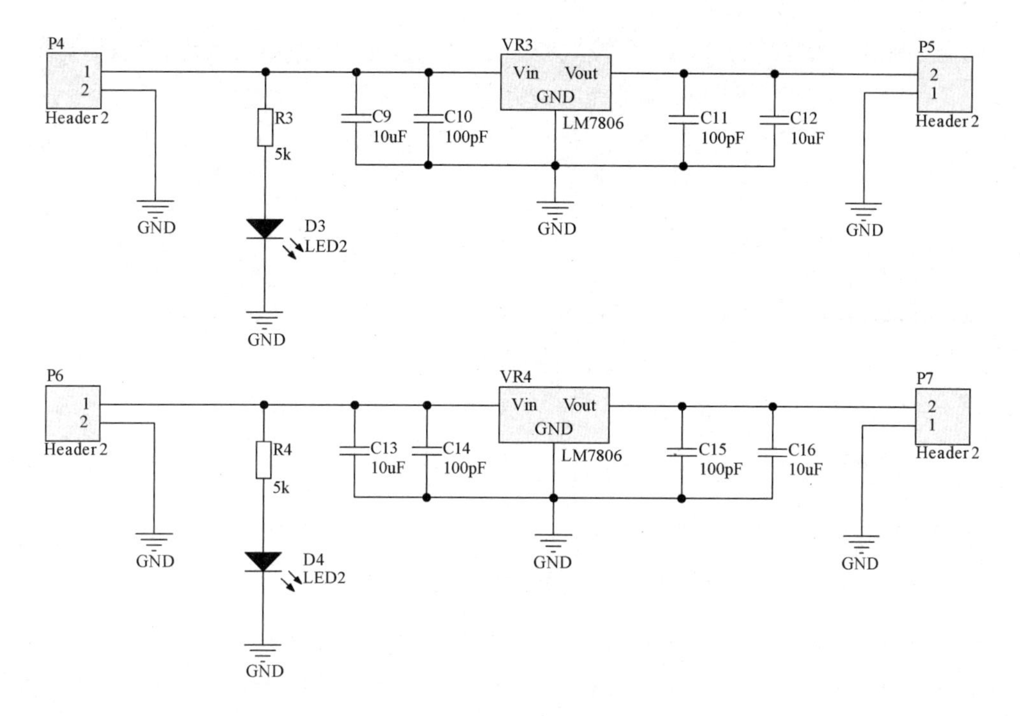

图 8-3-2 电源电路第二部分

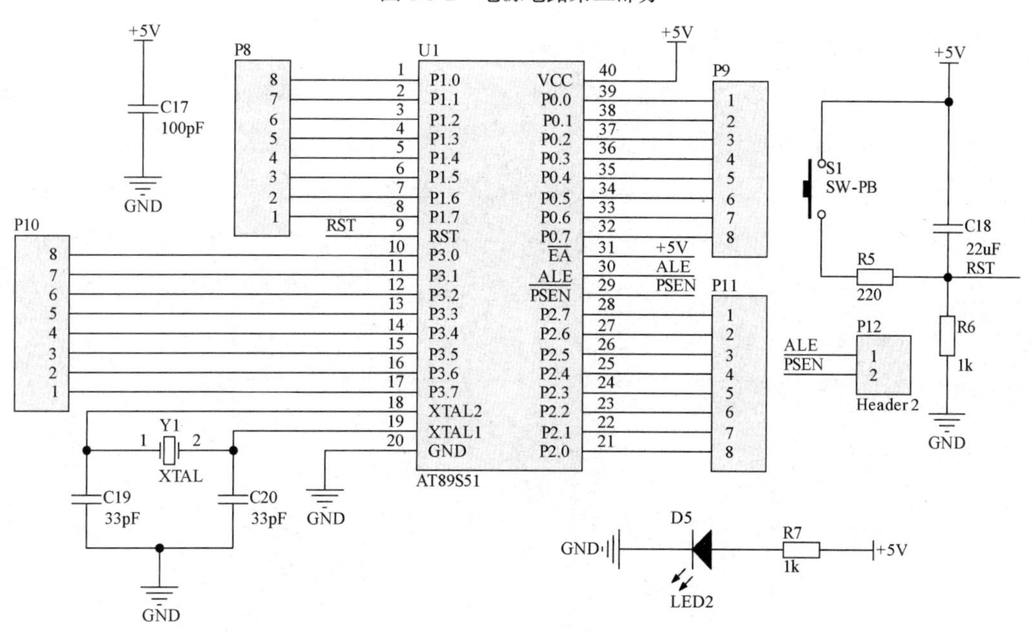

图 8-3-3 单片机最小系统电路

执行 Project → Validate PCB Project MCU.PrjPcb 命令，弹出“Messages”对话框，如图 8-3-4 所示，该对话框显示无错误。

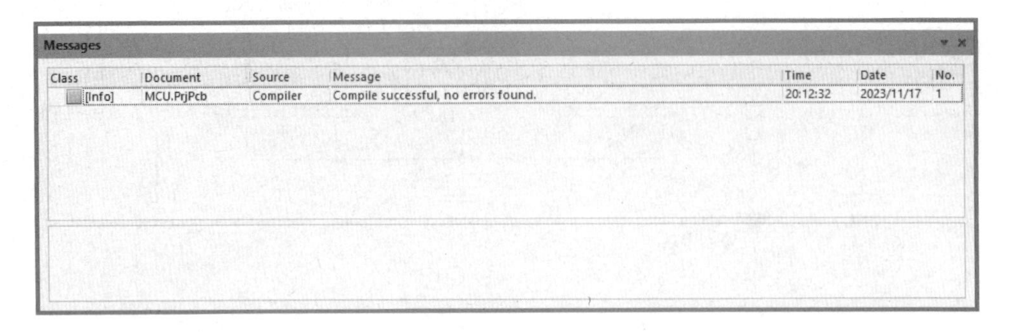

图 8-3-4 “Messages”对话框

8.3.2 PCB 绘制

使用 UG 软件打开 MCUBoard.prt 文件，执行 文件(F) → 导出(E) → AutoCAD DXF/DWG... 命令，弹出“AutoCAD DXF/DWG 导出向导”对话框，参照图 8-1-7 完成参数设置。单击 完成 按钮，即可完成设置并导出 MCUBoard.dxf 文件。

返回 Altium Designer 软件主窗口，执行 File → Import → DXF/DWG 命令，弹出“Import File”对话框，选中刚刚导出的 MCUBoard.dxf 文件，单击 打开(O) 按钮，即可将 MCUBoard.dxf 文件导入 Altium Designer。

选中导入的边框，执行 Design → Board Shape → Define Board Shape from Selected Objects 命令，即可完成 PCB 板型的定义。

执行 Design → Update PCB Document MCU.PcbDoc 命令，弹出“Engineering Change Order”对话框，依次单击 Validate Changes 按钮和 Execute Changes 按钮，即可完成元器件的导入。

整体初步布局如图 8-3-5 所示，适当调整元器件间距，使元器件可以沿某一方向对齐，适当规划板型并放置 4 个过孔，以便安装，如图 8-3-6 所示。

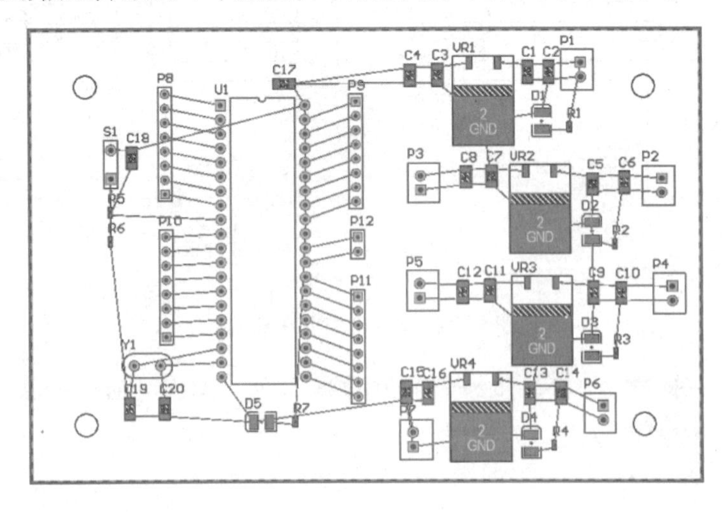

图 8-3-5 整体初步布局

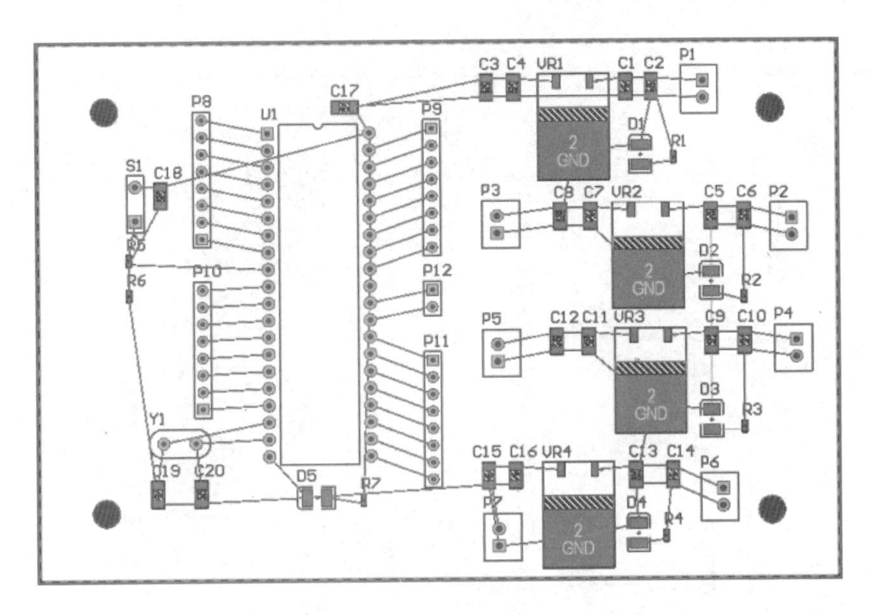

图 8-3-6　整体布局

按数字键“3”，切换至三维视图，如图 8-3-7 所示。

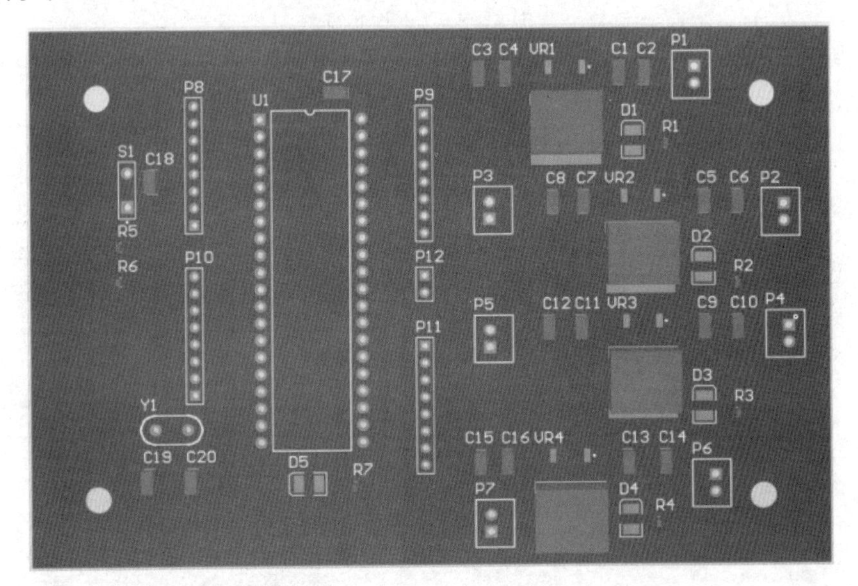

图 8-3-7　三维视图

执行 Design → Rules... 命令，弹出“PCB Rules and Constraints Editor”对话框，将 GND 网络线宽设置为“10mil”，将电源网络线宽设置为“10mil”，将其他网络线宽设置为“10mil”。完成布线规则设置后，执行 Route → Auto Route → All... 命令，弹出“Situs Routing Strategies”对话框。单击 Route All 按钮，等待一段时间，自动布线自行停止。Top 层布线如图 8-3-8 所示。Bottom 层布线如图 8-3-9 所示。

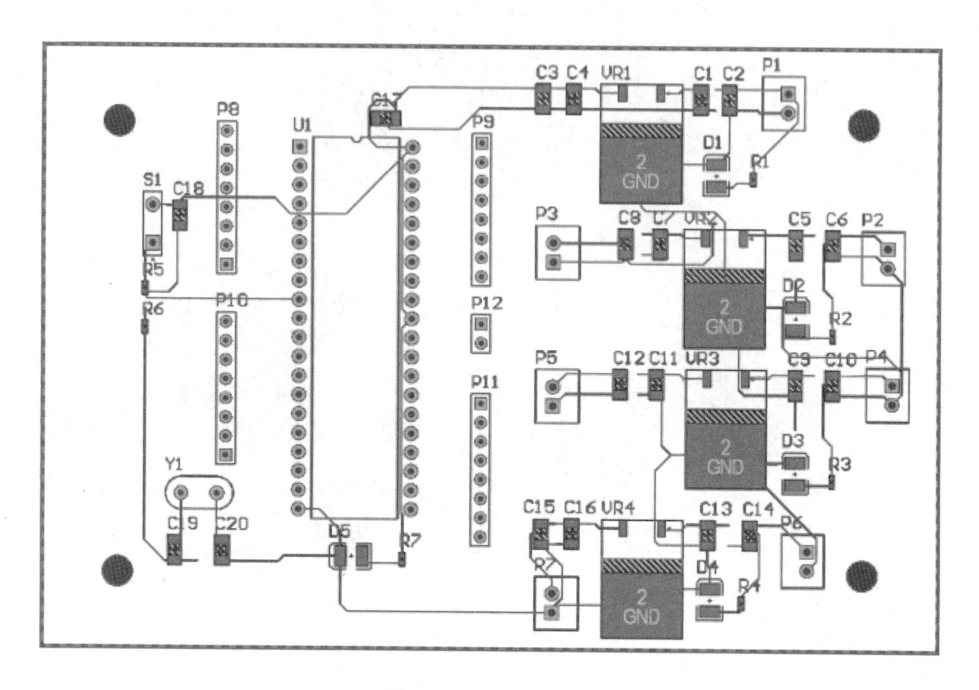

图 8-3-8　Top 层布线

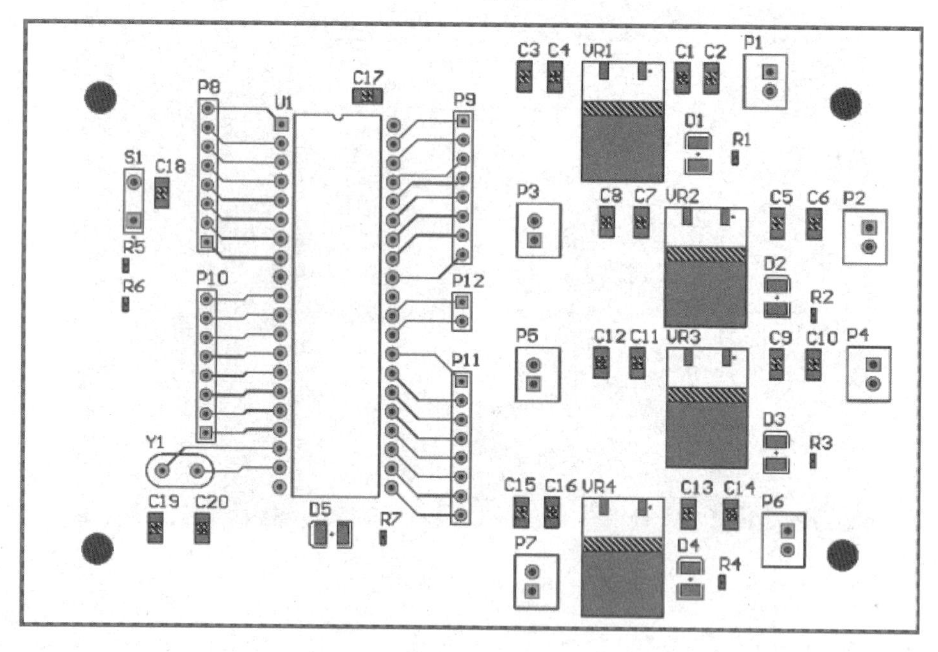

图 8-3-9　Bottom 层布线

执行 Reports→Board Information 命令，弹出“Board Information”对话框，勾选“Routing Information”复选框。单击 Report 按钮，弹出如图 8-3-10 所示的布线信息，所有飞线布线成功。

Routing	
Routing Information	
Routing completion	100.00%
Connections	116
Connections routed	116
Connections remaining	0

图 8-3-10　布线信息

小提示

◎扫描右侧二维码可观看最小系统模块自动布线视频。

◎由于元器件布局不同，因此自动布线的结果也不同。

自动布线较为凌乱，需要手动调整走线和覆铜。执行 Route → Interactive Routing 命令，调整电源电路走线。执行 Place → Polygon Pour... 命令，调整电源电路覆铜。调整完毕后的，电源电路的 Top 层布线如图 8-3-11 所示，电源电路的 Bottom 层布线如图 8-3-12 所示。

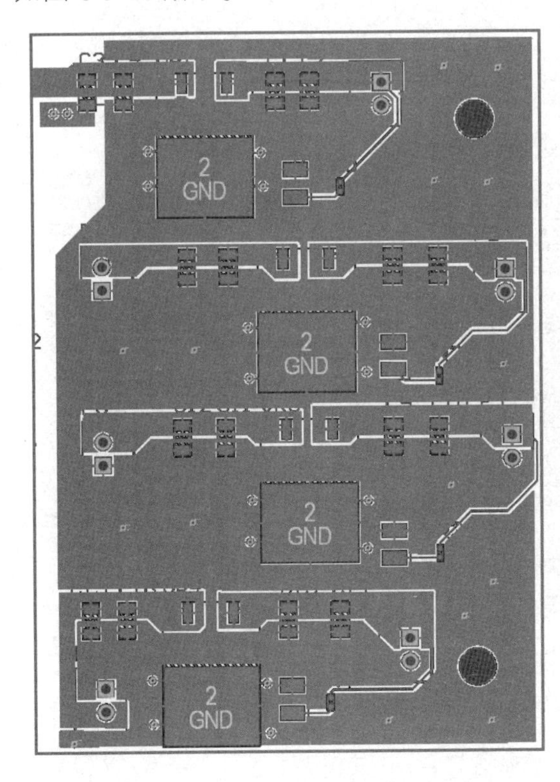

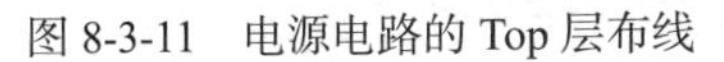

图 8-3-11　电源电路的 Top 层布线

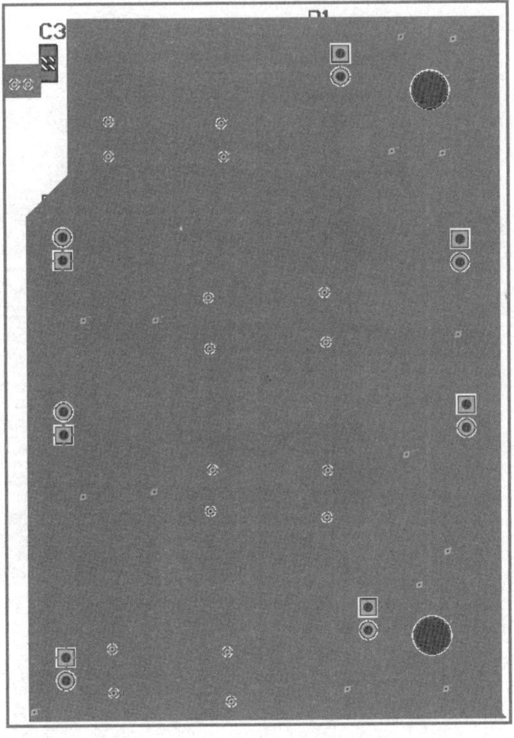

图 8-3-12　电源电路的 Bottom 层布线

执行 Route → Interactive Routing 命令，调整整体电路走线。执行 Place → Polygon Pour... 命令，调整整体电路覆铜。调整完毕后，整体电路的 Top 层布线如图 8-3-13 所示，整体电路的 Bottom 层布线如图 8-3-14 所示。

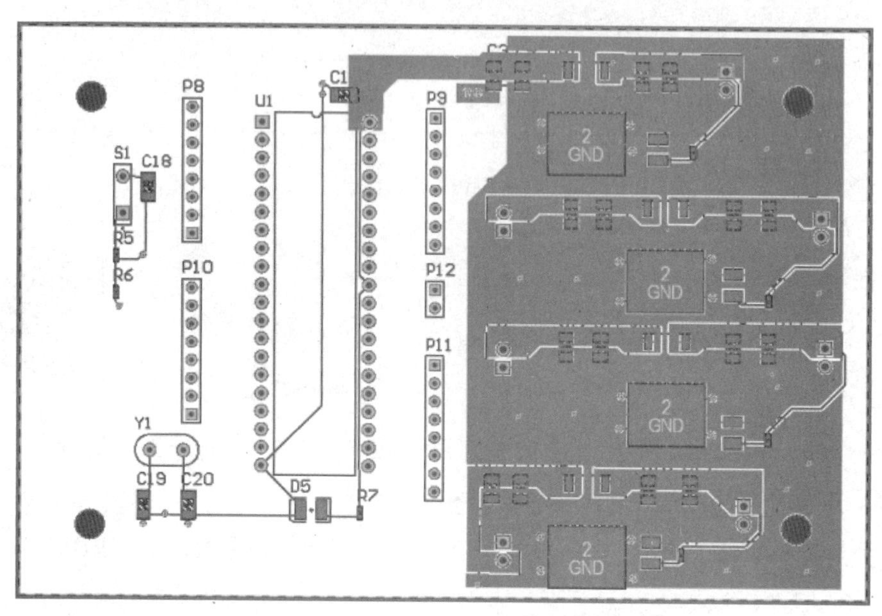

图 8-3-13　整体电路的 Top 层布线

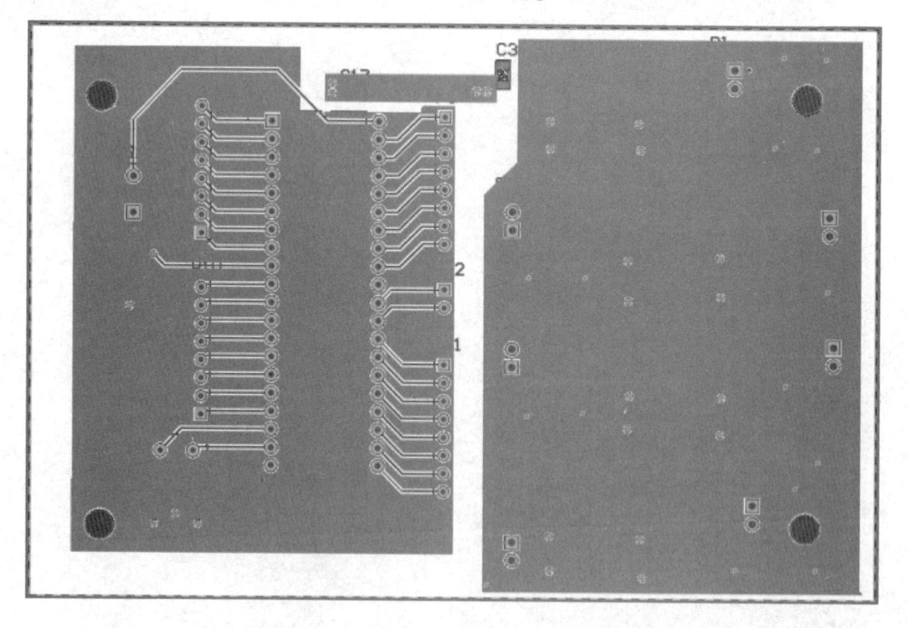

图 8-3-14　整体电路的 Bottom 层布线

最小系统模块整体电路三维显示效果如图 8-3-15 所示。

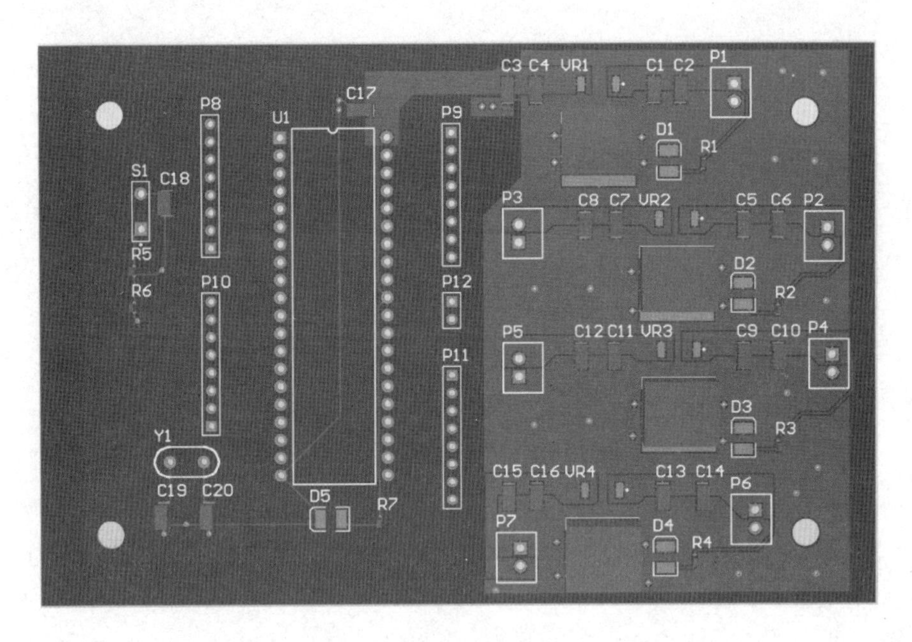

图 8-3-15　最小系统模块整体电路三维显示效果

参考文献

[1] 刘波，韩涛．玩转机器人设计：基于 UG NX 的设计实例[M]．北京：电子工业出版社，2018．

[2] 刘波．玩转机器人：基于 SolidWorks 的设计实例（移动视频版）[M]．北京：电子工业出版社，2021．

[3] 刘波．玩转机器人：基于 Proteus 的电路原理仿真（移动视频版）[M]．北京：电子工业出版社，2020．

[4] 刘波，冯震，夏初蕾．玩转机器人：基于 Altium Designer 的 PCB 设计实例（移动视频版）[M]．北京：电子工业出版社，2020．

[5] 刘波，夏初蕾．零基础入门智能家居设计：基于 C#语言与 Proteus 的实例应用[M]．北京：电子工业出版社，2019．

[6] 刘波，安新周，金耀花，等．玩转电子设计：基于 Altium Designer 的 PCB 设计实例（移动视频版）[M]．北京：电子工业出版社，2022．

[7] 刘波，韩涛，夏初蕾，等．Proteus 实战攻略：从简单电路到单片机电路的仿真[M]．北京：机械工业出版社，2023．

[8] 戴凤智，刘波，岳远里．机器人设计与制作[M]．北京：化学工业出版社，2016．

[9] 周润景，刘波．Altium Designer 电路设计 20 例详解[M]．北京：北京航空航天大学出版社，2017．

[10] 童诗白，华成英．模拟电子技术基础[M]．3 版．北京：高等教育出版社，2001．

[11] 康华光．电子技术基础 模拟部分[M]．4 版．北京：高等教育出版社，2001．